高职高专电子信息类"十三五"规划教材

U0229560

电子技术基础

主编 徐 萍 杨保华

西安电子科技大学出版社

内 容 简 介

本书共分 8 章,主要内容为半导体二极管及其应用、半导体三极管及其应用、低频功率放大电路、直流稳压电源、数字电路基础、组合逻辑电路、触发器、时序逻辑电路等。本书淡化理论,注重应用,充分考虑教学内容要激发学生的学习兴趣;每章开始都设有本章导引,章末有本章小结,并配有自我检测题和练习题;每章都结合理论学习内容安排了"做一做"环节,即由易到难设计 1~3 个实践项目,以使学生能对理论知识进行验证,促进学生做到理论与实践的统一。

本书可作为高等职业院校、高等专科院校、成人高校、民办高校电类相关专业(电子信息、通信工程、应用电子技术、电气自动化、机电一体化等专业)的教学用书,也适用于五年制高职、中职相关专业,并可作为社会从业人员的业务参考书及培训用书。

图书在版编目(CIP)数据

电子技术基础/徐萍主编. 一西安:西安电子科技大学出版社,2017.9(2019.10 重印)
(高职高专电子信息类"十三五"规划教材)
ISBN 978 - 7 - 5606 - 4696 - 1

Ⅰ. ① 电… Ⅱ. ① 徐… Ⅲ. ① 电子技术 Ⅳ. ① TN

中国版本图书馆 CIP 数据核字(2017)第 216368 号

策　　划	陈　婷
责任编辑	马晓娟　陈　婷
出版发行	西安电子科技大学出版社(西安市太白南路 2 号)
电　　话	(029)88242885　88201467　　邮　编　710071
网　　址	www.xduph.com　　　　电子邮箱　xdupfxb001@163.com
经　　销	新华书店
印刷单位	陕西天意印务有限责任公司
版　　次	2017 年 9 月第 1 版　2019 年 10 月第 3 次印刷
开　　本	787 毫米×1092 毫米　1/16　印张　17.5
字　　数	414 千字
印　　数	4001~7000 册
定　　价	36.00 元

ISBN 978 - 7 - 5606 - 4696 - 1/TN

XDUP　4988001 - 3

＊＊＊如有印装问题可调换＊＊＊

前　言

　　"电子技术"是一门实践性和应用性都很强的课程，是电类专业学生必修的专业基础课程。本书的编写充分考虑到高职高专教育的特点、专业学习的需求及生源特点等情况，以现代电子技术的基本知识、基本理论为主线，以培养学生电子技术的综合应用能力和实践动手能力为目的，精选内容，突出重点，强调应用。

　　本书包括两部分内容。第一部分是模拟电子技术基础的相关知识，即第1、2、3、4章，主要内容包括半导体二极管及其应用、半导体三极管及其应用、低频功率放大电路、直流稳压电源。第二部分是数字电子技术基础的相关知识，即第5、6、7、8章，主要内容包括数字电路基础、组合逻辑电路、触发器、时序逻辑电路。为方便学生学习后进行复习、巩固、自我总结和检测，每章都配有自我检测题和练习题。另外，配合每章的理论学习，安排了"做一做"环节，即由易到难设计1～3个实践项目，以方便学生能对理论知识进行验证，促使学生做到理论与实践的统一。

　　本书以培养学生的综合能力为目的，从工程的角度出发培养学生的工程思维方法、工作方法和应用所学知识解决实际问题的能力，使能力培养贯穿于教学的全过程。在理论内容安排上，突出了基本理论、基本概念和基本分析方法，删除了繁琐的器件、集成电路等内部的分析和数学推导。在实践内容部分安排的技能训练项目内容丰富实用，教师可以根据情况选择有关内容边讲边练、讲练结合和组织课堂讨论，使理论和实践紧密结合，融为一体。

　　本书由徐萍、杨保华主编，徐萍负责全书的统稿工作。其中第1、2、3、5、6章由常州机电职业技术学院徐萍编写，第4、7章由常州机电职业技术学院杨保华编写，第8章由淮北师范大学单巍编写，哈尔滨商业大学王乐宁做了部分书稿文字整理和绘图工作。

　　由于编者水平有限，书中不妥之处在所难免，恳请专家、同行老师和读者批评指正。

编　者

2017 年 6 月

目　录

第 1 章 半导体二极管及其应用

半导体器件是现代电子技术的重要组成部分。由于半导体器件具有体积小、重量轻、使用寿命长、能量转换效率高等优点，因而得到了广泛的应用。

教学内容：

（1）半导体的基本知识、PN 结及其单向导电性。

（2）半导体二极管的结构、特性曲线和主要参数。

（3）特殊二极管和半导体二极管的应用电路。

学习目标：

（1）了解半导体二极管的结构，熟悉其图形符号、单向导电性，理解半导体二极管的伏安特性及主要参数，能够查阅相关手册。

（2）学会半导体二极管识别与检测的基本方法，了解半导体二极管的使用知识，掌握其基本应用。

（3）熟悉稳压二极管的图形符号、工作特点及其应用。

（4）了解发光二极管、光电二极管和变容二极管的图形符号、工作特点及其应用。

1.1 半导体二极管的结构、特性及其基本应用

1.1.1 结构与类型

1. 结构与符号

半导体二极管由 PN 结加上引线和管壳构成，如图 1.1 所示。

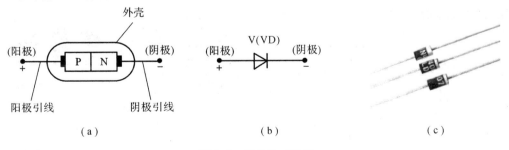

（a）　　　　　　　　（b）　　　　　　　　（c）

图 1.1 半导体二极管

（a）内部结构示意图； （b）电路符号； （c）实物外形图

2．类型

半导体二极管的种类很多，按材料分为硅二极管和锗二极管；按结构分为点接触型二极管、面接触型二极管和硅平面型二极管。

1）点接触型二极管

点接触型二极管的特点是结面积小，结电容小，适用于高频下工作，如图1.2所示，主要应用于小电流的整流和检波、混频等。

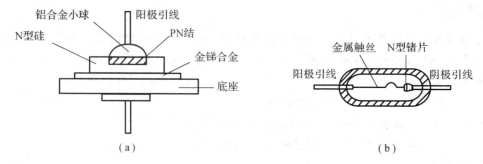

图1.2　点接触型二极管结构

（a）内部结构图；（b）结构示意图

2）面接触型二极管

面接触型二极管的特点是结面积大，能通过较大的电流，但结电容也大，只能工作在较低频率下，可用于整流，如图1.3所示。

3）硅平面型二极管

硅平面型二极管中，结面积大的，可通过较大的电流，适用于大功率整流；结面积小的，结电容也小，适用于在脉冲数字电路中作开关管。

近期，由于电子产品的微型化和轻量化，片状的贴片元器件发展极为迅速。此类器件为无引线或短引线微型元器件，可直接安装于印制电路板表面，在微型收录机、移动通信设备、高频电子仪器、微型计算机等领域得到广泛应用。图1.4所示为二极管的封装和微型二极管的实物示意。

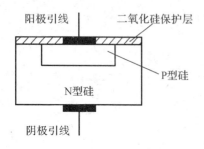

图1.3　面接触型二极管结构

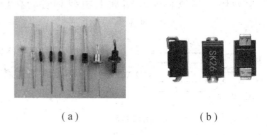

（a）　　　　　　　（b）

图1.4　二极管实物外图

（a）二极管的封装；（b）微型（贴片）二极管实物外形图

1.1.2 特性及主要参数

1. 单向导电性

二极管的主要特性是单向导电性。加在二极管两端的电压称为偏置电压，若将直流电源的正端加到二极管正极（PN 结的 P 区），负端加到二极管的负极（PN 结的 N 区），如图 1.5(a)所示，称为二极管(PN 结)正向偏置，简称正偏。这时电流表示出较大的电流值，二极管的这种状态称为正偏导通，二极管呈现很小的电阻。若将直流电源的正端接二极管的负极，负端接二极管的正极，如图 1.5(b)所示，称为二极管(PN 结)反向偏置，简称反偏。这时电流表示出的电流值几乎为零，二极管的这种状态称为反向截止，即二极管呈现很大的电阻。这种允许一个方向电流流通的特性，称为单向导电性。

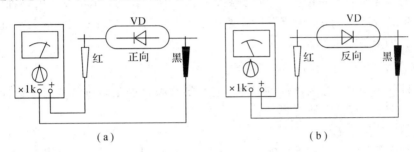

图 1.5 二极管的检测

(a) 正向偏置；　(b) 反向偏置

2. 特性曲线

二极管本质就是一个 PN 结，但是对于真实的二极管器件，考虑到引线电阻和半导体的体电阻及表面漏电等因素的影响，二极管的特性与 PN 结略有差别。二极管的实测特性曲线如图 1.6 所示。

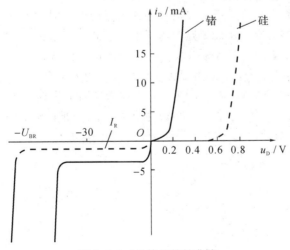

图 1.6 二极管的特性曲线

1) 正向特性

正向电压低于某一数值时,正向电流很小,只有当正向电压高于某一值后,才有明显的正向电流。该电压称为导通电压,又称为门限电压或死区电压,用 U_{on} 表示。在室温下,硅管的 U_{on} 约为 $0.6\sim0.8$ V,锗管的 U_{on} 约为 $0.1\sim0.3$ V。通常认为,当正向电压 $U<U_{on}$ 时,二极管截止;$U>U_{on}$ 时,二极管导通。

2) 反向特性

二极管加反向电压,反向电流数值很小,且基本不变,称为反向饱和电流。硅管的反向饱和电流为纳安(nA)数量级,锗管为微安(μA)数量级。当反向电压加到一定值时,反向电流急剧增加,产生击穿。普通二极管反向击穿电压一般在几十伏以上(高反压管可达几千伏)。

3) 温度特性

二极管的特性对温度很敏感,温度升高,正向特性曲线向左移,反向特性曲线向下移。其规律是:在室温附近,同一电流下,温度每升高 1℃,正向电压减小 $2\sim2.5$ mV;温度每升高 10℃,反向电流增大约 1 倍。

4) 主要参数

描述器件的物理量,称为器件的参数。它是器件特性的定量描述,也是选择器件的依据。各种器件的参数可由手册查得。

二极管的主要参数有:

(1) 最大整流电流 I_F。I_F 指二极管长期运行允许通过的最大正向平均电流。因为电流通过 PN 结要引起管子发热,电流过大,发热量超过限度就会烧坏 PN 结,所以在使用二极管时,通过管子的正向平均电流不允许超过所规定的最大整流电流值。一般地,点接触型二极管的最大整流电流在几十毫安以下,面接触型二极管的最大整流电流可达数百安以上,有的甚至可达几千安以上。

(2) 最大反向工作电压 U_{RM}。U_{RM} 指保证二极管不被击穿而给出的最大反向工作电压。通常是反向击穿电压的 $1/2\sim2/3$,以保证二极管在使用中不致因反向电压过大而损坏。点接触型二极管的最大反向电压一般在数十伏以下,面接触型二极管的最大反向电压一般可达数百伏。

(3) 最大反向电流 I_{RM}。I_{RM} 指给二极管加最大反向电压时的反向电流值。反向电流大,说明管子的单向导电能力差,并且受温度的影响大。硅二极管的反向电流一般在几微安以下。锗二极管的反向电流较大,为硅二极管的几十倍到几百倍。

(4) 最高工作频率 f_M。f_M 主要由 PN 结的结电容的大小来决定。二极管的工作频率若超过一定值,就可能失去单向导电性,这一频率称为最高工作频率 f_M。

二极管的参数可以从手册上查到。必须注意的是,手册上给出的参数是在一定测试条件下测得的数值。如果条件发生变化,相应参数也会发生变化。因此,在选择使用二极管时要注意留有余量。

1.1.3 综合应用

1. 使用常识

1) 二极管的型号命名方法(摘自国家标准 GB249—74)

国产二极管型号由五部分组成,组成部分的符号及其意义可参阅表 1.1。

表 1.1　国产半导体器件型号命名法

第一部分		第二部分		第三部分		第四部分	第五部分
用数字表示器件的电极数目		用字母表示器件的材料和类型		用字母表示器件的用途		用数字表示序号	用字母表示规格
符号	意义	符号	意义	符号	意义	意义	意义
2	二极管	A B C D	N 型，锗材料 P 型，锗材料 N 型，硅材料 P 型，硅材料	P V W C Z S	小信号管 混频检波器 稳压管 变容管 整流管 隧道管	反映极限参数、直流参数和交流参数	反映承受反向击穿电压的程度
3	三极管	A B C D E	PNP 型，锗材料 NPN 型，锗材料 PNP 型，硅材料 NPN 型，硅材料 化合材料	GS K X GS D A T Y B J CS BT FH PIN	光电子显示器 开关管 低频小功率管 高频小功率管 低频大功率管 高频大功率管 半导体闸流管 体效应器件 雪崩管 阶跃恢复管 场效应器件 半导体特殊器件 复合管 PIN 管		

例如，2AP9 表示锗材料普通二极管。目前市场上还可见到国外型号的二极管，如 1N4001、1N54001。"1"表示 PN 结的数目（二极管为一个 PN 结），"N"为 EIA（美国电子工业协会）注册标志，"4001"为 EIA 登记顺序号。

2）器件手册的查阅

二极管的参数一般可以从半导体器件手册中查到，现选录了几种常用国产二极管的主要参数列于表 1.2，供学习参考。

表 1.2　几种常用国产二极管的主要参数

参数 型号	最大整流电流	最大反向工作电压(峰值)	反向击穿电压(反向电流为400μA)	正向电流(正向电压为1 V)	反向电流(反向电压分别为10 V,100 V)	最高工作频率
	mA	V	V	mA	μA	MHz
2AP1	16	20	≥40	≥2.5	≤250	150
2AP4	16	50	≥75	≥2.5	≤250	150
2AP7	12	100	≥150	≥5.0	≤250	150

参数 型号	最大整流电流	最大反向工作电压(峰值)	最大反向工作电压下的反向电流(125℃)	正向压降(平均值)(25℃)	最高工作频率	备注
	A	V	μA	V	kHz	
2CZ52	100	25,50,100,200,300,400,500,600,700,800,900,1000	1000	≤0.8	3	
2CZ54	500	25,50,100,200,300,400,500,600,700,800,900,1000	1000	≤0.8	3	应加散热片
2CZ57	5000	50,100,200,400,500,600,800,1000,1200,1400,1600	1000	≤0.8	3	

2. 选用与检测

1) 选用

一般根据设备及电路技术要求，查阅半导体器件手册，选用参数满足要求的二极管。在挑选过程中，应尽量选用经济、通用、市场容易买到的器件。具体选用时应注意以下几点：

（1）查阅手册时应注意器件的离散性以及参数测试条件。同型号管子的实际参数可能有较大的差别，当工作条件发生较大变化时，参数值也可能有较大的改变，所以选用时要留有一定的余量。

（2）根据使用场合来确定二极管的型号。若用于整流电路，应选用整流二极管；若用于检波电路，应选用点接触型锗管；若用于高速开关电路，应选用开关二极管；若用于稳压电路，应选用稳压二极管；若用于电路状态指示，应选用发光二极管等。

（3）所选用二极管极限参数应大于实际可能产生的最大值，特别注意不要超过最大工作电流（或最大功耗）和最大反向工作电压，并留有足够的余量。

（4）尽管选用反向电流小、正向压降小的管子。

2）识别与检测

（1）二极管正、负极性的识别。使用时二极管正、负极性不可接反，否则有可能造成二极管的损坏。

二极管极性的识别很简单，如果是透明玻璃外壳的二极管，可直接看出极性，即内部连接半导体芯片的一根引线是负极，连接接触丝的一根引线是正极；大功率二极管多采用金属封装，并且带有螺帽以便固定在散热器上，带有螺帽的一端通常是负极，另外一端是正极。一般情况下，二极管外壳上大多采用一道色环来标示出负极。例如玻璃封装二极管的负极端有一道黑色环（如 1N4148 二极管），黑色塑料封装二极管的负极端有一道银色或白色环（如 1N4000 系列二极管）。也有的二极管采用一个色点来标示出正极（如国产 2AP1～2AP7，2AP11～2AP17 等二极管）。还有部分二极管采用将二极管的图形符号印刷在外壳上来标示它的正极和负极（如国产 2AP9 等二极管）。发光二极管的正、负极可从引脚的长短来识别，如果引脚没有被剪过，那么长的引脚为正极，短的引脚为负极。各种不同封装的二极管如图 1.7 所示。

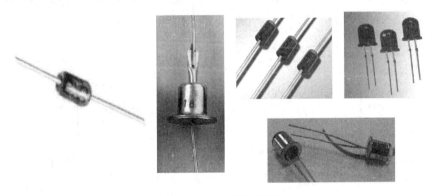

图 1.7　二极管的极性

若不能由标记（如标记不清）来判断正、负极，则可用万用表来检测、判断。

（2）用万用表检测、判断。将万用表置于×1 k 挡，调零后用表笔跨接于二极管两个引脚，如图 1.8 所示，读取电阻值，然后将表笔位置互换再读一次电阻值，正常情况下应分别读得大、小两个电阻值，其中小电阻为二极管的正向电阻，如图 1.8（a）所示；大电阻为二极管反向电阻，如图 1.8（b）所示。由于模拟万用表置电阻挡时，黑表笔连接的为表内电池正极，红表笔连接的为表内电池负极，所以测得正向电阻时，与黑表笔相连的引脚为二极管的正极（A），红表笔所接引脚为负极（K）。若正、反向电阻阻值相差不大，则为劣质管；

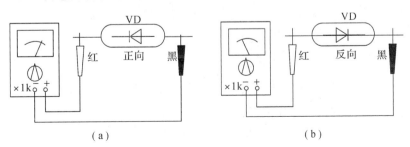

图 1.8　用模拟万用表检测二极管

若正、反向电阻阻值都非常大，表明管子内部已断路；若正、反向电阻阻值都很小，则表明管子内部已短路。出现断路时，表明二极管已损坏。管子正常情况下，若正向电阻为几千欧，则为硅管；若正向电阻为几百欧，则为锗管。

1.1.4 电路分析

1. 二极管模型

当二极管的正向压降远小于外接电路的等效电压，其相比可忽略时，可用图 1.9(a) 中与坐标轴重合的折线近似代替二极管的伏安特性，这样的二极管称为理想二极管。它在电路中相当于一个理想开关，只要二极管外加正向电压稍大于零，它就导通，其管压降为零，相当于开关闭合；当外加反向电压时，二极管截止，其电阻为无穷大，相当于开关断开。

当二极管的正向压降与外加电压相比较，相差不是很大，而二极管的正向电阻与外接电阻相比较可以忽略时，若用理想二极管模型来分析计算将产生较大的误差，这时可用图 1.9(b) 所示伏安特性模型来近似代替实际二极管，称为二极管的恒压降模型。显然，这种模型较理想模型更接近实际二极管。

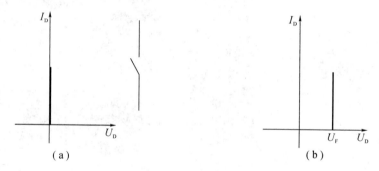

图 1.9 二极管模型

(a) 二极管理想模型；(b) 二极管恒压降模型

2. 应用

例 1.1 硅二极管如图 1.10 所示，$R = 2$ kΩ，分别用二极管理想模型和恒压降模型求出 $U_{DD} = 2$ V 和 $U_{DD} = 10$ V 时 I_o 和 U_o 的值。

解 (1) 当 $U_{DD} = 2$ V 时，理想模型下：

$$U_o = U_{DD} = 2 \text{ V}$$

$$I_o = \frac{U_{DD}}{R} = \frac{2}{2} = 1 \text{ mA}$$

恒压降模型下：

$$U_o = U_{DD} - U_{D(on)} = 2 - 0.7 = 1.3 \text{ V}$$

$$I_o = \frac{U_o}{R} = \frac{1.3}{2} = 0.65 \text{ mA}$$

(2) 当 $U_{DD} = 10$ V 时，理想模型下：

$$U_o = U_{DD} = 10 \text{ V}$$

$$I_o = \frac{U_{DD}}{R} = \frac{10}{2} = 5 \text{ mA}$$

恒压降模型下：

$$U_o = 10 - 0.7 = 9.3 \text{ V}$$

$$I_o = \frac{9.3}{2} = 4.65 \text{ mA}$$

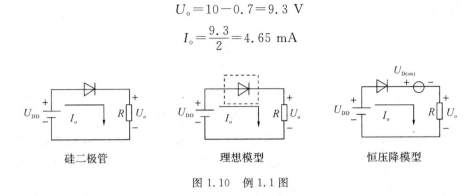

硅二极管　　　　　　　理想模型　　　　　　　恒压降模型

图 1.10　例 1.1 图

例 1.2　二极管构成的门电路如图 1.11 所示。设 VD_1、VD_2 均为理想二极管，当输入电压 U_A、U_B 为低电压 0 V 和高电压 5 V 的不同组合时，求输出电压 U_o 的值。

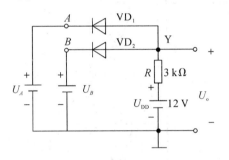

图 1.11　二极管构成的门电路

解　列表解题，如表 1.3 所示。

表 1.3　门电路输入输出电压值

输入电压		理想二极管		输出电压 U_o
U_A	U_B	VD_1	VD_2	
0 V	0 V	正偏　导通	正偏　导通	0 V
0 V	5 V	正偏　导通	反偏　截止	0 V
5 V	0 V	反偏　截止	正偏　导通	0 V
5 V	5 V	正偏　导通	正偏　导通	5 V

例 1.3　二极管构成的限幅电路如图 1.12 所示，若输入信号 u_i 为正弦波信号，分析二极管 VD 的工作状态，求输出信号 u_o 的波形。

解　$E = 0$ V，限幅电平为 0 V，$u_i > 0$ V 时二极管导通，$u_o = 0$ V；$u_i < 0$ V 时，二极管截止，$u_o = u_i$；$0 < E < U_m$，限幅电平为 $+E$，$u_i > E$ 时二极管导通，$u_o = E$；$u_i < E$ 时二极管

截止，$u_o = u_i$；$-U_m < E < 0$，限幅电平为$-E$，$u_i > -E$时二极管导通，$u_o = -E$；$u_i < -E$时二极管截止，$u_o = u_i$。

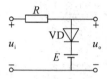

图 1.12 并联二极管上限幅电路

说明：当输入信号电压在一定范围内变化时，输出电压随输入电压相应变化；当输入电压超出该范围时，输出电压保持不变，这就是限幅电路，其波形关系如图 1.13 所示。

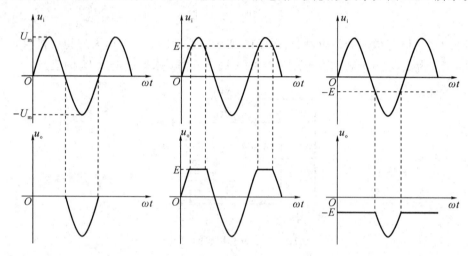

图 1.13 二极管并联上限幅电路波形关系

限幅电平：通常将输出电压开始不变的电压值称为限幅电平。

上限幅：当输入电压高于限幅电平时，输出电压保持不变的限幅称为上限幅。

下限幅：当输入电压低于限幅电平时，输出电压保持不变的限幅称为下限幅。

1.2 特殊二极管及其应用

1.2.1 稳压二极管

1. 符号及特性

稳压二极管是一种特殊的面接触型硅二极管，其图形符号和伏安特性曲线如图 1.14 所示。稳压二极管工作在反向击穿区，利用反向击穿特性，电流变化很大，引起很小的电压变化。

稳压二极管的工作原理利用的是 PN 结的击穿特性。由二极管的特性曲线可知，如果二极管工作在反向击穿区，则当反向电流在较大范围内变化时，管子两端电压相应的变化却很小，这说明它具有很好的稳压特性。

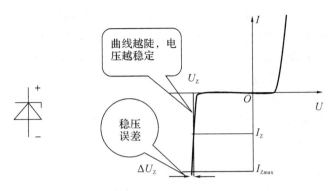

图 1.14　稳压二极管的符号及伏安特性曲线

2. 主要参数

（1）稳定电压 U_Z：指流过稳压二极管的电流为规定值时稳压二极管两端的反向电压值，其值取决于稳压二极管的反向击穿电压值。由于工艺方面的原因，同一型号稳压二极管的稳定电压允许有一定的范围。

（2）稳定电流 I_Z：指稳压二极管稳压工作时的参考电流值，通常为工作电压等于 U_Z 时所对应的电流值。当工作电流低于 I_Z 时，稳压效果变差（有时也常将 I_Z 记作 I_{Zmin}）；若低于 I_{Zmin} 时，稳压二极管将失去稳压作用。

（3）最大耗散功率 P_{Zm} 和最大工作电流 I_{Zm}（或记作 I_{Zmax}）：指为了保证稳压二极管不被热击穿而规定的极限参数，由管子允许的最高结温决定，$P_{Zm} = I_{Zm}U_Z$。

（4）动态电阻 r_Z：指稳压范围内稳压二极管两端电压变化量与相应电流变化量之比，$r_Z = \Delta U_Z / \Delta I_Z$。$r_Z$ 值很小，约几欧到几十欧。r_Z 越小，即反向击穿特性曲线越陡，稳压性能就越好。

（5）电压温度系数 C_{TV}：指温度每增加 1℃时，稳定电压的相对变化量，即

$$C_{TV} = \frac{\Delta U_Z / U_Z}{\Delta T} \times 100\%$$

3. 基本应用

利用稳压管组成的简单的稳压电路如图 1.15 所示，R 为限流电阻，R_L 为稳压电路的负载。当输入电压 U_I、负载 R_L 变化时，该电路可维持电压 U_O 的稳定。

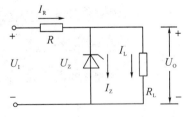

图 1.15　稳压二极管的基本应用

稳压二极管正常稳压工作时，有下述方程式：

$$\begin{cases} U_O = U_I - I_R R = U_Z \\ I_R = I_Z + I_L \end{cases}$$

若 R_L 不变，U_I 增大时，U_O 将会随着增大，加于二极管两端的反向电压增加，使电流 I_Z 大大增加，I_R 也随之显著增加，从而使限流电阻上的压降 $I_R R$ 增大，其结果是，U_I 的增加量绝大部分都降落在限流电阻 R 上，从而使输出电压 U_O 基本维持恒定。反之，U_I 下降时，I_R 减小，R 上压降减小，从而维持 U_O 基本恒定。

若 U_I 不变，负载电阻 R_L 增大（即负载电流 I_L 减小）时，输出电压 U_O 将会跟随增大，则流过稳压二极管的电流 I_Z 大大增加，致使 $I_R R$ 增大，迫使输出电压 U_O 下降。同理，若 R_L 减小，使 U_O 下降，则 I_Z 显著下降，使 $I_R R$ 减小，迫使 U_O 增大，从而维持了输出电压的稳定。

1.2.2 变容二极管

PN 结具有电容效应，当 PN 结反向偏置时它的反向电阻很大，近似开路，PN 结可构成理想的电容器件，且其容量随加于 PN 结两端反向电压的增大而减小。变容二极管是利用 PN 结具有电容特性的原理制成的特殊二极管，如图 1.16 所示。

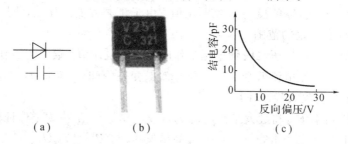

图 1.16　变容二极管
（a）电路符号；（b）实物外形图；（c）电容与加反向电压 U_R 的关系曲线

1.2.3 光电器件

1. 发光二极管

发光二极管简称 LED(Light-Emitting Diode)，它是一种将电能转换为光能的半导体器件，由化合物半导体制成，如图 1.17 所示。它也是由一个 PN 结组成，当加正向电压时，P 区和 N 区的多数载流子扩散至对方与少子复合，复合过程中，有一部分以发光子的形式放出，使二极管发光。

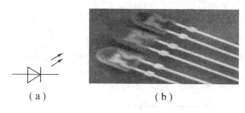

图 1.17　发光二极管
（a）电路符号；（b）实物外形图

关于发光二极管作以下说明：
（1）发光二极管常用于显示器件，如指示灯等。
（2）工作时加正向电压。

(3) 要加限流电阻，工作电流一般为几毫安至几十毫安，电流大，发光强。

(4) 发光二极管导通时管压降为 1.8～2.2 V。

2. 光电二极管

光电二极管又称光敏二极管，是一种将光信号转换为电信号的特殊二极管，如图 1.18 所示。与普通二极管一样，其基本结构也是一个 PN 结。

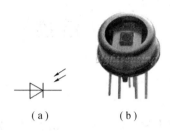

（a）　　　　　　（b）

图 1.18　光电二极管

（a）电路符号；（b）实物外形图

光电二极管工作在反向偏置下，在无光照时，与普通二极管一样，反向电流很小，该电流称为暗电流，此时光电管的反向电阻高达几十兆欧。当有光照时，产生电子—空穴对，称为光生载流子；在反向电压作用下，光生载流子参与导电，形成比无光照时大得多的反向电流，该反向电流称为光电流，此时光电管的反向电阻下降至几千欧至几十千欧，与光照强度成正比。如果外电路接上负载，便可获得随光照强弱而变化的电信号。

光电二极管有 2DU、2CU 等系列。例如 2CUI 光电二极管，它的主要参数为：最大反向工作电压为 10 V，暗电流小于 0.1 μA，光电流为 80～130 μA，灵敏度大于 0.5 $\mu A/W$，光谱范围为 0.4～0.1 μm，峰值波长为 0.98 μAm 等。

光电二极管一般用作光电检测器件，将光信号转变成电信号。

本 章 小 结

(1) PN 结是构成半导体器件的基础。PN 结由 P 型半导体和 N 型半导体相结合而成。PN 结具有单向导电性，即当 PN 结外加正向电压正向偏置时，有电流流过，PN 结呈低阻导通状态；而外加反向电压反向偏置时，没有电流或电流极小，PN 结呈高阻截止状态。

(2) 二极管的基本结构是一个 PN 结。二极管的伏安特性是非线性的，所以二极管为非线性器件。常用伏安特性曲线来描述二极管的性能。二极管的起始导通电压又称门槛电压或阈值电压），硅二极管约为 0.5 V，锗二极管约为 0.1 V；在正常使用的电流范围内，硅二极管的正向电压通常取 0.7 V，锗二极管的通常取 0.2 V。

(3) 由于二极管是非线性器件，通常将其转化为线性电路模型来求解。常用的电路模型有理想模型、恒压降模型等。理想模型最简单，在理想模型中，二极管相当于一个理想开关；在恒压降模型中，用一个电压为 U_F 的电压源来代替二极管。分析二极管电路时，应根据信号的特点和精度要求选用模型。

(4) 利用二极管的单向导电性可以组成整流、限幅等应用电路。

(5) 用 PN 结反向击穿时近似恒压的特性可以制成稳压二极管。稳压二极管是一种特殊二极管，它的反向击穿特性较陡，通常工作在反向击穿区。要注意其限流电阻的选取。稳压二极管的正向特性与普通二极管相近。

（6）发光二极管是将电能转换成光能的器件，其应用非常广泛。变容二极管是利用 PN 结的结电容随外加电压而变化的特性制成的。光电二极管是将光能转换成电能的器件。在使用时变容二极管和光电二极管必须反向偏置，发光二极管必须正向偏置，且需串接限流电阻。

知 识 拓 展

一、半导体的特性

自然界中很容易导电的物质称为导体。金属一般都是导体，电阻率（$10^{-6} \sim 10^{-4}$ Ω · cm）很小。有的物质几乎不导电，称为绝缘体，如橡皮、陶瓷、塑料和石英，电阻率（10^{10} Ω · cm 以上）很大。另有一类物质的导电特性处于导体和绝缘体之间，称为半导体，如锗、硅、砷化镓和一些硫化物、氧化物等，电阻率介于（$10^{-3} \sim 10^{9}$ Ω · cm）导体与绝缘体之间。

半导体的导电机理不同于其他物质，所以它具有不同于其他物质的特点。半导体的导电能力受杂质影响很大，受温度、光照影响显著。

通过一定的工艺过程，可以将半导体制成晶体。完全纯净的、结构完整的半导体晶体称为本征半导体。本征半导体中的自由电子很少，所以本征半导体的导电能力很弱。

在常温下，由于热激发，使一些价电子获得足够的能量而脱离共价键的束缚，成为自由电子，同时共价键上留下一个空位，称为空穴。因此，本征半导体中电流由两部分组成：一是自由电子移动产生的电流；二是空穴移动产生的电流。温度越高，载流子的浓度越高，因此本征半导体的导电能力越强。温度是影响半导体性能的一个重要的外部因素。

二、P 型半导体与 N 型半导体

在本征半导体中掺入某些微量的杂质，就会使半导体的导电性能发生显著变化。其原因是掺杂半导体的某种载流子浓度大大增加。

N 型半导体（Negative）：自由电子浓度大大增加的杂质半导体，也称为电子型半导体，如图 1.19（a）所示。

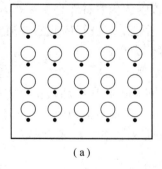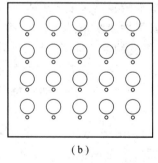

（a）   （b）

图 1.19 N 型半导体和 P 型半导体

（a）N 型半导体；（b）P 型半导体

P 型半导体(Positive)：空穴浓度大大增加的杂质半导体，也称为空穴型半导体，如图 1.19(b) 所示。

三、PN 结形成

利用一定的掺杂工艺使一块半导体的一侧呈 P 型，另一侧呈 N 型，则其交界处就形成了 PN 结。由于两区载流子浓度的差异，引起载流子由浓度高的地方向浓度低的地方的迁移，从而形成扩散运动。电子和空穴相遇时，将发生复合而消失，于是形成空间电荷区。PN 结的结构、耗尽层和内电场分别如图 1.20、图 1.21 和图 1.22 所示。

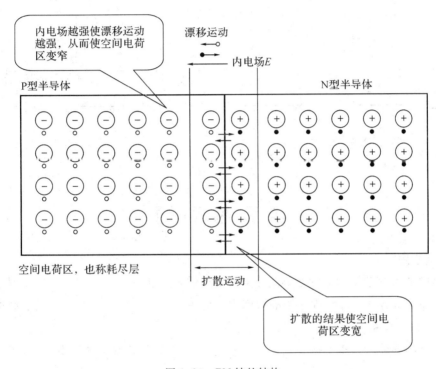

图 1.20　PN 结的结构

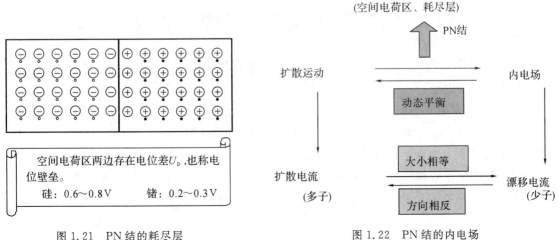

图 1.21　PN 结的耗尽层

图 1.22　PN 结的内电场

四、PN 结单向导电性

PN 结加正向电压(P 接电位高端,N 接电位低端)时,呈现低电阻,具有较大的正向扩散电流,PN 结导通,如图 1.23 所示;PN 结加反向电压(P 接电位低端,N 接电位高端)时,呈现高电阻,具有很小的反向漂移电流,PN 结截止,如图 1.24 所示。

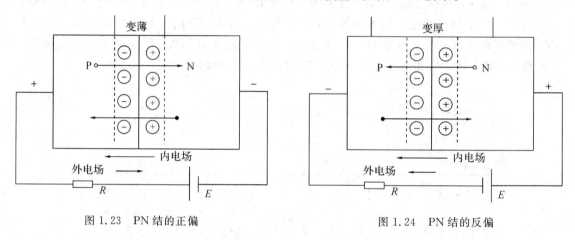

图 1.23　PN 结的正偏　　　　　　　　　　　图 1.24　PN 结的反偏

自 我 检 测 题

一、填空题

1．纯净的不含杂质的半导体称为半导体;杂质半导体有＿＿＿＿＿型和＿＿＿＿＿型两种。

2．杂质半导体中,多数载流子的浓度主要取决于＿＿＿＿＿＿,而少数载流子的浓度则与＿＿＿＿＿＿有很大关系。

3．N 型半导体中,多子是＿＿＿＿＿,少子是＿＿＿＿＿;在 P 型半导体中,多子是＿＿＿＿＿,少子是＿＿＿＿＿。

4．二极管按材料分有＿＿＿＿＿＿管和＿＿＿＿＿管。

5．二极管具有＿＿＿＿＿＿性;当＿＿＿＿＿＿时,二极管呈＿＿＿＿＿＿状态;当＿＿＿＿＿＿时,二极管呈＿＿＿＿＿状态。

6．2AP9 型二极管是由＿＿＿＿＿半导体材料制成的;2CZ52A 型二极管是由＿＿＿＿＿半导体材料制成的。

7．检测二极管极性时,需用万用表欧姆挡的＿＿＿挡位,当检测时表针偏转度较大时,与红表笔相接触的电极是二极管的＿＿＿＿＿极;与黑表笔相接触的电极是二极管的＿＿＿＿＿极。检测二极管好坏时,两表笔位置调换前后万用表指针偏转角度都很大时,说明二极管已经被＿＿＿＿＿;两表笔位置调换前后万用表指针偏转角度都很小时,说明该二极管已经＿＿＿＿＿。

8．稳压二极管是一种特殊物质制造的＿＿＿＿＿接触型二极管,正常工作应在特性曲线的＿＿＿＿＿区。

二、判断题

1. 二极管只要加正向电压便能导通。 （　　）
2. 二极管只要反向击穿就会损坏。 （　　）
3. 二极管的反向电流越小，其单向导电性越好。 （　　）
4. 温度升高时，二极管的管压降会跟着增大。 （　　）
5. 二极管的反向电流会因温度升高而显著增加。 （　　）
6. 稳压二极管正常工作时必须工作在反向击穿区。 （　　）
7. 光电二极管工作时必须加反向偏压。 （　　）
8. 发光二极管工作时必须加反向偏压。 （　　）

三、选择题

1. P 型半导体是在本征半导体中加入微量的（　　）元素构成的。

A. 三价　　　　　　　B. 四价　　　　　　　C. 五价　　　　　　　D. 六价

2. 稳压二极管的正常工作状态是（　　）。

A. 导通状态　　　　　　　　　　　B. 截止状态

C. 反向击穿状态　　　　　　　　　D. 任意状态

3. 用万用表检测某二极管时，发现其正、反向电阻均约等于 1 kΩ，说明该二极管（　　）。

A. 已经击穿　　　　　　　　　　　B. 完好状态

C. 内部老化不通　　　　　　　　　D. 无法判断

4. 二极管型号为 2C231D，它的类型为（　　）。

A. N 型硅整流管　　　　　　　　　B. P 型硅整流管

C. 普通锗二极管　　　　　　　　　D. N 型硅稳压二极管

5. 下列二极管中可将光信号转变为电信号的是（　　）二极管。

A. 整流　　　　　　　　　　　　　B. 发光

C. 光电　　　　　　　　　　　　　D. 变容

6. 变容二极管在电路中主要用作（　　）

A. 整流　　　　　　　　　　　　　B. 稳压

C. 可变电阻　　　　　　　　　　　D. 可变电容

练 习 题

1. 图 1.25 所示电路中，已知 $E=5$ V，$u_i=10\sin\omega t$ V，二极管为理想元件（即认为正向导通时电阻 $R=0$，反向阻断时电阻 $R=\infty$），试画出 u_o 的波形。

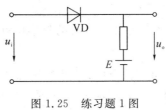

图 1.25　练习题 1 图

2. 图 1.26 所示电路中，硅稳压管 VD_{Z1} 的稳定电压为 8 V，VD_{Z2} 的稳定电压为 6 V，正向压降均为 0.7 V，求各电路的输出电压 U_O。

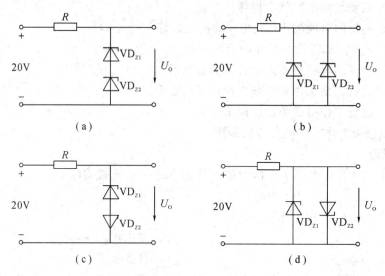

图 1.26　练习题 2 图

做 一 做

项目一　用万用表检测半导体二极管

一、实训目的

（1）熟悉各种半导体二极管。

（2）掌握用万用表判别二极管引脚极性及好坏的技能。

二、实训设备与器材

指针式万用表一只，点接触型二极管、面接触型二极管、中功率整流二极管、稳压二极管、发光二极管、变容二极管、光电二极管等硅管、锗管若干。

三、实训内容

（1）仔细观察，熟悉不同类型半导体二极管的外形特点，熟悉二极管标识符号的含义，熟悉二极管引脚的标识符号。

（2）按照万用表检测方法，用指针式万用表判别待测二极管引脚的极性和二极管的好坏。

用指针式万用表检测时，对于小功率普通二极管，由于其工作电流较小，应选用检测电流较小的 R×1 kΩ 挡位或 R×100 Ω 挡位进行检测；对于中功率整流二极管和发光二极管,由于其正向导通压降较大,可选择电压较高的 R×10 kΩ 挡位进行检测。

检测时注意观察:二极管正向电阻和反向电阻的大小;各种类型二极管正向电阻和反向电阻大小的数量级;同一二极管检测挡位不同时,测量数据大小的差异;硅管和锗管的区别;二极管的引脚极性、符号或外形特点的对应关系;二极管反向电阻数值的大小在有、无光照情况下明显的变化情况。

项目二 二极管的伏安特性检测

一、实训目的

(1)验证二极管伏安特性曲线。

(2)掌握识图、照图搭建电路的技能。

二、实训设备与器材

电子技术综合实验台一台、输出电压可调的直流稳压电源一台、万用表一只、半导体二极管一只、1 kΩ 电位器一只、连接导线若干。

三、实训内容

(1)按照图 1.27(a)所示,在实验台工作区搭建电路。逐级调节电源 U_{CC} 的大小,检测二极管的正向特性,并将测量数据记录在表 1.4 中。

表 1.4 二极管正向特性检测数据

U_{CC}/V	0.4	0.8	1.2	1.4	1.6	1.8	2	3	4	5
U_D/V										
I_D/mA										
$R_D=U_D/I_D/\Omega$										

(2)按照图 1.27(b)所示,在实验台工作区搭建电路。逐级调节电源 U_{CC} 的大小,检测二极管的反向特性,并将测量数据记录在表 1.5 中。

表 1.5 二极管反向特性检测数据

U_{CC}/V	1	2	3	4	5	6	7	8	9	10
U_D/V										
I_D/mA										
$R_D=U_D/I_D/\Omega$										

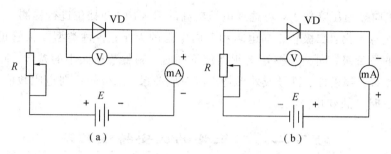

图 1.27　做一做项目二图

（a）测量正向特性；（b）测量反向特性

项目三　神奇的吸管小夜灯

一、实训设备与器材

5 号电池 2 节；高亮白色发光二极管 1 个；水银开关 1 个；导线（普通电线、单线）2 根，各 25 厘米左右；空奶茶杯 1 个；吸管 1 根；绝缘胶布若干；电池盒 1 个；剪刀 1 把。

二、实训内容

（1）发光二极管：充当台灯的光源，脚长的一段是正极。

（2）水银开关：一个玻璃泡，里面密封了一滴水银，伸出两根金属引脚。因为水银是液体，对于玻璃又是不浸润液体（注：对某一特定材料而言，液体分为浸润和不浸润），所以水银液滴可以在玻璃泡内自由滚动；又因为水银是金属，所以它具有导电性。当水银滚动到玻璃泡底部的时候，两根金属引脚被连接，水银开关闭合；当它滚动到玻璃泡顶端的时候，则开关断开。

（3）首先将二极管、水银开关和导线连接起来，其中水银开关跟二极管正极串联在一起，起到控制电路开合的作用。连接过程中裸露在外的金属线，最好用绝缘胶布缠好。将导线穿过吸管，直至发光二极管完全藏在吸管中，导线从另一头伸出。将导线与电池连接，注意电池的正极要与二极管的正极相连，也就是与水银开关相连。

（4）电池盒可以不用，直接用导线将 2 节电池串连在一起，也可以，不过固定有点麻烦，而且不美观。

（5）千万注意，制作过程中水银开关起着决定性的作用，连接时要注意它的朝向，使吸管向上伸直时，水银开关断开，发光二极管不亮。将吸管向下弯曲时，水银开关闭合，灯就会亮了！

（6）将电源、导线藏在纸杯里，只把吸管露出来，这样一盏神奇的小夜灯就做好了。

三、小贴士

制作使用的高亮发光二极管光线很强，耗电亮很少，作为晚上床头的小夜灯绰绰有余，停电时也可以用来应应急。

第 2 章　半导体三极管及其应用

本章导引

半导体三极管又称晶体三极管(通常简称三极管或晶体管),它是应用最广泛的一种半导体器件。

教学内容:

(1)三极管的基本结构、工作原理、特性曲线和主要参数。

(2)放大电路的基本分析方法(以共发射极放大电路为例)

学习目标:

(1)了解双极型和单极型三极管的结构,正确识别各种三极管图形符号。熟悉晶体三极管的使用知识,掌握使用万用表判别三极管的引脚和质量优劣的方法。

(2)理解晶体三极管的工作原理、伏安特性及主要参数;理解晶体三极管的电流放大作用。

(3)掌握晶体三极管直流电路近似估算方法,熟悉晶体三极管放大、截止、饱和态的判别。

(4)理解三极管放大电路的组成和主要元件的作用,能够熟悉直流通路、交流通路的作用,掌握其画法。理解共射、共集放大电路的简化小信号模型电路,掌握对共射放大电路的放大倍数、输入电阻、输出电阻的估算。

2.1　晶 体 三 极 管

半导体三极管又称为晶体管、双极性三极管。它是组成各种电子电路的核心器件。晶体三极管种类很多,按制造材料分,有硅管和锗管;按功率大小分,有大、中、小功率管;按工作频率分,有高频管和低频管等。

2.1.1　结构及类型

三极管是由两个 PN 结组成的,按 PN 结的组成方式,三极管有 PNP 型和 NPN 型两种类型,如图 2.1 所示。

从结构上看,三极管内部有三个区域,分别称为发射区、基区和集电区,并相应地引出三个电极,即发射极(e)、基极(b)和集电极(c)。三个区形成的两个 PN 结分别称为发射结和集电结。

三极管常用的半导体材料有硅和锗,因此三极管有四种类型。它们对应的系列为:3A

(锗 PNP)、3B(锗 NPN)、3C(硅 PNP)和 3D(硅 NPN)。

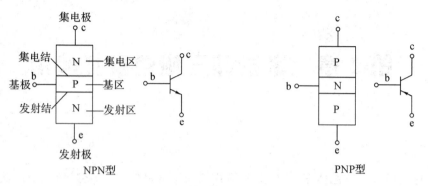

图 2.1　晶体三极管的结构

由于硅 NPN 型三极管用得最广，本书在后面无说明时，即指硅 NPN 三极管。图 2.2 所示为最常见的几种三极管。

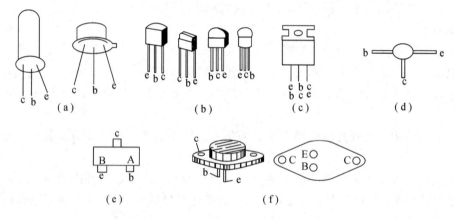

图 2.2　常见的三极管实物图

(a) 国产普通三极管；(b) 塑封小功率三极管；(c) 中功率三极管；
(d) 高频小功率三极管；(e) 片状三极管；(f) 低频大功率三极管

2.1.2　电流放大作用

1. 晶体三极管实现放大的结构要求和外部条件

1) 结构要求

(1) 发射区重掺杂，多数载流子电子浓度远大于基区多数载流子空穴浓度。

(2) 基区做的很薄，通常只有几微米到几十微米，而且是低掺杂。

(3) 集电区面积大，以保证尽可能收集到发射区发射的电子。

2) 外部条件

外加电源的极性应使发射结处于正向偏置状态；集电结处于反向偏置状态。

2. 晶体三极管的三种连接方式

因为放大器一般为 4 端网络，而三极管只有 3 个电极，所以组成放大电路时，势必要有一个电极作为输入与输出信号的公共端。根据所选公共端电极的不同，有以下三种连接方式:共基极、共发射极、共集电极。三极管的三种连接方式如图 2.3 所示。

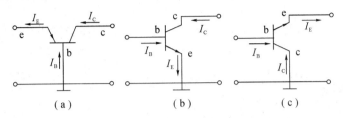

图 2.3　晶体三极管的三种连接方式

(a) 共基极；　(b) 共发射极；　(c) 共集电极

3. 晶体三极管的电流分配关系

以晶体三极管的基极作为信号的输入端，集电极作为输出端，发射极作为输入和输出回路的公共端的电路，称为共发射极电路，简称共射电路。下面以共射接法的 NPN 型管来讨论晶体三极管的放大原理。

在如图 2.4 所示电路中，由于集电极电源 U_{CC} 大于基极电源 U_{BB}，保证了 $U_O > U_B > U_E$。这样发射极正偏，有利于发射区电子流入基区，形成发射极电流 I_E。在基区中因掺杂浓度低，且基区较薄，故与电子复合的空穴量很少，形成较小的基极电流 I_B，而大部分电子通过大面积的集电结被吸引到集电区，形成较大的集电极电流 I_C。电源 U_{CC} 和 U_{BB} 为各电极电流不断补充能源。集电区少子(空穴)和基区少子(电子)在反偏作用下形成反向饱和电流 I_{CBO}，其值虽小，但受温度影响很大。

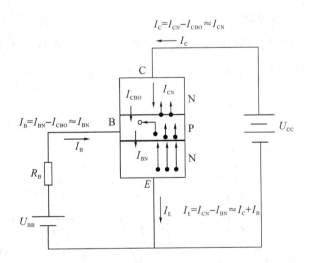

图 2.4　晶体管电流的分配

相应的各极的电流分配关系如下:

$$I_C = I_{CN} + I_{CBO}$$
$$I_E = I_{EN} + I_{EP} \approx I_{EN} = I_{CN} + I_{BN}$$
$$I_B = I_{BN} - I_{CBO}$$

(2.1)

通常，把 I_C 与 I_B 的比值称为共发射极直流电流放大系数 $\bar{\beta}$：

$$\bar{\beta} \approx \frac{I_C}{I_B} \tag{2.2}$$

一般三极管的 $\bar{\beta}$ 约为几十到几百。$\bar{\beta}$ 太小，管子的放大能力就差；$\bar{\beta}$ 过大，管子就不够稳定。

2.1.3 特性曲线

由于晶体三极管和二极管一样也是非线性元件，所以通常用它的特性曲线进行描述。晶体三极管的特性曲线是指晶体三极管各极电压与电流之间的关系曲线，一般用如图2.5所示的电路图测量。

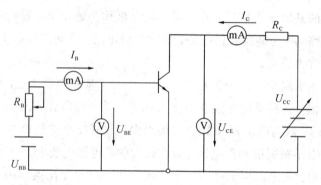

图 2.5 晶体管测量电路图

1. 共发射极输入特性曲线

共发射极输入特性曲线是描述 I_{CE} 为某一常数时，晶体管的输入电流 i_B 与输入电压 u_{BE} 之间的函数关系，即 $i_B = f(u_{BE})|_{U_{BE}=常数}$，具体如图2.6所示。

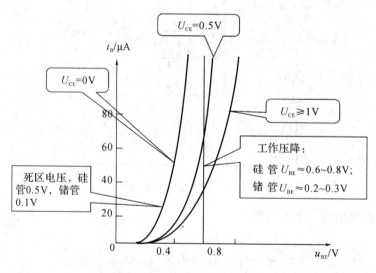

图 2.6 晶体管输入特性曲线

由图 2.6 可知：

（1）晶体三极管输入特性与二极管特性类似，在发射结电压 u_{BE} 大于死区电压时才导通，导通后 u_{BE} 很小的变化将引起 i_B 很大的变化，而且具有恒压特性，u_{BE} 近似为常数。

（2）当 U_{CE} 由零增大为 1 V 时，曲线明显右移，而当 $U_{CE}\geq 1$ V 后，曲线重合为同一根线。在实际使用中，多数情况下满足 $U_{CE}\geq 1$ V，因此通常用的是最右边这根曲线。由该曲线可知硅管的死区电压约为 0.5 V，导通电压（用 $U_{BE(on)}$ 表示）约为 0.6～0.8 V，通常取 0.7 V。对于锗管，死区电压约为 0.1 V，导通电压为 0.2～0.3 V，通常取 0.2 V。

2. 共发射极输出特性曲线

共发射极输出特性曲线是指 i_B 一定时，输出电流 i_C 和输出电压 u_{CE} 的关系曲线，其函数表示式为：$i_C = f(u_{CE})|_{i_B=常数}$，具体如图 2.7 所示。

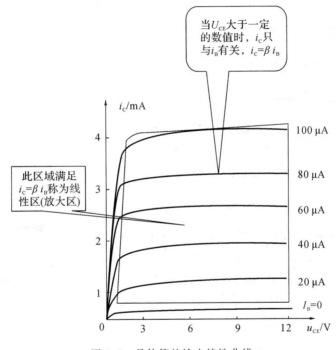

图 2.7　晶体管的输出特性曲线

由图 2.7 可知，晶体三极管有三种工作状态，即可以将输出特性曲线划分为放大、饱和以及截止三个区域。

1）放大区

发射结正向偏置且大于正向导通阈值电压（工程上认为的正向导通压降 $U_{BE(on)}$）、集电结反向偏置时，三极管工作的区域为放大区。此时，$i_B > 0$，$u_{CE} > u_{BE}$（即 $U_C > U_B$），i_C 主要受 i_B 控制，几乎与 u_{CE} 无关，表现为恒流特性。输出特性曲线是一簇几乎与横坐标轴平行的等距离直线，各曲线间隔大小可体现 β 值的大小。但随着 u_{CE} 的增大，各条曲线略向上倾斜。在放大区中，Δi_C 与 Δi_B 之间有一种受控关系，即 $\Delta i_C = \beta \Delta i_B$，表现为三极管的电流放大作用。

2）饱和区

当发射结和集电结均处于正向偏置，且 u_{BE} 大于正向导通阈值电压（工程上认为正向导通电压 $U_{BE(on)}$）时，三极管工作在饱和区。此时 u_{CE} 很小，$u_{CE} < u_{BE}$，即 $U_C < U_B$，i_C 从 0 开始随着 u_{CE} 的增大而迅速地增大，但 i_C 不受 i_B 的控制，$i_C < \beta i_B$。图中饱和区与放大区的分界线，称为临界饱和线。对于小功率管，此时可以认为 $u_{CE} \approx u_{BE}$，即 $u_{CB} \approx 0$。在饱和状态下，三极管 c、e 间的电压称为饱和压降 $U_{CE(sat)}$（行业中也俗称为 U_{CES}）。对于小功率管，工程上常取硅管为 0.3 V、锗管为 0.1 V。晶体管的饱和工作状态如图 2.8 所示。

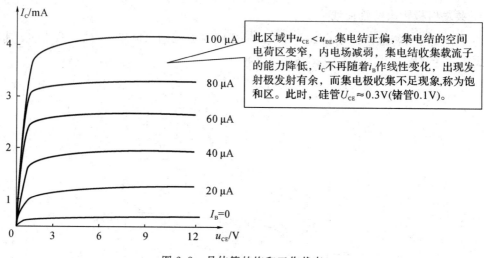

此区域中 $u_{CE} < u_{BE}$，集电结正偏，集电结的空间电荷区变窄，内电场减弱，集电结收集载流子的能力降低，i_C 不再随着 i_B 作线性变化，出现发射极发射有余，而集电极收集不足现象，称为饱和区。此时，硅管 $U_{CE} \approx 0.3V$（锗管 0.1V）。

图 2.8 晶体管的饱和工作状态

3）截止区

当发射结反向偏置或正向偏电压小于正向导通阈值电压，并且集电结反偏时，$I_B = 0$，$I_C \approx I_{CEO} \approx 0$，三极管处于截止状态，没有放大作用。通常把 $I_B = 0$ 的那条输出特性曲线以下的区域称为截止区。对于硅管，$I_B = 0$ 的曲线基本与横轴重合。晶体管的截止工作状态如图 2.9 所示。

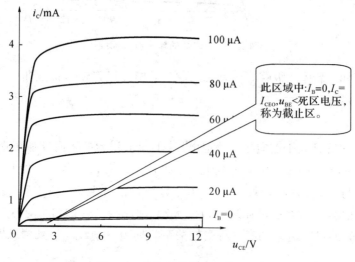

此区域中：$I_B = 0$，$I_C = I_{CEO}$，$u_{BE} <$ 死区电压，称为截止区。

图 2.9 晶体管的截止工作状态

3．温度对三极管特性的影响

温度的变化对三极管的性能会造成很大的影响，输入、输出特性曲线簇都将随温度变化而变化。在实际应用中，不能忽视三极管温度稳定性的问题。

1）温度对 β 值的影响

三极管的电流放大系数 β 会随温度上升而增大，使输出特性各条曲线的距离加大。温度每升高 1 ℃，β 值增大 $0.5\%\sim1\%$。

2）温度对 u_{BE} 的影响

三极管 u_{BE} 随温度变化的规律与二极管正向导通时的伏安特性类似，温度升高时，三极管的输入特性曲线也向左移动，相对于同一 I_B 的 u_{BE} 将减小。温度每升高 1 ℃，$U_{BE(on)}$ 减小 $2\sim2.5$ mV。

3）温度对 I_{CBO} 的影响

温度每升高 10 ℃，I_{CBO} 约增加一倍，而且，穿透电流 I_{CEO} 也会随温度升高而增加。因此，输出特性曲线会随温度升高而向上移动。

2.1.4　主要参数

晶体三极管的特性除用特性曲线表示外，还可以用参数来说明。晶体三极管的参数可作为设计电路、合理使用器件的参考。晶体管的参数很多，这里只介绍常用的主要参数。

1．电流放大系数

1）共射直流电流放大系数

共射直流电流放大系数指在静态时 I_C 与 I_B 的比值，也称为静态电流放大系数，即

$$\bar{\beta}\approx\frac{I_C}{I_B}$$

2）共射交流电流放大系数

共射交流电流放大系数指在动态时，基极电流的变化量为 Δi_B，它引起集电极电流的变化量为 Δi_C。Δi_C 与 Δi_B 的比值为动态电流（交流）放大系数，即

$$\beta=\frac{\Delta i_C}{\Delta i_B}$$

$\bar{\beta}$ 与 β 的含义是不同的，但两者数值较为接近。在以后的分析中认为两者是同一值。一般 β 在 $20\sim200$ 之间。

2．极间反向电流

（1）I_{CBO} 为发射极开路时，集电极与基极间的反向饱和电流。室温下，小功率硅管的 I_{CBO} 小于 1 μA，锗管的约为 10 μA。

（2）I_{CEO} 为基极开路时，由集电区穿过基区流向发射区的反向饱和电流。小功率硅管的 I_{CEO} 约几微安以下，而小功率锗管的 I_{CEO} 约在几十微安以上，因此，在可能情况下应尽量选用硅管。

I_{CBO} 与 I_{CEO} 均随温度的上升而增大，是衡量三极管温度稳定性的重要参数。为减小温度的影响，应尽量选用反向饱和电流小的三极管。

3. 极限参数

1）集电极最大允许电流 I_{CM}

当集电极电流 i_C 超过一定数值后，β 将明显下降，I_{CM} 是指 β 明显下降，且三极管有可能损坏时所对应的最大允许集电极电流。

2）反向击穿电压

（1）$U_{(BR)EBO}$ 为发射极与基极间的反向击穿电压，指当集电极开路时，发射极与基极间允许加的最大反向电压，一般为 5 V 左右。

（2）$U_{(BR)CBO}$ 为集电极与基极间的反向击穿电压，指当发射极开路时，集电极与基极间允许加的最大反向电压，一般在几十伏以上。

（3）$U_{(BR)CEO}$ 为集电极与发射极间反向击穿电压，指当基极开路时，集电极与发射极间允许加的最大反向电压，通常比 $U_{(BR)CBO}$ 小些。

3）电极最大允许功率损耗 P_{CM}

由于集电极电流在流经集电结时将产生热量，使结温升高，从而引起晶体管参数变化。当晶体管因受热而引起的参数变化不超过允许值时，集电极所消耗的最大功率，称为集电极最大允许损耗功率 P_{CM}。根据管子的 P_{CM} 值，由 $P_{CM}=i_C u_{CE}$ 可在晶体管的输出特性曲线上作出 P_{CM} 曲线，由 I_{CM}、$U_{(BR)CEO}$、P_{CM} 三者共同确定晶体管的安全工作区。

2.1.5 综合应用

1. 三极管的使用常识

1）三极管的型号命名方法

三极管的型号命名方法见表 1.1，这里不再重复赘述。

举例：

3	D	G	18
三极管	NPN 型硅材料	高频小功率	序号

2）如何查阅器件手册

三极管的参数一般可以从半导体器件手册中查到，现选录了部分三极管的参数，分别列于表 2.1 中，供学习参考。

表 2.1　几种典型小功率三极管的主要参数

类别	型号	P_{CM}/mW	I_{CM}/mA	$U_{(BR)CEO}/\text{V}$	h_{FE}	$I_{CBO}/\mu\text{A}$	$I_{CEO}/\mu\text{A}$	f_T/MHz
低频小功率锗管	3AX31A	125	125	≥12	40～180	≤20	≤1000	
高频小功率硅管	3DG100C (3DG6C)	100	20	≥20	20～200	≤0.1		≥250
塑封 PNP 型硅管	9012	625	500	≥20	64～200	≤0.1	≤0.1	500
塑封 NPN 型硅管	9013	625	500	≥20	64～200	≤0.1	≤0.1	100

2. 三极管的选用与检测

1）晶体三极管的选用

选用晶体管既要满足设备及电路的要求，又要符合节约的原则。根据用途不同，一般应考虑以下几个因素：频率、集电极电流、耗散功率、反向击穿电压、电流放大系数、稳定性及饱和压降等。这些因素具有相互制约的关系，在选管时应抓住主要矛盾，兼顾次要因素。

首先根据电路工作频率确定选用低频管还是高频管，低频管的特征频率 f_T 一般在 3 MHz以下，而高频管的 f_T 达几十兆赫、几百兆赫，甚至更高。选管时应使 f_T 为工作频率的 3～10 倍以上。原则上讲高频管可以代替低频管，但高频管的功率一般比较小，动态范围窄，在替代时应注意功率要求。

其次，根据晶体管实际工作的最大集电极电流 i_{Cmax}、最大管耗 P_{Cmax} 和电源电压 U_{CC} 选择合适的管子。需要注意：小功率管的 P_{CM} 值是在常温（25 ℃）下测得的。对于大功率管则是在常温下加规定规格散热物的情况下测得的，若温度升高或不满足散热要求，P_{CM} 将会下降。

对于 β 值的选择，不是越大越好。β 太大容易引起自激振荡，且一般高 β 管的工作多不稳定，受温度影响大。通常 β 选 40～120 之间。应尽量选用穿透电流 I_{CEO}、饱和压降 U_{CES} 小的管子，I_{CEO} 越小，电路的温度稳定性就越好。通常硅管的稳定性比锗管好得多，但硅管的饱和压降比锗管大。目前电路中多采用硅管。

2）晶体三极管的简易测试与判别

因为三极管内部有两个 PN 结，所以可以用万用表的电阻挡测量两个 PN 结的正、反向电阻来确定三极管的引脚、极型及大致判断其性能的好坏。下面介绍如何用模拟万用表进行三极管的识别和检测，测试方法和检测原理如图 2.10 所示。

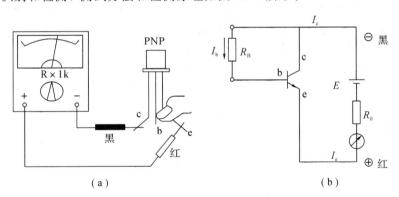

图 2.10　晶体管的测试方法
（a）测试方法；（b）检测原理

（1）基极（b 极）的判别。

使用万用表 R×100 Ω 或 R×1 kΩ 电阻挡随意测量三极管的两极，直到指针摆动较大为止。然后固定黑（红）表笔，把红（黑）表笔移至另一引脚上，若指针同样摆动，则说明被测管为 NPN（PNP）型，且黑（红）表笔所接触引脚为 b 极。

（2）c 极和 e 极判别。

根据上面的测量已确定了 b 极，且为 NPN(PNP)型。再使用万用表 R×1 kΩ 挡进行测量。假设一极为 c 极，接黑（红）表笔，另一极为 e 极，接红（黑）表笔，用手指捏住假设 c 极和 b 极（注意 c 极和 b 极不能相碰），读出其阻值 R_0，然后再假设另一极为 c 极，重复上述操作（注意捏住 b、c 极的力度两次都要相同）。比较前后数值，阻值小的黑（红）表笔接的就是 c 极。

（3）β 值的测量。

将晶体管正确插入万用表的晶体管测量插座中，将万用表置于测量 β（或 h_{FE}）挡，并进行校正。若万用表的 β 值读数较大，则说明假设正确，万用表的 β 值读数就是晶体管的共发射极电流放大系数。若 β 值读数较小，则改将另一引脚设为集电极，重新测量 β 值，这时若 β 值读数较大，则这次的假设是正确的，若 β 值读数仍很小，则说明被测晶体管放大能力很弱，为劣质管。

（4）用万用表估测 I_{CEO} 的大小。

I_{CEO} 大小的估测是在对集电极和发射极的判别过程中完成的，万用表的黑、红表笔分别正确地搭接在三极管的集电极、发射极上（NPN 型，黑表笔搭接集电极、红表笔搭接发射极；PNP 型，红表笔搭接集电极、黑表笔搭接发射极）时，万用表的读数越大（表针偏转角度越小），表明三极管的 I_{CEO} 越小。在估测 I_{CEO} 大小的同时，用手捏住三极管的管帽，由于管体温度升高，c－e 极间的电阻值将有所减小。若减小不大（表针相对变化不大），表明该管的温度稳定性较好；若减小较大（表针迅速右偏），则表明该管的温度特性较差。

2.2　共射极单管基本放大电路

放大电路的功能是利用晶体三极管的电流控制作用，把微弱的电信号（简称信号，指变化的电压、电流、功率）不失真地放大到所需要的数值，实现将直流电源的能量转化为按输入信号规律变化的，且具有较大能量的输出信号，如图 2.11 所示。所以，放大电路的实质，是一种用较小的能量去控制较大能量的能量控制装置。

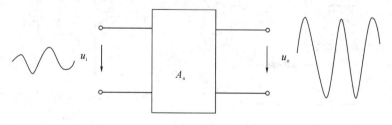

图 2.11　信号的放大示意图

2.2.1　组成及工作原理

1. 单管放大电路各元件的作用

图 2.12 所示是一个简单的单管交流放大器。输入端接信号通常可用一个理想电压源 U_s 和电阻 R_s 串联表示，信号源中的电压源可能是收音机自天线收到的包含声音信息的微弱

电信号,也可以是某种传感器根据被测量转换出的微弱电信号。U_i信源的输出电压即放大器的输入电压,放大器的输出端接负载电阻R_L,输出电压为U_o。放大器中各元件的作用如下所述。

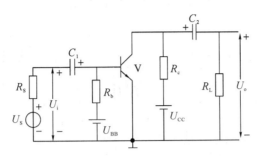

图 2.12 共射极放大电路

1) 晶体管 V

晶体管是放大(控制)元件,是放大器的核心。利用它的电流控制作用,可实现用微小输入电压变化而引起的基极电流变化控制电源U_{CC}在输出回路中产生的较大的、与输入信号成比例变化的集电极电流,从而在负载上获得比输入信号幅度大得多但又与其成比例的输出信号。

2) 集电极电源U_{CC}

它的作用有两个,其一是在受输入信号控制的晶体管的作用下,适时向负载提供能量;其二是保证晶体管工作在放大状态(即发射结正偏、集电结反偏)下。U_{CC}对一般小信号放大器取几伏至几十伏。

3) 集电极负载电阻

它可以是一个实际的电阻,也可以是继电器、发光二极管等器件。当它是一个实际电阻时,其作用主要是将集电极的电流变化变换成集电极的电位变化,以实现电压放大,R_c的阻值一般为几千欧到几十千欧。当它是继电器、发光二极管等器件时,作为直流负载,同时也是执行元件或能量转换元件。

4) 基极电源U_{BB}和基极电阻R_b

它们的作用是使晶体管的发射结处于正向偏置,并通过R_b的限制提供适当的静态基极电流I_B(简称偏置电流),保证晶体管工作在放大区并有合适的工作点。R_b的取值范围一般为几十千欧到几百千欧。

5) 耦合电容C_1和C_2

它们分别接在放大电路的输入端和输出端。由于电容器对交流信号的阻抗很小,而对直流信号的阻抗很大,利用它的这一特性来耦合交流信号,隔断直流信号。使放大器、信号源、负载之不同大小的直流电压互相不产生干扰,但又能够把信号源提供的交流信号传递给放大器,放大后再传递给负载。保证了信号源、放大器、负载均能正常工作。C_1和C_2的容量一般为几微法至几十微法,因为容量大,通常采用电解电容,连接时需注意其极性,正极接高电位端,负极接低电位端,同时还要注意耐压不能小于接入的两点间可能出现的最高电压。

2. 放大电路的工作原理

在实际放大电路中，一般采用单电源供电，如图 2.13 所示。只要适当调节 R_b 的大小，仍能保证发射极正向偏置，并产生合适的基极偏置电流。

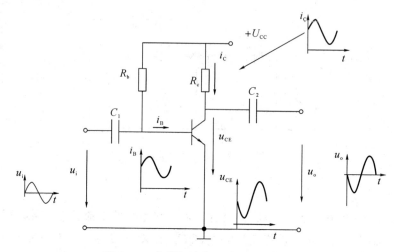

图 2.13　共射极放大电路的工作原理

当正弦信号作为输入信号加至放大电路输入端后，交流输入信号将使三极管各极电流及电压都在静态值的基础上叠加一个交流量，即

$$u_{BE} = U_{BE} + u_{be}$$
$$i_B = I_B + i_b$$
$$i_C = I_C + i_c$$
$$u_{CE} = U_{CE} + u_{ce}$$
$$u_o = u_{ce} = -i_c R_c$$

i_B、i_C、u_{CE} 将随输入信号的变化而做相应的变化，各点波形如图 2.13 中所示。经输出耦合电容 C_2，在输出端得到了放大后的、与输入信号变化规律一致的交流信号。

2.2.2　静态分析

对于一个放大电路的分析一般包括两个方面的内容：静态工作情况和动态工作情况。前者主要确定静态工作点，后者主要研究放大电路的性能指标。

当输入信号为零（$u_i = 0$）时，放大电路只有直流电源作用，各处的电压和电流都是直流量，为直流工作状态或静止状态，简称静态。这时三极管各极电流和各极之间的电压分别用 I_B、I_C 和 U_{BE}、U_{CE} 表示，它们代表着输入、输出特性曲线上的一个点，所以习惯上称为静态工作点，简称 Q 点。

静态工作点可以由放大电路的直流通路（直流电流流通的路径）采用估算法求得。分析步骤如下所述。

1）画出直流通路

原则：电容视为开路，电感视为短路。

根据该原则画出共射极基本放大电路直流通路如图 2.14 所示。

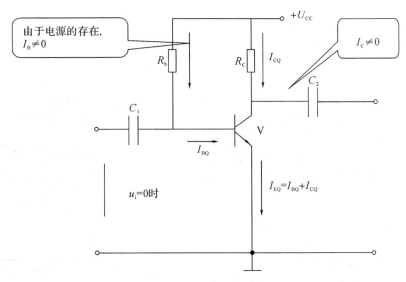

图 2.14　共射极放大电路的直流通路

2）计算静态工作点（Q 点），即 I_B、I_C、U_{CE}

例 2.1　如图 2.14 中，已知 $U_{CC}=12$ V，$R_c=3$ kΩ，$R_b=280$ kΩ，$R_L=3$ kΩ，三极管的 $\beta=50$，求静态工作点。

解
$$I_{BQ}=\frac{U_{CC}-U_{BEO}}{R_b}=\frac{12-0.7}{280}=0.04 \text{ mA}=40 \text{ }\mu A$$
$$I_{CQ}\approx\beta I_{BQ}=50\times0.04=2 \text{ mA}$$
$$U_{CEQ}=U_{CC}-I_{CQ}R_c=12-2\times3=6 \text{ V}$$

请注意电路中 I_B 和 I_C 的数量级。

2.2.3　动态分析

放大电路是非线性电路，它一般不能采用线性电路的分析方法来进行分析。但是，当 Q 点已确定，并设置在特性曲线的线性区，且输入信号的幅度足够小时，可以用线性模型（也称微变等效电路）来代替晶体三极管。值得说明的一点是，由于这里不考虑晶体三极管结电容的影响，因此它只适用于低频信号。

1. 晶体三极管的简化小信号模型

1）输入回路

当信号很小时，输入特性在小范围内近似线性，如图 2.15 所示。

$$r_{be}=\frac{\Delta u_{BE}}{\Delta i_B}=\frac{u_{be}}{i_b}$$

对输入的小交流信号而言，三极管相当于电阻 r_{be}。

对于小功率三极管，有

$$r_{be}=r_{bb'}+(1+\beta)\frac{26(\text{mV})}{I_E(\text{mA})}$$

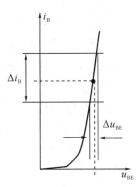

图 2.15　晶体三极管输入特性

$$r_{bb'} = 300 \ \Omega \tag{2.3}$$

r_{be}的量级从几百欧到几千欧。

2) 输出回路

$$i_C = I_C + i_c = \beta(I_B + i_b) = \beta I_B + \beta i_b$$

所以

$$i_c = \beta i_b$$

(1) 输出端相当于一个受i_b控制的电流源。

(2) 考虑u_{CE}对i_C的影响,输出端相当于并联一个大电阻r_{ce}。共射极的输出特性曲线如图 2.16 所示。

r_{ce}的含义为

$$r_{ce} = \frac{\Delta u_{CE}}{\Delta i_C} = \frac{u_{ce}}{i_c}$$

3) 晶体三极管的小信号模型

综上分析,得到晶体三极管的小信号模型,由于通常r_{ce}很大,可忽略不计,如图 2.17 所示。

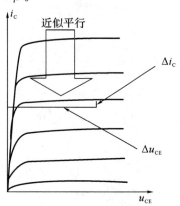

图 2.16 晶体三极管输出特性

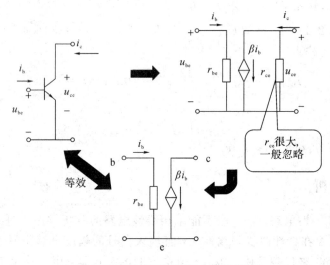

图 2.17 晶体三极管的小信号模型

2. 用微变等效电路法分析放大电路

用微变等效电路法可以较为简单地分析放大电路对交流信号的放大能力,定量地分析出电路的主要技术指标。具体步骤如下所述。

(1) 画出放大电路的交流通路。

原则:直流电源视为短路(有内阻保留),电容视为短路,电感视为开路。

根据上述原则,画出共射极放大电路交流通路如图 2.18 所示。

(2) 画出等效电路。

将晶体三极管小信号模型电路代入交流通路,得到共发射极基本放大电路的微变等效电路,如图 2.19 所示。

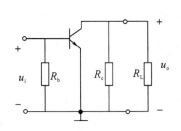

图 2.18　共射极放大电路的交流通路

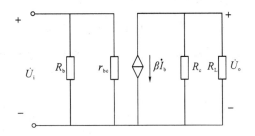

图 2.19　共射极放大电路的小信号模型电路

（3）放大电路主要技术指标的计算。

① 电压放大倍数（增益）A_u。电压放大倍数是放大电路的输出电压与输入电压的变化量 $\dot{U}_o$ 和 $\dot{U}_i$ 之比：

$$A_u = \frac{\dot{U}_o}{\dot{U}_i} \tag{2.4}$$

因为

$$\dot{U}_i = \dot{I}_b r_{be}$$

$$\dot{U}_o = -\beta \dot{I}_b R'_L$$

从而有

$$A_u = -\beta \frac{R'_L}{r_{be}}$$

其中，

$$R'_L = R_c /\!/ R_L$$

从分析可得：负载电阻越小，放大倍数越小。

② 输入电阻 R_i。对于为放大电路提供信号的信号源来说，放大电路相当于是负载电阻，这个负载电阻就是输入电阻，用 R_i 来表示。由图 2.20 可知，$R_i = \dfrac{\dot{U}_i}{\dot{I}_i}$，$R_i$ 是动态电阻。

$$R_i = \frac{\dot{U}_i}{\dot{I}_i} = R_b /\!/ r_{be} \approx r_{be} \tag{2.5}$$

电路的输入电阻越大，从信号源取得的电流越小，因此一般总是希望得到较大的输入电阻。

③ 输出电阻。对于负载而言，放大电路相当于信号源，图 2.21 所示放大电路框图。

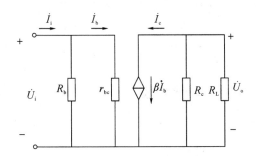

图 2.20　求共射极放大电路的输入电阻

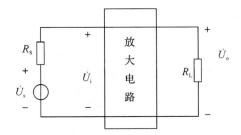

图 2.21　信号放大电路框图

求解输出电阻就是将放大电路进行戴维南等效，戴维南等效电路的内阻就是输出电阻。

具体来说就是用加压求电流法求输出电阻，即：所有电源置零，然后计算电阻（对有受控源的电路不适用），所有独立电源置零，保留受控源，加压求电流。如图 2.22 所示，令 $\dot{U}_s=0$，保留 R_s，将负载开路（$R_L=\infty$），在放大电路的输出端外加一电压 $\dot{U}$，求出在 $\dot{U}$ 的作用下输出端中的 $\dot{I}$，则输出电阻为

$$R_o=\frac{\dot{U}}{\dot{I}} \tag{2.6}$$

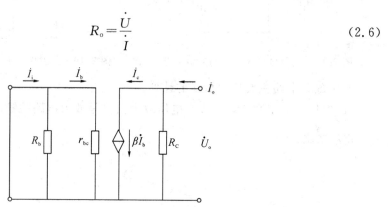

图 2.22　求共射极放大电路的输出电阻

由于 $\dot{U}_s=0$，有 $\dot{I}_b=0$，故 $\beta\dot{I}_b=0$，将该受控电流源作开路处理，则外加电压 $\dot{U}$ 产生的电流 $\dot{I}=\dot{U}/R_c$，根据上式得到：

$$R_o=\frac{\dot{U}}{\dot{I}}=R_c \tag{2.7}$$

例 2.2　已知电路如图 2.23 所示，求：

（1）A_u、R_i、R_o；

（2）欲提高 A_u，应调整哪些参数？

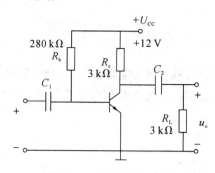

图 2.23　基本放大电路

解　（1）画出直流通路，如图 2.24 所示，得静态工作点的参数：

$$I_{BQ}=\frac{U_{CC}-U_{BEQ}}{R_b}=\frac{12-0.7}{280}=0.04 \text{ mA}=40 \ \mu A$$

$$I_{CQ}\approx\beta I_{BQ}=50\times0.04=2 \text{ mA}\approx I_{EQ}$$

$$U_{CEQ}=U_{CC}-I_{CQ}R_c=12-2\times3=6 \text{ V}$$

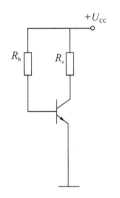

图 2.24　直流通路

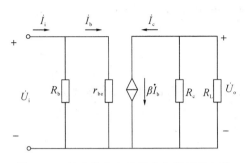

图 2.25　基本放大电路的小信号模型电路

画出放大电路交流小信号模型电路，如图 2.25 所示。

由图 2.25 可得：

$$r_{be} = r_{bb'} + (1+\beta)\frac{26(\mathrm{mV})}{I_E(\mathrm{mA})} = 300 + 51 \times 26 \div 2 = 963\ \Omega$$

$$A_u = -\frac{\beta R'_L}{r_{be}} = -\beta\frac{R_c /\!/ R_L}{r_{be}} = -50\frac{3/\!/3}{0.963} = -78$$

$$R_i = r_{be} /\!/ R_b \approx r_{be} = 963\ \Omega$$

$$R_o = R_c = 3\ \mathrm{k}\Omega$$

（2）欲提高 $|A_u|$，可调整 Q 点使 I_{EQ} 增大，从而使 r_{be} 减小，提高放大倍数。即

$$R_b \downarrow \rightarrow I_{BQ} \uparrow \rightarrow I_{EQ} \uparrow \rightarrow r_{be} \downarrow \rightarrow |A_u| \uparrow$$

2.3　分压式偏置电路

2.3.1　组成及工作原理

1. 分压式偏置电路各元件的作用

图 2.26 是一个工作点稳定的共射极放大电路，由于它的偏置电路是由电阻分压构成的，故为分压式偏置放大电路。

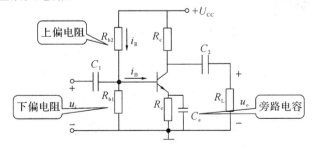

图 2.26　分压式偏置电路

从图 2.26 中看出，电路主要采取了两个措施：一是采用分基极偏置电路；二是在发射极增加了发射电阻 R_e，为了不造成交流信号在上 R_e 的损失，在 R_e 两端并联了一个容量足够大的交流旁路电容 C_e。

2. 放大电路稳定静态工作点的过程

当电路参数设计满足条件 $I_R \gg I_B$（一般取 $I_R = (5 \sim 10)I_B$，$U_B = 3 \sim 5$ V，R_{b1}、R_{b2} 取几十千欧）时，有

$$U_B \approx \frac{R_{b1}}{R_{b1} + R_{b2}} \cdot U_{CC} \tag{2.8}$$

U_B 由 R_{b1}、R_{b2} 分压得到，不受温度影响。

$$T°C \uparrow \longrightarrow I_c \uparrow \longrightarrow I_E \uparrow \longrightarrow U_{BE} = I_E R_e \uparrow$$

$$I_c \downarrow \longleftarrow I_B \downarrow \longleftarrow U_{BE} = U_B - U_E \downarrow$$

R_e 的负反馈作用，使 I_c 基本不变，从而稳定静态工作点。

2.3.2 静态分析

1. 直流通路

按照直流通路的画法，得到分压式偏置电路的直流通路，如图 2.27 所示。

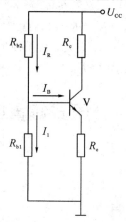

图 2.27 分压式偏置电路的直流通路

2. 静态工作点的计算

$$
\left.
\begin{aligned}
&I_R \gg I_B \\
&I_1 \approx I_R \approx \frac{U_{CC}}{R_{b1} + R_{b2}} \\
&U_B \approx \frac{R_{b1}}{R_{b1} + R_{b2}} U_{CC} \\
&U_{BEQ} = U_B - U_E = U_B - I_E R_e \\
&I_{CQ} \approx I_{EQ} = \frac{U_B - U_{BE}}{R_e} \approx \frac{U_B}{R_e} \\
&U_{CEQ} = U_{CC} - I_{CQ}(R_C + R_e) \\
&I_{BQ} = \frac{I_{CQ}}{\beta}
\end{aligned}
\right\} \tag{2.9}
$$

2.3.3　动态分析

1. 交流通路及小信号模型电路

按照放大电路交流通路的画法,得到分压式偏置电路的交流通路及小信号模型电路,如图 2.28 所示。

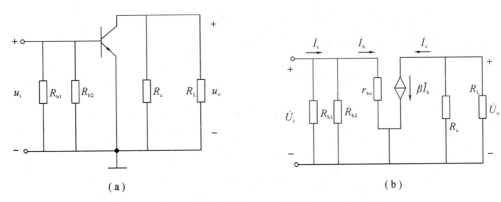

图 2.28　分压式偏置电路的交流通路及小信号模型电路

(a) 交流通路；(b) 分压式放大电路的小信号模型电路

2. 主要性能指标

$$\left.\begin{array}{l} A_u = -\beta \dfrac{R'_L}{r_{be}} \\[2mm] R_i = R_{b1} /\!/ R_{b2} /\!/ r_{be} \approx r_{be} \\[2mm] R_o = R_c \end{array}\right\} \qquad (2.10)$$

例 2.3　已知如图 2-29 所示的分压式偏置电路中,$U_{CC} = 12$ V,$R_{b1} = 2.5$ kΩ,$R_{b2} = 7.5$ kΩ,$R_c = 2$ kΩ,$R_e = 1$ kΩ,V 的 $\beta = 30$,求:

(1) 静态工作点；

(2) A_u、R_i 及 R_o。

解　(1) 先画出电路的直流通路,如图 2.30 所示。

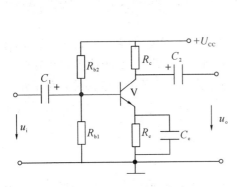

图 2.29　分压式偏置电路

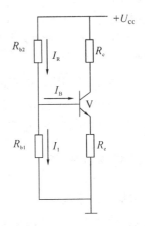

图 2.30　图 2.29 的直流通路

根据图 2.30 及已知参数可得

$$U_{BQ} \approx \frac{R_{b1}}{R_{b1}+R_{b2}} U_{CC} = \frac{2.5}{2.5+7.5} \times 12 = 3 \text{ V}$$

$$I_{CQ} \approx I_{EQ} = \frac{U_{BQ}-U_{BEQ}}{R_e} = \frac{3-0.7}{1} = 2.3 \text{ mA}$$

$$U_{CEQ} = U_{CC} - I_{CQ}(R_c+R_e) = 12 - 2.3 \times (2+1) = 5.1 \text{ V}$$

$$I_{BQ} = \frac{I_{CQ}}{\beta} = \frac{2.3}{30} = 0.077 \text{ mA} = 77 \text{ }\mu\text{A}$$

（2）放大电路的小信号模型电路如图 2.31 所示。

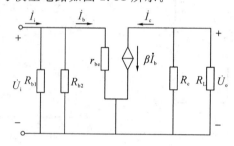

图 2.31　放大电路的小信号模型电路

根据图 2.31 及已知参数,可得

$$r_{be} = r_{bb'} + (1+\beta)\frac{26(\text{mV})}{I_E(\text{mA})} = 300 + \frac{31 \times 26}{2.3} = 650 \text{ }\Omega$$

$$A_u = -\beta\frac{R'_L}{r_{be}} = -30 \times \frac{2 /\!/ 2}{0.65} = -46.2$$

$$R_i = R_{b1} /\!/ R_{b2} /\!/ r_{be} = 2.5 /\!/ 7.5 /\!/ 0.65 = 0.483 \text{ k}\Omega = 483 \text{ }\Omega$$

$$R_o = R_c = 2 \text{ k}\Omega$$

2.4　场　效　应　管

　　场效应管即单极型三极管,简称 FET。与晶体管相比,场效应管具有输入阻抗非常高、噪声低、热稳定性好、功耗低、抗辐射能力强等优点,而且制造工艺简单、占有芯片面积小、器件特性便于控制、功耗小,特别适宜于大规模集成,因此在大规模和超大规模集成电路中得到了广泛应用。

　　根据结构的不同,场效应管主要分为两大类:结型场效应管(简称 JFET)和金属—氧化物—半导体场效应管(简称 MOSFET)。结型场效应管和 MOS 场效应管都有 N 沟道和 P 沟道之分,MOS 场效应管还有增强型和耗尽型之分,所以场效应管共分六种类型。

2.4.1　结型场效应管

1. 结构及工作原理

　　结型场效应管有两种结构形式:N 型沟道结型场效应管和 P 型沟道结型场效应管,如图 2.32 所示。

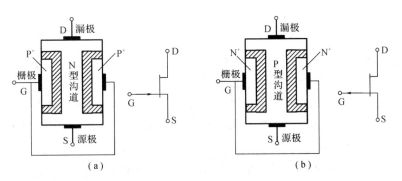

图 2.32　结型场效应管

（a）N 型沟道场效应管结构及电路符号；（b）P 型沟道场效应管结构及电路符号

以 N 型沟道为例。在一块 N 型硅半导体材料的两边，利用合金法、扩散法或其他工艺做成高浓度的 P^+ 型区，使之形成两个 PN 结，然后将两边的 P^+ 型区连在一起，引出一个电极，称为栅极 G。在 N 型半导体两端各引出一个电极，分别作为源极 S 和漏极 D。夹在两个 PN 结中间的 N 型区是源极与漏极之间的电流通道，称为导电沟道。由于 N 型半导体多数载流子是电子，故此沟道称为 N 型沟道。同理，P 型沟道结型场效应管中，沟道是 P 型区，称为 P 型沟道，栅极与 N 型区相连。电路符号中的箭头方向可理解为两个 PN 结的正向导电方向。

从结型场效应管的结构可看出，我们在 D、S 间加上电压 U_{DS}，则在源极和漏极之间形成电流 I_D。通过改变栅极和源极的反向电压 U_{GS}，可以改变两个 PN 结阻挡层（耗尽层）的宽度。由于栅极区是高掺杂区，所以阻挡层主要降在沟道区。故 $|U_{GS}|$ 的改变，会引起沟道宽度的变化，其沟道电阻也随之而变，从而改变了漏极电流 I_D。如 $|U_{GS}|$ 上升，则沟道变窄，电阻增加，I_D 下降。反之亦然。所以改变 U_{GS} 的大小，可以控制漏极电流。这是场效应管工作的基本原理，也是核心部分。

1）U_{GS} 对导电沟道的影响

当 U_{GS} 由零向负值增大时，PN 结的阻挡层加厚，沟道变窄，电阻增大。若 U_{GS} 的负值再进一步增大，$U_{GS}=-U_P$ 时，两个 PN 结的阻挡层相遇，沟道消失，称沟道被"夹断"了，U_P 称为夹断电压，此时 $I_D=0$，U_{GS} 对导电沟道的影响如图 2.33 所示。

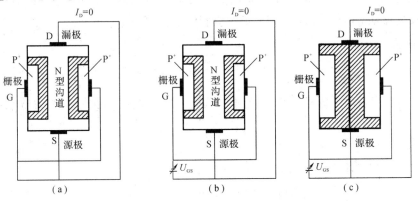

图 2.33　U_{GS} 对导电沟道的影响

（a）$U_{GS}=0$；（b）$U_{GS}<0$；（c）$U_{GS}=-U_P$

2) I_D 与 U_{DS}、U_{GS} 之间的关系

假定：栅—源电压 $|U_{GS}| < |U_P|$，如 $U_{GS} = -1\ \text{V}$，$U_P = -4\ \text{V}$。

当 $U_{DS} = 2\ \text{V}$ 时，沟道中将有电流 I_D 通过。此电流将沿着沟道方向产生一个电压降，这样沟道上各点的电位就不同，因而沟道内各点的电位也就不同，也因而沟道内各点与栅极的电位差就不相等。漏极端与栅极之间的反向电压最高，如 $U_{DG} = U_{DS} - U_{GS} = 2 - (-1) = 3\ \text{V}$，沿着沟道向下逐渐降低，源极端为最低，如 $U_{SG} = -U_{GS} = 1\ \text{V}$，两个 PN 结阻挡层将出现楔形，使得靠近源极端沟道较宽，而靠近漏极端的沟道较窄，如图 2.34(a) 所示。此时再增大 U_{DS}，由于沟道电阻增长较慢，所以 I_D 随之增加。

当进一步增大 U_{DS}，当栅—漏间电压 U_{GD} 等于 U_P 时，即 $U_{GD} = U_{GS} - U_{DS} = U_P$，则在 D 极附近，两个 PN 结的阻挡层相遇，如图 2.34(b) 所示，称之为预夹断。如果继续增大 U_{DS}，就会使夹断区向源极端方向发展，沟道电阻增加。由于沟道电阻的增长速率与 U_{DS} 的增加速率基本相同，故这一期间 I_D 趋于一恒定值，不随 U_{DS} 的增大而增大，此时，漏极电流的大小仅取决于 U_{GS} 的大小。U_{GS} 越负，沟道电阻越大，I_D 便越小。

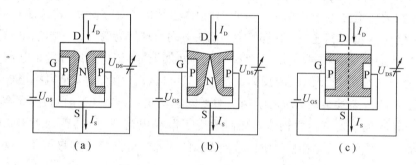

图 2.34　U_{DS} 对导电沟道和 I_D 的影响

(a) $U_{GS} < 0$，$U_{DG} < |U_P|$；(b) $U_{GS} < 0$，$U_{DG} = |U_P|$，预夹断；(c) $U_{GS} \leqslant U_P \cdot U_{DG} > |U_P|$，夹断

当 $U_{GS} = U_P$ 时，沟道被全部夹断，$I_D = 0$，如图 2.34(c) 所示。

注意：预夹断后还能有电流。不要认为预夹断后就没有电流。

由于结型场效应管工作时，我们总是要在栅源之间加一个反向偏置电压，使得 PN 结始终处于反向接法，故 $I_D \approx 0$，所以，场效应管的输入电阻 R_{GS} 很高。

2. 特性曲线

1) 输出特性曲线

以 U_{GS} 为参变量时，漏极电流 I_D 与漏—源电压 U_{DS} 之间的关系，称为输出特性（见图 2.35），即

$$I_D = f(U_{DS})|_{U_{GS}=常数}$$

根据工作情况，输出特性可划分为四个区域。

（1）可变电阻区。可变电阻区位于输出特性曲线的起始部分，此区的特点是：固定 U_{GS} 时，I_D 随 U_{DS} 增大而线性上升，相当于线性电阻；改变 U_{GS} 时，特性曲线的斜率变化，相当于电阻的阻值不同，U_{GS} 增大，相应的电阻增大。

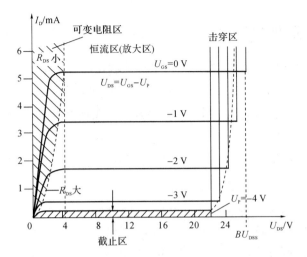

图 2.35　输出特性曲线

（2）恒流区。该区的特点是：I_D 基本不随 U_{DS} 而变化，仅取决于 U_{GS} 的值，输出特性曲线趋于水平，故称为恒流区或饱和区。

（3）击穿区。位于特性曲线的最右部分，当 U_{DS} 升高到一定程度时，反向偏置的 PN 结被击穿，I_D 将突然增大。U_{GS} 愈负时，达到雪崩击穿所需的 U_{DS} 电压愈小。当 $U_{GS}=0$ 时其击穿电压用 BU_{DSS} 表示。

（4）截止区。当 $|U_{GS}| \geqslant |U_P|$ 时，管子的导电沟道处于完全夹断状态，$I_D=0$，场效应管截止。

2）转移特性曲线

当漏—源电压 U_{DS} 保持不变时，漏极电流 I_D 和栅—源电压 U_{GS} 的关系称为转移特性（见图 2.36），即

$$I_D = f(U_{GS})|_{U_{DS}=常数}$$

它描述了栅—源电压 U_{GS} 对漏极电流 I_D 的控制作用。由图可见：

- $U_{GS}=0$ 时，$I_D=I_{DSS}$，漏极电流最大，称为饱和漏极电流 I_{DSS}。
- $|U_{GS}|$ 增大，I_D 减小，当 $U_{GS}=-U_P$ 时，$I_D=0$。U_P 称为夹断电压。

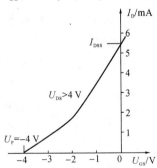

图 2.36　N 沟道结型场效应管的转移特性曲线

结型场效应管的转移特性在 $U_{GS}=0 \sim U_P$ 范围内可用下面近似公式表示：

$$I_D = I_{DSS}\left(1 - \frac{U_{GS}}{U_P}\right)^2$$

2.4.2　N沟道增强型MOS管

绝缘栅场效应管通常由金属、氧化物和半导体制成，所以又称为金属—氧化物—半导体场效应管，简称MOS场效应管。由于这种场效应管的栅极被绝缘层（SiO_2）隔离（所以称为绝缘栅），因此其输入电阻更高，可达10^9 Ω以上。绝缘栅场效应管分为N沟道、P沟道、增强型、耗尽型四种。

1. 结构及其工作原理

1）结构与图形符号

N沟道增强型MOS管简称为NEMOS管，其结构示意图如图2.37所示。它以一块掺杂浓度较低的P型硅片作衬底，在衬底上面的左、右两侧利用扩散的方法形成两个高掺杂的N^+区，并用金属铝引出两个电极，称为源极S和漏极D；后在硅片表面生长一层很薄的二氧化硅（SiO_2）绝缘层，在漏、源之间的绝缘层上再喷一层金属铝作为栅极G；另外在衬底引出衬底引线B（它通常已在管内与源极相连）。可见这种场应管由金属、氧化物和半导体组成，故称MOS管。由于栅极与源极、漏极之间均无电的接触，故称绝缘栅，显然，栅极电流为零。

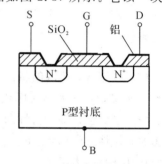

图2.37　N沟道增强型MOS场效应管结构示意图

2）工作原理

由图2.37可见，漏区（N型）、衬底（P型）和源区（N型）之间形成两个背靠背的PN结。当G、S之间无外加电压时（即$U_{GS}=0$），无论在D、S之间加何种极性的电压，总有一个PN结是反偏的，D、S之间无电流流过。

若给G、S之间加上正电压U_{GS}，且源极S与衬底B相连时（通常情况下，S、B是相连的），则在正电压U_{GS}的作用下，栅极下的SiO_2绝缘层中将产生一个垂直于半导体表面的电场，其方向由栅极指向P型衬底，如图2.38所示。该电场是排斥空穴而吸引电子的，当U_{GS}够大时，该电场可吸引足够多的电子，使栅极附近的P型衬底表面形成一个N型薄层。由于它是在P型衬底上形成的N型层，故称为反型层。这个N型反型层将两个N区连通，这时只要在D、S之间加上正向电压，电子就会沿着反型层由源极向漏极运动，形成漏极电I_D，如图2.38所示。故N型反型层构成了D、S之间的N型导电沟道。将开始形成反型层所需的栅—源电压称为开启电压，通常用$U_{GS(th)}$表示，其值由管子的工艺参数确定。产生沟道后，若继续增大U_{GS}值，则导电沟道加宽，沟道电阻减小，漏极电流i_D增大。

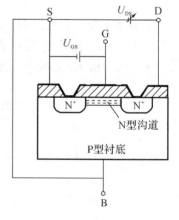

图2.38　导电沟道

场效应管具有压控电流作用，通过控制输入电压U_{GS}来控制输出电流i_D的有无和大小。

2. 特性曲线

由于场效应管的输入电流近于零，故不讨论输入特性。

转移特性是指 U_{DS} 保持不变，I_D 与 U_{GS} 的函数关系，即 $I_D = f(U_{GS})|_{U_{DS}=常数}$。转移特性曲线如图 2.39 所示。图中，$U_{GS} = 10\ V$ 不变，当 $U_{GS} < U_{GS(th)}$ 时，因没有导电沟道，$I_D = 0$；当 $U_{GS} \geqslant U_{GS(th)}(=2\ V)$ 后形成导电沟道，产生漏极电流 I_D；U_{GS} 增大，I_D 跟随增大。

输出特性是指 U_{GS} 保持不变，I_D 与 U_{DS} 的函数关系，即 $I_D = f(U_{DS})|_{U_{GS}=常数}$。

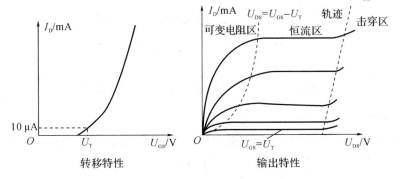

图 2.39　N 沟道耗尽型场效应管特性曲线

输出特性曲线可分为四个区域：

(1) 可变电阻区。指管子导通，但 U_{DS} 较小的区域。漏极电流 I_D 随 U_{DS} 呈线性增加，输出特性按线性上升，这样 D、S 极间等效为一个线性电阻，阻值的大小与所固定的 U_{GS} 值有关。故这时场效管 D、S 极间相当于一个受 U_{GS} 控制的可变电阻，称为可变电阻区。

(2) 饱和区(放大区)。指管子导通，且 U_{DS} 较大的区域，曲线为一簇基本平行于 U_{DS} 轴的略向上翘的直线，说明漏极电流 I_D 由栅源电压 U_{GS} 控制，而与 U_{DS} 基本无关，场效应的 D、S 极间相当于一个受电压 U_{GS} 控制的电流源，因此也称为恒流区。

(3) 截止区。当 $U_{GS} < U_{GS(th)}$ 时，导电沟道全部消失，$I_D = 0$，这时称为全夹断，该区域称为输出特性的截止区，为图 2.39 中靠近横轴的区域(基本上与横轴重合)。

(4) 击穿区。若 U_{DS} 不断增大，PN 结因承受过大的反向电压而击穿，使 I_D 急剧增大，如图 2.39 所示，该区域称为输出特性的击穿区。

2.4.3　N 沟道耗尽型 MOS 管

1. 结构及工作原理

1) 结构

耗尽型 MOS 场效应管是在制造过程中，预先在 SiO_2 绝缘层中掺入大量的正离子，因此，在 $U_{GS} = 0$ 时，这些正离子产生的电场也能在 P 型衬底中"感应"出足够的电子，形成 N 型导电沟道，如图 2.40 所示。衬底通常在内部与源极相连。

2) 工作原理

当 $U_{DS} > 0$ 时，将产生较大的漏极电流 I_D。如果使 $U_{GS} < 0$，则它将削弱正离子所形成的电场，使 N 沟道变窄，从而使 I_D 减小。当 U_{GS} 更负，达到某一数值时沟道消失，$I_D = 0$。使 $I_D = 0$ 的 U_{GS} 我们也称之为夹断电压，仍用 U_P 表示。$U_{GS} < U_P$ 时沟道消失，称为耗尽型。

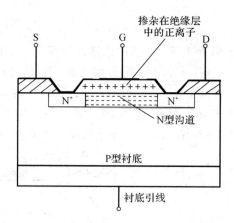

图 2.40 N 沟道耗尽型 MOS 管的结构示意图

2. 特性曲线

N 沟道 MOS 耗尽型场效应管的特性曲线如图 2.41 所示,也分为转移特性和输出特性。

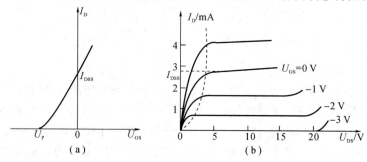

图 2.41 N 沟道耗尽型 MOS 场效应管的特性曲线

(a) 转移特性;(b) 输出特性

I_{DSS} 是 $U_{GS} = 0$ 时的漏极电流,U_P 称为夹断电压,是 $I_D = 0$ 对应的 U_{GS} 的值。

P 沟道场效应管的工作原理与 N 沟道类似。我们不再讨论。

图 2.42 所示为各种类型的 MOS 管的符号。

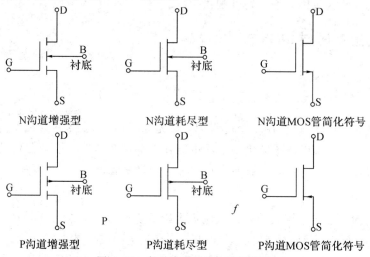

图 2.42 各种类型 MOS 管的符号

2.4.4 场效应管的主要参数

场效应管主要参数包括直流参数、交流参数、极限参数三部分。

1. 直流参数

1) 饱和漏极电流 I_{DSS}

I_{DSS} 是耗尽型和结型场效应管的重要参数之一。I_{DSS} 是指当栅、源极之间的电压 $U_{GS}=0$，而漏、源极之间的电压 U_{DS} 大于夹断电压 U_P 时对应的漏极电流。

2) 夹断电压 U_P

U_P 是耗尽型和结型场效应管的重要参数之一。U_P 是指当 U_{DS} 一定时，使 I_D 减小到某一个微小电流(如 1 μA，50 μA)时所需的 U_{GS} 值。

3) 开启电压 U_T

U_T 是增强型场效应管的重要参数之一。U_T 是指当 U_{DS} 一定时，漏极电流 I_D 达到某一数值(如 10 μA)时所需加的 U_{GS} 值。

4) 直流输入电阻 R_{GS}

R_{GS} 是栅、源之间所加电压与产生的栅极电流之比，由于栅极几乎不索取电流，因此输入电阻很高，结型为 10^6 MΩ 以上，MOS管可达 10^{10} MΩ 以上。

2. 交流参数

1) 低频跨导 g_m

此参数是描述栅—源电压 U_{GS} 对漏极电流的控制作用，它的定义是当 U_{DS} 一定时，I_D 与 U_{GS} 的变化量之比，即

$$g_m=\frac{\partial I_D}{\partial U_{GS}}\bigg|_{U_{DS}=常数}$$

跨导 g_m 的单位为 mA/V。它的值可由转移特性或输出特性求得。在转移特性上工作点 Q 外切线的斜率即是 g_m。或由输出特性看，在工作点处作一条垂直横坐标的直线(表示 $U_{DS}=$常数)，在 Q 点上下取一个较小的栅—源电压变化量 ΔU_{GS}，然后从纵坐标上找到相应的漏极电流的变化量 $\Delta I_D/\Delta U_{GS}$，则

$$g_m=\frac{\Delta I_D}{\Delta U_{GS}}$$

此外，对结型场效应管，可由 $I_D=I_{DSS}\left(1-\dfrac{U_{GS}}{U_P}\right)$ 求得

$$g_m=\frac{\partial I_D}{\partial U_{GS}}=-\frac{2I_{DSS}}{U_P}\left(1-\frac{U_{GS}}{U_P}\right)$$

只要将工作点处的 U_{GS} 值代入就可求得 g_m。

2) 极间电容

场效应管三个极间的电容包括 C_{GS}、C_{GD} 和 C_{DS}。这些极间电容愈小，管子的高频性能就愈好。一般为几个皮法。

3）极限参数

（1）漏极最大允许耗散功率 P_{DM}。

$$P_{DM} = I_D U_{DS}$$

（2）漏源间击穿电压 BU_{DSS}。

在场效应管输出特性曲线上，当漏极电流 I_D 急剧上升产生雪崩击穿时的 U_{DS} 即为 BU_{DSS}。工作时，外加在漏极、源极之间的电压不得超过此值。

（3）栅源间击穿电压 BU_{GSS}。

结型场效应管正常工作时，栅、源之间的 PN 结处于反向偏置状态，若 U_{GS} 过高，PN 结将被击穿，此时的 U_{GS} 即 BU_{GSS}。对于 MOS 管，栅源极击穿后不能恢复，因为栅极与沟道间的 SiO_2 被击穿属破坏性击穿。

2.4.5 场效应管的特点

场效应管具有放大作用，可以组成各种放大电路，它与双极性三极管相比，具有以下几个特点：

（1）场效应管是一种电压控制器件。场效应管通过 U_{GS} 来控制 I_D。而双极性三极管是电流控制器件，通过 I_B 来控制 I_C。

（2）场效应管输入端几乎没有电流。场效应管工作时，栅、源极之间的 PN 结处于反向偏置状态，输入端几乎没有电流，所以其直流输入电阻和交流输入电阻都非常高。而双极性三极管，发射结始终处于正向偏置，总是存在输入电流，故 b、e 极间的输入电阻较小。

（3）场效应管利用多子导电。由于场效应管是利用多数载流子导电的，因此，与双极性三极管相比，具有噪声小、受辐射的影响小、热稳定性好而且存在零温度系数工作点等特性。

（4）场效应管的源漏极有时可以互换使用。由于场效应管的结构对称，有时漏极和源极可以互换使用，而各项指标基本上不受影响，因此使用时比较方便、灵活。对于有的绝缘栅场效应管，制造时源极已和衬底连在一起，则源极和漏极不能互换。

（5）场效应管的制造工艺简单，便于大规模集成。每个 MOS 场效应管在硅片上所占的面积只有双极性三极管的 5%，因此集成度更高。

（6）MOS 管输入电阻高，栅源极容易被静电击穿。MOS 场效应管的输入电阻可高达 10^{15} Ω，因此，由外界静电感应所产生的电荷不易泄漏。而栅极上的 SiO_2 绝缘层双很薄，这将在栅极上产生很高的电场强度，以致引起绝缘层击穿而损坏管子。

（7）场效应管的跨导较小。组成放大电路时，在相同负载电阻下，电压放大倍数比双极性三极管低。

2.5 场效应管基本放大电路

场效应管是电压控制器件，故组成放大电路时，应给场效应管设置偏压，保证放大电路具有合适的工作点，避免输出波形产生严重的非线性失真。

1. 共源 MOS 场效应管放大电路静态工作点的设置与分析

由于场效应管种类较多，故采用的偏置电路，其电压极性必须考虑。下面以 N 沟道为例进行讨论。

N 沟道结型场效应管只能工作在 $U_{GS}<0$ 的区域。MOS 管又分为耗尽型和增强型，增强型工作在 $U_{GS}>0$ 区域，而耗尽型工作在 $U_{GS}<0$ 区域。

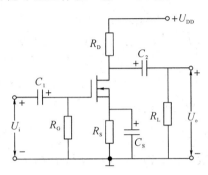

图 2.43　自给偏压电路

1）自给偏压偏置电路

图 2.43 给出的是一种称为自给偏压电路的偏置电路，它适用于结型场效应管或耗尽型场效应管。它依靠漏极电流 I_D 在 R_S 的电压降提供栅极偏压，即

$$U_{GS}=-I_DR_S$$

同样，在 R_S 上要并联一个足够大的旁路电容。

由场效应管的工作原理我们知道 I_D 是随 U_{GS} 变化的，而现在 U_{GS} 又取决于 I_D 的大小：

$$I_D=I_{DSS}\left(1-\frac{U_{GS}}{U_P}\right)^2$$

2）分压式偏置电路

分压式偏置电路也是一种常用的偏置电路，这种电路适用于所有类型的场效应管，如图 2.44 所示，为了不使分压电阻 R_1、R_2 对放大电路的输入电阻影响太大，故通过 R_G 与栅极相连。该电路栅—源电压为

$$U_{GS}=U_G-U_S=\frac{R_1}{R_1+R_2}U_{DD}-I_DR_S$$

例 2.4　试计算图 2.44 的静态工作点。已知 $R_1=50\ \text{k}\Omega$，$R_2=150\ \text{k}\Omega$，$R_G=1\ \text{M}\Omega$，$R_D=R_S=10\ \text{k}\Omega$，$R_L=1\ \text{M}\Omega$，$C_S=100\ \mu\text{F}$，$U_{DD}=20\ \text{V}$，场效应管为 3DJF，其 $U_P=-5\ \text{V}$，$I_{DSS}=1\ \text{mA}$。

解　$U_{GS}=\dfrac{50}{50+150}\times20-10I_D$

$$I_D=1\times\left(1+\frac{U_{GS}}{5}\right)^2$$

即

$$U_{GS}=5-10I_D$$

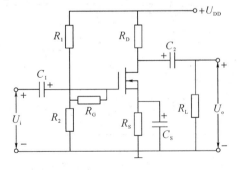

图 2.44　分压式偏置电路

$$I_D = \left(1 + \frac{U_{GS}}{5}\right)^2$$

将 U_{GS} 代入 I_D 式得

$$I_D = \left(1 + \frac{5 - 10I_D}{5}\right)^2$$

$$4I_D^2 - 9I_D + 4 = 0$$

$$I_D = 0.61 \text{ mA}$$

$$U_{GS} = 5 - 0.61 \times 10 = -1.1 \text{ V}$$

漏极对地电压为

$$U_D = U_{DD} - I_D R_D = 20 - 0.61 \times 10 = 13.9 \text{ V}$$

2. 共源 MOS 场效应放大电路的动态分析

1）场效应管的微变等效电路

由于场效应管输入端不取电流，输入电阻极大，故输入端可视为开路。场效应管仅存在如下关系：

$$i_D = f(u_{GS}, u_{DS})$$

$$di_D = \frac{\partial i_D}{\partial u_{GS}}\bigg|_{U_{DS}} du_{GS} + \frac{\partial i_D}{\partial u_{DS}}\bigg|_{U_{GS}} du_{DS}$$

$$g_m = \frac{\partial i_D}{\partial u_{GS}}\bigg|_{U_{DS}}$$

$$\frac{1}{r_D} = \frac{\partial i_D}{\partial u_{DS}}\bigg|_{U_{GS}}$$

$$i_D = g_m u_{GS} + \frac{1}{r_D} u_{DS}$$

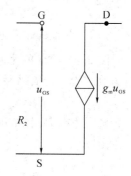

r_D 很大，可以认为开路：

图 2.45　等效电路图

$$i_D = g_m u_{GS}$$

根据电路方程可画出等效电路，如图 2.45 所示。

2）动态分析

放大电路和微变等效电路如图 2.46 与图 2.47 所示。场效应管放大电路的动态分析同双极性三极管，也是求电压放大倍数 A_u、输入电阻 R_i 和输出电阻 R_o。

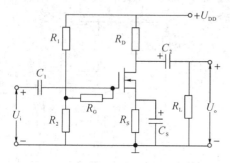

图 2.46　分压式偏置共源极放大电路

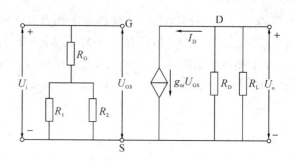

图 2.47　共源极放大电路微变等效电路

（1）电压放大倍数。根据电压放大倍数的定义有

$$A_u = \frac{U_o}{U_i}$$

由等效电路可得

$$U_o = -g_m U_{GS} R'_L$$

其中，

$$R'_L = R_D \mathbin{/\!/} R_L$$

再找出 U_o 和 U_i 的关系，即 U_{GS} 和 U_i 的关系，从等效电路可得

$$U_i = U_{GS}$$

所以

$$A_u = -g_m R'_L$$

（2）输入电阻：

$$R_i = R_G + R_1 \mathbin{/\!/} R_2$$

（3）输出电阻：

$$R_o = R_D$$

本 章 小 结

（1）三极管是具有放大作用的半导体器件，根据结构及工作原理的不同可分为双极型三极管（BJT）（简称三极管）和单极型三极管（FET）（俗称场效应管）两种。

（2）三极管分 NPN 和 PNP 两种类型；它们均有两个 PN 结（发射结和集电结），三个区（发射区、基区、集电区），三个电极（发射极、基极、集电极）。三极管利用基极电流（输入电流）来控制集电极电流（输出电流），实现电流放大作用，是一种电流型控制器件。要求外加偏置电压应保证发射结正向偏置，集电结反向偏置。

（3）描述三极管性能的有输入特性和输出特性，其中输出特性用得较多。三极管的输出特性可以划分为三个区：截止区、放大区和饱和区。为了实现信号的线性放大，避免产生严重的非线性失真，应使三极管工作在放大区。

（4）工程中，一般认为硅小功率三极管 $U_{BE(on)} = 0.7$ V，$U_{CES} = 0.3$ V；正常工作时，i_B 为 μA 数量级，i_C 为 mA 数量级。

（5）使用三极管时应特别注意管子的极限参数，以防损坏三极管。三极管的主要参数是电流放大系数 $\beta = \Delta I_C / \Delta I_B$。此外，集电极最大允许功率损耗 P_{CM}、集电极最大允许电流 I_{CM}、反向击穿电压 $U_{(BR)EBO}$、$U_{(BR)CBO}$、$U_{(BR)CEO}$ 是保证三极管安全运行和选择管子型号的极限参数指标。评价三极管质量优劣的一个重要参数是穿透电流 I_{CEO}，它随温度升高而迅速增大。硅管的热稳定性比锗管好，所以硅三极管应用广泛。

（6）对放大电路的最基本要求是将输入信号不失真地进行放大，放大的对象是变化量。放大电路的分析包括：① 静态分析——确定放大电路的静态工作点，可根据直流通路估算出；② 动态分析——求出电压放大倍数、输入电阻和输出电阻等，一般利用小信号模型分析法求出。若静态工作点设置不当，或输入信号过大时，放大电路输出波形将产生截止失真或饱和失真。

（7）三极管的各种参数易受温度的影响。温度变化时，静态工作点会偏移，使放大电路不能正常工作。常用的稳定静态工作点的电路有射极偏置电路等，它是利用反馈原理实现的。

（8）根据结构不同，场效应管有 MOS 管和结型管两大类。根据导电沟道的性质分为 N 沟道和 P 沟道两种；根据有无原始导电沟道又分为增强型和耗尽型两种。因此场效应管共有六种类型。效应管可用来构成放大电路、开关电路等，它在大规模和超大规模集成电路中得到广泛应用。场效应管放大电路组成原则与晶体管放大电路类似，同样具有交直并存的特点。场效应管基本放大电路的分析与三极管放大电路的分析相类似，不同之处在于一个是电流控制器件，一个是电压控制器件。

知 识 拓 展

一、频率响应和通频带的概念

电子电路中所遇到的信号往往不是单一频率的，而是工作在一段频率范围内的。例如广播中的音乐信号，其频率范围通常在几十至几十千赫之间。但是，由于放大电路中一般都有电抗元件（比如电容、电感），三极管的部分参数（比如 β）也会随着频率而变化，这就使得放大电路对不同频率信号的放大效果不完全一致。人们把放大电路对不同频率正弦信号的放大效果称为频率响应。

放大电路的频率响应可直接用放大电路的电压放大倍数对频率的关系来描述，即

$$\dot{A}_u = A_u(f) \angle \varphi(f)$$

式中，$A_u(f)$ 表示电压放大倍数的模与频率的关系，称为幅频特性。而 $\varphi(f)$ 表示放大电路输出压与输入电压之间的相位差与频率的关系，称为相频特性。两种综合起来称为放大电路的频率响应。

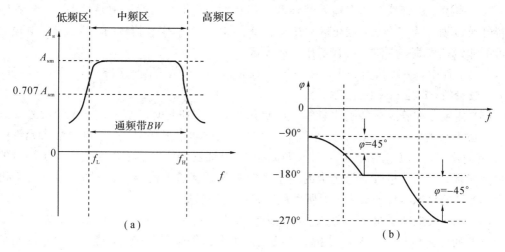

图 2.48　放大电路的频率响应特性

（a）幅频特性曲线；（b）相频特性曲线

图 2.48 所示是放大电路的频率响应特性，其中图（a）是幅频特性，图（b）是相频特性。

图中表明,在某一段频率范围内,电压放大倍数与频率无关,输出信号与输入信号的相位差为$-180°$。一个频率范围称为中频区。随着频率的降低或者升高,电压放大倍数都要减小,相位差也要发生变化。为了衡量放大电路的频率响应,规定放大倍数下降为$0.707 A_{um}$时所对应的两个频率,分别称为下限频率f_L和上限频率f_H。这两个频率之间的频率范围称为放大电路的通频带BW。

$$BW = f_H - f_L$$

通频带是放大电路频率响应的一个重要指标。通频带愈宽,表示放大电路工作的频率范围愈宽。例如,质量好的音频放大器,其通频带可从 20 Hz 至 20 kHz。低于f_L的频率范围称为低频区,高于f_H的频率范围称为高频区。

二、三极管的频率参数

三极管对不同频率信号的放大能力,通常用频率参数来表示。在高频使用时,由于三极管极间电容的分流作用,使得电流放大系数β随频率升高而下降,其频率响应曲线如图 2.49 所示。

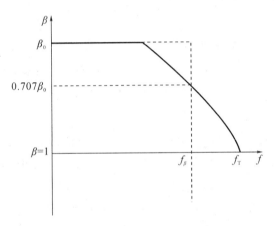

图 2.49 三极管的频率参数

1. 共射截止频率f_β

在共发射极电路中,设低频时$\beta = \beta_0$,频率f升高使β值下降到$0.707\beta_0$时的频率叫做共射截止频率,用f_β表示。

2. 特征频率f_T

频率升高到使$\beta = 1$时的频率,称为三极管的特征频率,用f_T表示。f_T是三极管使用的极限频率。

三、单极阻容耦合放大电路的频率响应

考虑分布电容的单级阻容耦合分压式偏置的共发射极放大电路如图 2.50 所示。图中C_i表示输入回路的分布电容,C_o表示输出回路的分布电容,它们的数值不大,通常为几皮法。下面分三个频段定性分析放大电路的频率特性。

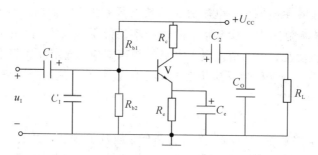

图 2.50　考虑分布电容的共射放大电路

1. 中频区

在中频区，由于耦合电容 C_1、C_2 以及发射极旁路电容 C_e 的容量比较大，呈现的容抗很小，因而可以视为短路而忽略不计。另一方面，由于 C_i 和 C_o 的容量很小，在中频范围内呈现容抗很大，可视为开路而忽略不计。这样放大电路的电压放大倍数就与频率无关，输出电压与输入电压之间的相位差始终维持 $-180°$ 不变。诸如前面对放大电路的分析以及放大倍数的计算公式等，均是工作在中频区。

2. 低频区

当信号频率低于中频区频率时，C_i 和 C_o 的容抗更大，完全可以视为开路而忽略不计。但是 C_1、C_2 以及发射极旁路电容 C_e 的容抗增大，不能视为短路。它们将对低频区的频率特性产生影响，主要是使放大倍数减小、相位差超前。

3. 高频区

当信号频率进入高频区时，耦合电容 C_1、C_2 和旁路电容 C_e 的容抗比在中频区时更小，故可视为短路而忽略不计。但是，由于工作频率较高，C_i 和 C_o 的容抗减小，不能把它们视为开路而不加考虑。同时，三极管的 β 参数也会因为工作频率升高而明显减低。由于这些因素的影响，放大电路在高频区的放大倍数下降，而且相位差会滞后。

自 我 检 测 题

一、填空题

1. 晶体三极管从结构上可以分为_____型和_____型两种类型，它们工作时_____和_____两种载流子参与导电。

2. 晶体管的特性用_____曲线和_____曲线表示。

3. 晶体三极管用来放大时，应使发射结处于_____偏置，集电结处于_____偏置。工作在饱和区时，发射结处于_____偏置，集电结处于_____偏置。工作在截止状态时，发射结处于_____偏置，集电结处于_____偏置。

4. 温度升高时，晶体三极管的电流放大系数 β_____，反向饱和电流 I_{CBO}_____发射结电压 u_{BE}_____。

5. 放大电路有两种工作状态，当 $u_i=0$ 时电路的状态称为_____态，有交流信号 u_i 输入时，放大电路的工作状态称为_____态。在_____态情况下，晶体管各极电压、电流均包含_____分量和_____分量。放大器的输入电阻越____，就越能从前级信号源获得较大的电信号；输出电阻越_____，放大器带负载能力就越强。

6. 共射放大电路的静态工作点设置较低，造成截止失真，其输出波形为____削顶。若采用分压式偏置电路，通过_____调节_____，可达到改善输出波形的目的。

7. FET 是通过改变_____来改变漏极电流(输出电流)的，所以它是一个_____器件。

8. FET 工作在可变电阻区时，i_D 与 u_{DS} 基本上是_____关系，所以在这个区域中，FET 的 D、S 极间可以看成一个由 u_{GS} 控制的_____。

二、判断题

1. 由于晶体三极管具有放大作用，所以用晶体三极管构成的电路，只要加上直流电源，该电路就有放大作用。　　　　　　　　　　　　　　　　　　　　　(　　)

2. 晶体三极管工作在饱和状态时，发射结反偏。　　　　　　　　　　　　(　　)

3. 在晶体管共发射极放大电路中，如果输出电压 u_o 波形正半周的顶部被削平，说明静态工作点太低，出现了截止失真。　　　　　　　　　　　　　　　　　(　　)

4. 放大电路的电压放大倍数是输出电压 u_o 与输入电压 u_i 之比，它与输出波形与失真无关。　　　　　　　　　　　　　　　　　　　　　　　　　　　　　(　　)

5. 放大电路中的所有电容器，起的作用均为通交隔直。　　　　　　　　(　　)

6. 设置静态工作点的目的是让交流信号叠加在直流量上全部通过放大器。(　　)

7. 晶体管的电流放大倍数通常等于放大电路的电压放大倍数。　　　　　(　　)

8. 微变等效电路不能进行静态分析。　　　　　　　　　　　　　　　　(　　)

9. 分压式偏置共发射极放大电路是一种能够稳定静态工作点的放大器。　(　　)

10. 由于 JFET 与耗尽型 MOSFET 同属于耗尽型，因此在正常放大时，加于它们栅、源极间的电压 U_{GS} 只允许一种极性。　　　　　　　　　　　　　　　　(　　)

11. 由于 FET 放大电路的输入回路可视为开路，因此 FET 放大电路输入端的耦合电容一般可以比 BJT 放大电路中相应的电容小得多。　　　　　　　　　　　(　　)

三、选择题

1. 有一晶体三极管工作在放大区，当 i_B 从 10 μA 变到 20 μA 时，i_C 从 1 mA 变为 1.99 mA，则该晶体电流放大系数 β 约为(　　)。

A. 10　　　　　　　　B. 99　　　　　　　　C. 2

2. 根据国产半导体器件型号命名方法可知，3DG6 为(　　)。

A. NPN 型低频大功率硅晶体管　　　　B. NPN 型高频小功率硅晶体管

C. PNP 型低频小功率锗晶体管　　　　D. NPN 型低频小功率硅晶体管

3. 用万用表判别放大电路处于正常工作的某一晶体管的类型(NPN 型还是 PNP 型)和三个电极最为方便的方法是(　　)。

A. 测出电源电压 U_{CC}　　　　　　　B. 测出各极间电阻

C. 测出各极对地的电位　　　　　　　D. 测出各极电流

4. 基本放大电路中，经过晶体管的信号有(　　)。

A. 直流成分　　　　B. 交流成分　　　　C. 交直流成分均有

5. 基本放大电路中的主要放大对象是(　　)。

A. 直流信号　　　　B. 交流信号　　　　C. 交直流信号均有

6. 基极电流 i_B 的数值较大时，易引起静态工作点 Q 接近(   )。

    A. 截止区　　　　　　B. 饱和区　　　　　　C. 死区

7. 有两个放大倍数相同，输入和输出电阻不同的放大电路 A 和 B，分别对同一个具有内阻的电压源进行电压放大。在负载开路的情况下，测得 A 的输出电压较小，说明 A 的(   )。

    A. 输入电阻较大　　　　　　　　　　B. 输入电阻较小

    C. 输出电阻较大　　　　　　　　　　D. 输出电阻较小

8. 已知某场效应管的夹断电压 $U_{GS(off)} = -4$ V，饱和漏电流 $I_{DSS} = 3$ mA，则该管子的类型为(   )。

    A. N 沟道耗尽型　　　　　　　　　　B. N 沟道增强型

    C. P 沟道耗尽型　　　　　　　　　　D. P 沟道增强型

练　习　题

1. 图 2.51 所示三极管的输出特性曲线，试指出各区域名称并根据所给出的参数进行分析计算。

    (1) $U_{CE} = 3$ V，$I_B = 60$ μA，$I_C = ?$

    (2) $I_C = 4$ mA，$U_{CE} = 4$ V，$I_B = ?$

    (3) $U_{CE} = 3$ V，I_B 由 40 μA 增大到 60 μA 时，$\beta = ?$

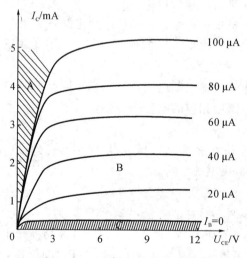

图 2.51　三极管的输出特性曲线

2. 已知各元件参数如图 2.52 所示，请根据以下要求进行相关计算。

    (1) 求静态工作点(I_{BQ}、I_{CQ}、U_{CEQ})；

    (2) 画出该放大电路的微变等效电路；

    (3) 求动态参数(A_u、R_i、R_o)。

3. 已知分压式偏置电路如图 2.53 所示，$U_{CC} = 25$ V，$R_{b1} = 40$ kΩ，$R_{b2} = 10$ kΩ，$R_c = 3.3$ kΩ，$R_e = 1.5$ kΩ，V 的 $\beta = 75$，求：

    (1) 静态工作点；

(2) A_u、R_i、R_o。

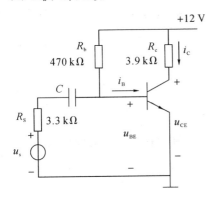

图 2.52　放大电路(含元件参数)

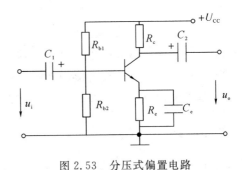

图 2.53　分压式偏置电路

做　一　做

项目一　用万用表检测晶体三极管

一、实训目的

(1) 熟悉各种晶体三极管。

(2) 掌握用万用表判别晶体三极管的类型及管脚。

二、实训设备与器材

指针式万用表一只、晶体三极管若干。

三、实训内容

(1) 仔细观察,熟悉不同类型晶体三极管的外形特点,熟悉三极管标识符号的含义,熟悉三极管引脚的标识符号。

(2) 按照方法,用指针式万用表判别待测三极管类型及管脚,将相关数值记录在表 2.2 中。

表 2.2　三极管类型及管脚判别结果记录

序号	型号	类别	外形及引脚排列示意图	β 值
1				
2				
3				
4				

项目二   单管基本放大电路

一、实训目的

（1）学会晶体三极管的识别和简易测试方法。

（2）掌握单管基本放大电路的性能测试与调整方法。

（3）掌握模拟电子实验操作台、信号发生器、示波器和万用表的正确使用。

二、实训设备与器材

模拟电子实验操作台一台、信号发生器一台、示波器一台、万用表一只、单管基本放大电路元件一套、连接导线若干。

三、实训内容

（1）正确搭接单管放大电路，通过监测输入较小的交流信号，输出不失真的放大信号，确保放大电路工作在放大状态，将静态工作点记录至表 2.3 中。

表 2.3   基本放大电路静态工作点记录

U_{BQ}	U_{CQ}	U_{EQ}	I_{BQ}	I_{CQ}	U_{CEQ}

（2）能正确进行放大电路静态工作点的调试。

① 监测输出信号能不失真放大的情况下，调整基极电阻 R_b，记录静态工作点。

② 检测输出信号能不失真放大的情况下，调整集电极电阻 R_c，记录静态工作点。

表 2.4   参数调整情况下的静态工作点记录

	U_{BQ}	U_{CQ}	U_{EQ}	I_{BQ}	I_{CQ}	U_{CEQ}
R_{b1}						
R_{b2}						
R_{c1}						
R_{c2}						

（3）能正确测试放大电路的电压放大倍数。

① 将放大电路调整至合适的静态工作点。

② 在输入端加一小信号作为放大电路的输入信号（参考：$u_i = 5\sin\omega t$ mV），观测输出不失真时的放大信号。

③ 测量输出电压，并记录、计算电压放大倍数 A_u。

④ 调整 R_c 与 R_L，测量输出电压，计算电压放大倍数 A_u。

表 2.5 放大电路的放大倍数测试记录

	U_i	U_o	A_u	结论
R_{c1}				
R_{c2}				
R_{L1}				
R_{L2}				

（4）用示波器测试放大电路的波形，观察三种波形并做记录。

表 2.6 放大电路波形观测记录

	波形	产生的原因
放大状态		
截止状态		
饱和状态		

项目三 团圆灯的制作

一、实训设备与器材

VT$_1$ 选用 9015VT2，VT$_3$ 选用 9013 或 9014 型硅 NPN 中功率晶体三极管，均要求电流放大系数 $\beta > 100$，R 用 RTX－1/8 W 型碳膜电阻器。H 用手电筒常用的 2.5 V、0.3 A 小电珠。G 用两节 5 号干电池串联（须配上塑料电池架而成），电压为 3 V。因整个电路平时耗电甚微，实测静态总电流仅几到几十微安，故无须设置电源开关。

二、实训内容

"团圆灯"的电路原理图如图 2.54 所示。

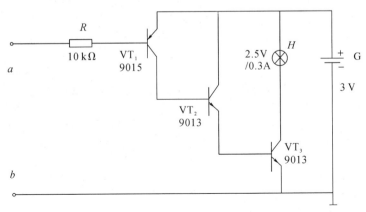

图 2.54 "团圆灯"的电路原理图

晶体三极管 VT_1、VT_2、VT_3 复合连接，总电流放大系数是各管电流放大系数的乘积，约达几十万倍。全家人围成一圈，彼此拉起手来，其中第一人空着的一只手捏住 a 线头，最后一个人空着的一只手捏住 b 线头。电流就会从 3 V 电池 G 的正极通过 VT_1 的发射极、基极(也说发射结)，限流电阻器 R(主要防止 a、b 线头相碰后，短路电流烧坏 VT_1 发射结)，a 线头以及每个人的身体流回到 b 线头，再流到 G 的负极。这个电流是极其微小的，但放大十万倍以后流过小电珠 H 的电流就有上百毫安，足以使它发光。

这个小制作说明：人体是可以导电的。不过，因为电源电压只有 3V，电流极小，对人绝对安全。这个游戏还可以使我们对晶体三极管的放大作用取得感性认识：那么微小的电流，经过晶体三极管的放大，竟可以使小电珠发光。

三、小贴士

制成的"团圆灯"一般不用任何调试便可投入使用。如果附近存在较强的交变电磁场，a 线头就会成为天线，接收并通过晶体三极管放大这些交变电信号，轻则使静态时电路的耗电量增大，白白消耗电池电能；重则使小电珠一直发出亮光，无法正常使用。这时可通过在 VT_1 的发射极与基极间跨接一只 0.01 μF(也就是上面标有 103)的瓷介电容器来加以排除，并且注意在使用时应尽量远离交流用电器和电线。如果不加装电容器，则用毕后最好从电池架上取出电池，以避免电路受感应电信号影响而白白消耗电池电能。

使用时注意，如果家里人太多或天气太干燥，可以先洗洗手。因为潮湿的皮肤电阻小，小电珠会更亮些。如果把小电灯泡换成七彩 LED，效果会更好。要注意极性：长脚为正短脚为负。

第 3 章　低频功率放大电路

本章导引

　　本章首先对功率放大电路的一般性问题作了简要介绍，阐明了功率放大电路的主要特点。然后介绍了功率放大电路的组成，讨论了实际中常用的 OCL 互补对称式功率放大电路，介绍了 OCL 电路的组成与工作原理以及输出功率与效率的估算，同时对功率管的选择也做了介绍。最后介绍了目前广泛使用的集成功率放大电路，并将其重点放在诸如典型接法等实际应用上。

教学内容：

（1）功率放大电路概述。

（2）功率放大电路的组成。

（3）互补功率放大电路。

（4）集成功率放大电路的应用。

学习目标：

（1）掌握非谐振功率放大器电路的基本组成原理和工作特点。

（2）掌握乙类互补推挽功率放大器的性能特点。

（3）掌握乙类互补推挽功率放大器实用电路的组成原理。

（4）掌握串联型稳压器的稳压原理，了解集成三端式稳压器的电路组成和应用特性。

（5）了解开关型稳压器的稳压原理。

3.1　功率放大电路概述

　　在实用电路中，常常要求多级放大电路的输出级能驱动一定的负载，例如驱动扬声器使之发出声音，驱动电机旋转等，也就是要输出一定的信号功率。能够向负载提供足够信号功率的放大电路称为功率放大电路，简称功放。在工作原理上，它与电压放大电路一样，都是在输入信号的作用下，将直流电源的直流功率转换为输出信号功率。因此，功率放大电路和电压放大电路在本质上没有根本的区别。只是两者要完成的任务不同，因此对它们的要求也不同。电压放大电路一般工作在小信号状态下，主要任务是在输出信号不失真的情况下输出足够大的电压。要求电压放大倍数 A_u 足够大，输入电阻 r_i 大，输出电阻 r_o 小。而功率放大器不是单纯的追求输出高电压（当然也不是单纯的追求输出大电流），而是追求在电源电压确定的情况下，尽可能高效地把直流电能转化为按输入信号变化的交流电能。从这个角度出发，对功率放大电路需要考虑以下问题。

1. 最大输出功率 P_{om}

功率放大电路提供给负载的信号功率称为输出功率。在输入为正弦波且输出基本不失真的情况下，负载上能够获得的最大交流功率称为最大输出功率 P_{om}。若最大不失真输出电压（有效值）为 U_{om}，负载电阻为 R_L，则最大输出功率为

$$P_{om} = \frac{U_{om}^2}{R_L} \tag{3.1}$$

2. 转换效率 η

功率放大电路的最大输出功率 P_{om} 与此时直流电源所提供的平均功率 P_V 之比称为转换效率 η，即

$$\eta = \frac{P_{om}}{P_V} \tag{3.2}$$

其中，P_V 等于直流电源输出电流的平均值与电源电压之积。

3. 非线性失真问题

输出信号功率越大，相应的动态电压和电流就越大，因而由器件特征非线性引起的非线性失真也就越大，这就使输出功率与非线性失真成为一对矛盾。在实践中，除了采用引入交流负反馈等措施减小失真外，还必须在功率管选定后对输出功率进行限制，使失真在允许的范围内。

4. 散热和保护问题

由于功率放大电路中功率管经常工作在极限状态，即功率管集电极电流最大时接近 I_{CM}，管压降最大时接近 $U_{(BR)CEO}$，耗散功率最大时接近 P_{CM}。I_{CM}、$U_{(BR)CEO}$ 和 P_{CM} 分别是功率管的极限参数，即最大集电极电流、c-e 间能承受的最大管压降和集电极最大耗散功率。因此，在选择功率管时，要特别注意功率管极限参数的选择。

在设计合理的功率放大电路中，正常情况下，功率管应是安全的。但是，在实际工作时往往会发生异常情况，例如，负载短路，只是通过功率管的电流迅速增大，一旦超过极限参数，就会造成功率管损坏。因此在功率放大电路中一般都加功率管保护电路。根据被保护参数的不同，保护电路可分为过流、过压和过热保护，具体电路请有兴趣的同学自行查阅相关资料。

5. 分析方法

功率放大电路作为大信号放大电路，功率管特性的非线性不可忽略，因此仅适用于小信号的交流等效电路法对功率放大电路不再适用，功率器件必须采用一般模型（大信号模型）。例如，采用数学模型进行解析分析或用计算机进行数值求解。目前，在工程上，采用较多的是在功率管输出特性曲线上作负载线的图解分析法，简称图解法。

3.2　功率放大电路的组成

上节中已经讲到，输出尽可能大的功率和提高转换效率始终是功率放大电路要研究的主要问题。围绕这两个性能指标的改善，可以组成各种不同形式的功放电路。除此以外，还

经常围绕放大电路的频率响应的改善来改进电路。

3.2.1　共射放大电路不宜用作功率放大电路的原因

图 3.1(a)所示为小信号共射放大电路,其图解分析如图(b)所示。现在分析它的功率性能,并由此揭示功率放大电路的电路组成及其工作性能上的特点。

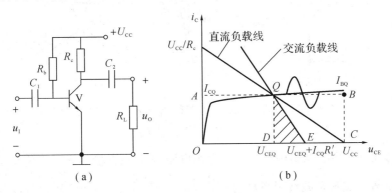

图 3.1　小信号共射放大电路

(a) 共射放大电路;(b) 输出功率和效率的图解分析

由图可见,若选择静态工作点 Q 处在直流负载线的中点,即 $U_{CEQ} = \dfrac{U_{CC}}{2}$,$I_{CQ} = \dfrac{U_{CEQ}}{R_c} \approx \dfrac{U_{CC}}{2R_c}$,则在不出现饱和和截止失真的条件下,输出信号电压和电流均可达到最大幅值。为了简化起见,假设集电极饱和压降 $U_{CE(sat)}$ 和反向饱和电流 I_{CEO} 均为零。

静态时,忽略功率管的基极电流,直流电源提供的直流功率为 $I_{CQ}U_{CC}$,即图中矩形 $ABCO$ 的面积;集电极电阻 R_c 的功率损耗为 $I_{CQ}^2 R_c$,即矩形 $QBCD$ 的面积;功率管集电极耗散功率为 $I_{CQ}U_{CEQ}$,即矩形 $AQDO$ 的面积。

假设输入信号为正弦波,则集电极交流电流也为正弦波。在一个信号周期内,电源输出的平均电流为 I_{CQ},因而电源提供的功率与静态时相同。交流负载线如图 3.1(b)所示,集电极电流交流分量的最大幅值为 I_{CQ},管压降交流分量的最大幅值为 $I_{CQ}(R_c /\!/ R_L)$,有效值为 $\dfrac{I_{CQ}(R_c /\!/ R_L)}{\sqrt{2}}$,因此 $R_L'(=R_c /\!/ R_L)$ 上可能获得的最大交流功率 P'_{om} 为

$$P'_{om} = \left(\frac{I_{CQ}}{\sqrt{2}}\right)^2 R_L' = \frac{1}{2} I_{CQ}(I_{CQ}R_L') \tag{3.3}$$

即图中三角形 QDE 的面积,三角形 QDE 也叫功率三角形。由于交流通路中集电极电阻 R_c 的分流,造成负载电阻 R_L 上所获得的功率(即输出功率)P_o 仅为 P'_o 的一部分,且 P_o 小于 P'_o。由图解分析可知,若 R_L 数值很小,比如扬声器,一般仅为 $8\ \Omega$,交流负载线很陡,则 $I_{CQ}R_L'$ 必然很小,即图中线段 DE 很短,三角形 QDE 的面积也就很小,即 P'_{om} 很小,导致 P_o 更小。因而图 3.1(a)所示电路不但输出功率很小,而且由于电源提供的功率始终不变,使得效率也很低。

综上所述,共射放大电路不宜作为功率放大电路。

为了提高输出功率和效率,可以去掉集电极电阻 R_c,直接将负载接在功率管的集电

极，构成如图 3.2(a)所示电路，其图解分析如图(b)所示。

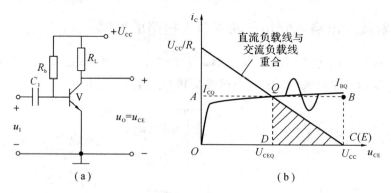

图 3.2　负载直接接在功率管集电极的共射放大电路
(a) 电路；(b) 图解分析

　　由图 3.2 可知，由于电路中去掉了集电极电阻 R_c，将直接接在功率管的集电极，因此电路的直流负载与交流负载线斜率均为 $-\dfrac{1}{R_L}$，且都经过工作点 Q，所以可以判定其直流负载线与交流负载线重合，即图 3.1(b)图中的 E 点与 C 点重合。如前所述，若 Q 取在负载线中点，则此时负载 R_L 上能够获得的最大交流功率为三角形 QDE 面积，占电源平均功率矩形 $ABCO$ 面积的四分之一，即电路整体效率约为 25%。那么损失的 75% 到哪里去了呢？

　　考虑负载 R_L 的直流功率为 $(U_{CC}-U_{CEQ})I_{CQ}=U_{CEQ}I_{CQ}$，即矩形 $AQDO$ 的面积，约占电源平均功率矩形 $ABCO$ 面积的一半，也就是说有 50% 的电源功率作为直流功率消耗在 R_L 中。再考虑一个信号周期内功率管本身的平均集电极管耗，应当为 $\dfrac{U_{CEQ}}{\sqrt{2}}\times\dfrac{I_{CQ}}{\sqrt{2}}=\dfrac{1}{2}U_{CEQ}I_{CQ}$，其大小相当于三角形 QBC 的面积，约占电源平均功率矩形 $ABCO$ 面积的四分之一，即有 25% 作为管耗耗散在功率管中。

　　如何才能提高功率放大电路的效率呢？

　　对于 R_L 的直流功率消耗，必须采用管外电路中不消耗直流功率的电路结构才能予以消除。但是单纯地减小 R_L 是不行的：一方面功放需要在静态工作点设置适当、充分激励、匹配负载的情况下才能发挥最佳性能，单纯地减小 R_L 会打破三者的最佳配置；另一方面只要直流通路当中存在 R_L，它就不可避免地消耗直流功率。那么简单的令图 3.2(a)中的 R_L 等于零行不行呢？更不行，一方面这不符合生产实践中的情况；另一方面，R_L 为零时 $U_{CEQ}=U_{CC}$，即静态工作点 Q 落在 X 轴上，其坐标为 $(U_{CC},0)$，交流负载线为通过 Q 点且垂直于横轴的直线，此时不管输入信号为多少，输出电压均为 $u_O=u_{CE}=U_{CC}$，从电路上看由于集电极与 U_{CC} 短接，同样可以得出此结论。

　　对于管耗，可选择功率管的运用状态予以减小。所谓功率管的运用状态，指的是在输入正弦波激励下，凡是功率管在一个周期内都导通的称为甲类(Class A)状态，其导通角 $\theta=360°$(刚才介绍的两种小功率共射放大电路就是在这种状态下工作)；仅在半个周期内导通的称为乙类(Class B)状态，即 $\theta=180°$；介于甲类和乙类之间，即大于半周期小于一个周期内导通的称为甲乙类(Class AB)状态，即 $180°<\theta<360°$；小于半个周期内导通的称为丙类(Class C)状态，即 $\theta<180°$。

提高功放效率的根本途径是减小功率管的管耗。

方法之一就是减小功率管的导通角，增大其在一个信号周期内的截止时间。假设功率管的集电极耗散功率为 P_C，功率管集电极瞬时电流和电压分别为 i_C 和 u_{CE}，则 P_C 表示为

$$P_C = \frac{1}{2\pi} \int_0^{2\pi} i_C u_{CE} \mathrm{d}\omega t \tag{3.4}$$

在式(3.4)中，要减小 P_C，就要减小积分式中的瞬时管耗，即 i_C 与 u_{CE} 的乘积。例如，减小管子在信号周期内的导通时间，即增大 $i_C = 0$ 的时间，这样，在一个信号周期内，瞬时管耗为零的时间增长，相应的积分值 P_C 也就减小。乙类导通时间比甲类小，它的效率也就比甲类高。丙类导通时间更短，它的效率又比甲类高。

方法之二是使功率管工作在开关状态，又称丁类(Class D)状态，即管子在信号的半个周期内饱和导通，另外半个周期内截止。饱和导通时，u_{CE} 近似等于饱和压降 $U_{CE(sat)}$，其值很小，因而不论 i_C 为何值，导通的半个周期内，瞬时管耗 $i_C u_{CE}$ 始终处在很小值上。截止时，不论 u_{CE} 为何值，$i_C \approx I_{CEO}$ 趋向于零，相应的瞬时管耗 $i_C u_{CE}$ 也始终处在零值附近。结果是 P_C 很小，转换效率 η 将显著增大。

由此可见，在功率放大电路中，功率管的运用状态从甲类转向乙类、丙类或开关工作的丁类，目的都是为了高效率地输出所需功率。因此在功放电路中，经常通过选择静态工作点，实现功率管甲类、乙类、甲乙类、丙类和丁类等不同的运用状态。但是必须指出，这些高效率的运用状态都会造成集电极电流的严重失真，必须在电路中采取特定的措施予以消除，如丙类谐振功放的集电极电流为一串周期重复的脉冲序列，脉冲宽度小于半个周期，如果直接作用于纯阻性负载，则输出也将为一串电压脉冲序列。为此必须在负载与集电极之间加入匹配网络，构成谐振回路，以实现选频和阻抗匹配的双重作用，保证输出电压不失真。

3.2.2　变压器耦合功率放大电路

前面讲到图 3.2(a)所示电路可以改进为变压器耦合功率放大电路，从而消除管外电路的功率损耗，提高效率，改进后的电路如图 3.3(a)所示。

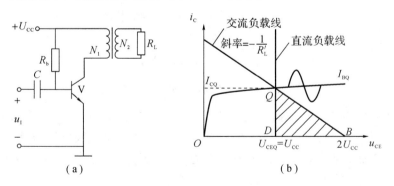

图 3.3　变压器耦合甲类功率放大电路

(a) 电路；(b) 图解分析

图 3.3(a)是一个通过变压器将负载耦合到晶体管集电极的共射放大电路，图(b)是它的直流和交流负载线。忽略变压器自身的电阻，则直流负载线是一条经过点$(U_{CC}, 0)$且垂

直于 X 轴的直线，因而电路中不存在管外电路的功率损耗。电路中变压器起耦合、"隔直通交"和阻抗变换三个作用。对于理想变压器，初级输入功率 $P_1 = I_1 U_1$ 等于次级输出功率 $P_2 = I_2 U_2$，初、次级之间的电流、电压和阻抗有以下关系：

$$\frac{I_2}{I_1} = \frac{U_1}{U_2} = \sqrt{\frac{R'_L}{R_L}} = \frac{N_1}{N_2} = n \tag{3.5}$$

式中，$n = \dfrac{N_1}{N_2}$，是初、次级匝数比，又称变压比。因此集电极上承受的交流等效负载实际为

$R'_L = \left(\dfrac{N_1}{N_2}\right)^2 R_L = n^2 R_L$。图 3.3 中交流负载线的斜率为 $-\dfrac{1}{R'_L}$，且通过静态工作点 Q。

由于理想变压器不消耗功率，因此最大输出功率为

$$P'_{om} = \frac{1}{2} U_{CC} I_{CQ} \tag{3.6}$$

式中，U_{CC} 和 I_{CQ} 是交流等效负载 R'_L 上正弦信号的最大幅值。

电源提供的平均功率为

$$P_V = U_{CC} I_{CQ} \tag{3.7}$$

所以最大转换效率为

$$\eta_{max} = \frac{P'_{om}}{P_V} = \frac{\frac{1}{2} U_{CC} I_{CQ}}{U_{CC} I_{CQ}} = \frac{1}{2} = 50\% \tag{3.8}$$

可见，与图 3.2(a) 中电路相比效率提高了一倍。

但是应当看到，50% 指的仅仅是变压器耦合甲类功率放大电路的最大转换效率。在输入信号为零时，由于电源功率不变，因此效率也为零，也就是说这仍然是有待改进的一种电路。由于管外电路已不存在功率损耗，因此必须从降低管耗入手，这就是下面要讲的变压器耦合乙类推挽功率放大电路，如图 3.4 所示。

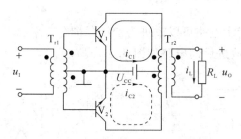

图 3.4　变压器耦合乙类推挽功率放大电路

图 3.4 中，T_{r1} 为输入变压器，T_{r2} 为输出变压器，功率管 V_1、V_2 特性完全相同，且接成对称射极输出器形式。当输出电压 u_I 为零时，由于 V_1、V_2 发射极电压与基极电压均为零，所以两管均处于截止状态，电源提供的功率为零，负载上的电压也为零，两只管子的管压降均为 U_{CC}。当输出电压 u_I 为正半周时，V_1 导通，V_2 截止，电流 i_{C1} 如图 3.4 中实线所示；当输出电压 u_I 为负半周时，V_1 截止，V_2 导通，电流 i_{C2} 如图 3.4 中虚线所示。这种同类型管子在电路中交替导通的方式称为"推挽"工作方式。虽然两个功率管的集电极电流 i_{C1} 和 i_{C2} 均只有半个正弦波，但是经输出变压器 T_{r2} 耦合后，负载 R_L 上的电流 i_L 和输出电压 u_O 的波形均为完整的正弦波。

3.2.3　无输出变压器的功率放大电路

变压器耦合功率放大电路的优点是可以实现阻抗变换，但是由于变压器体积庞大、笨重，消耗有色金属，高频和低频特性差，因此目前使用广泛的是无输出变压器的功率放大电路（Output Transformerless），简称 OTL 电路，如图 3.5 所示。

OTL 电路用一个大电容取代了变压器，采用类型不同、特性对称的两个功率管，其中 V_1 为 NPN 型，V_2 为 PNP 型。

静态时，前级电路应当使基极电压为 $U_{CC}/2$，就其直流通路而言，U_{CC} 与两管串接，因两管特性匹配，则两管发射极处于中点电位 $U_{CC}/2$，电容 C 被充电至其直流电压也为 $U_{CC}/2$，此时由于两管基、射极压降

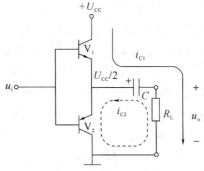

图 3.5　OTL 电路

为零，故两管均截止，因而电源 U_{CC} 提供的功率为零。动态时，就其交流通路而言，若电容 C 足够大，对交流近似短路，则其上交流压降趋于零。可见，C 实际上等效为电压等于 $U_{CC}/2$ 的直流电源。因此，V_1 的直流供电电压为 U_{CC} 与 $U_{CC}/2$ 之差值，即为 $U_{CC}/2$；V_2 的直流供电电压就是 C 上充电电压的负值，为 $-U_{CC}/2$。因此 OTL 单电源供电电路实际等效为 $U_{CC}/2$ 和 $-U_{CC}/2$ 的双电源供电电路。

若忽略功率管 b、e 间的开启电压。在 u_i 的正半周，V_1 管导通，V_2 管截止，电流 i_{C1} 从 U_{CC} 流出，经 V_1 管和电容 C 后流经负载 R_L 至地，方向如图 3.5 中实线所示。由于 V_1 和 R_L 构成射极跟随器，故 $u_o \approx u_i$；在 u_i 的负半周，V_2 管导通，V_1 管截止，电流 i_{C2} 由电容 C 的正极流出，经 V_2 管和 R_L 回到电容的负极，方向如图 3.5 中虚线所示。V_1 也以射极跟随器形式将负半周信号传输给 R_L，故也有 $u_o \approx u_i$。这样负载 R_L 上便获得了一个完整的信号波形。

通常情况下功率放大电路的负载电流很大，电容容量常选为几千微法，且为电解电容。由于大容量的电容不适于集成电路，所以通常采用无输出电容的功率放大电路（Output Capacitorless），简称 OCL 电路。

3.2.4　无输出电容的功率放大电路

图 3.6 所示的为无输出电容的功率放大电路，简称 OCL 电路。图中，V_1 和 V_2 为两个特性配对的互补功率管。若忽略功率管的导通电压，则在 u_i 正半周时，V_1 管导通，V_2 管截止，正电源供电，电流如图 3.6 中实线所示，电路构成射极跟随器，$u_o \approx u_i$；在 u_i 负半周时，V_2 管导通，V_1 管截止，负电源供电，电路也构成射极跟随器，$u_o \approx u_i$；负载 R_L 上合成了完整的正弦波，可见电路完成了"V_1 和 V_2 交替工作，正、负电源交替供电，输入输出之间双向跟随"。不同类型的两只功率管交替工作，且均组成射极跟随器形式的电路称为互补推挽电路（Complementary Push-Pull Circuit）。

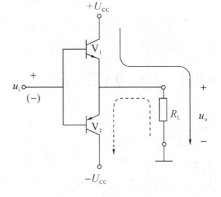

图 3.6　OCL 电路

3.2.5 桥式推挽功率放大电路

OCL 电路采用双电源供电，就功放本身而言省去了变压器与大电容，但在制作负电源时仍然要用到变压器或带铁芯的电感、大电容等，因此就整体电路而言未必是最佳方案。为了实现单电源供电，并避免采用变压器和大电容，人们在 OCL、OTL 功率放大电路的基础上发展出了桥式推挽功率放大电路(Balanced Transformerless)，简称 BTL 电路，如图 3.7 所示。

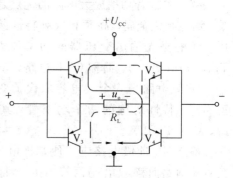

图 3.7 *BTL* 电路

由图 3.7 可见，电路中功率管 $V_1 \sim V_4$ 和负载接成电桥的形式，桥式推挽功率放大电路因此得名。BTL 电路采用单电源，输出端与负载直接耦合，电路的频率响应很好，其输入、输出采用双端输入、双端输出形式。它可以在电源电压较低的情况下输出较大的功率。在同样的电源电压和同样负载条件下，BTL 电路的实际输出功率是 OCL 或 OTL 电路的 2 倍。这些优点使 BTL 电路得到广泛的应用，是各种功率放大器的首选电路。

图中功率管 $V_1 \sim V_4$ 特性对称，假设其开启电压可忽略不计。静态时，四只管子的基极和发射极的点位均为 $\dfrac{U_{CC}}{2}$，且均处于截止状态。当输入为正弦波时，在正半周，V_1、V_4 导通，V_2、V_3 截止，电流如图 3.7 中实线所示，输出电压；在负半周时，V_2、V_3 导通，V_1、V_4 截止，电流如图 3.7 中虚线所示，u_o 仍然跟随 u_i 变化，因而负载电阻上获得的是完整的正弦波。

BTL 电路的主要缺点是使用的功率管较多，难以做到四只管子特性理想对称，功率管整体损耗增大，电路整体转换效率降低，电路的输入、输出均没有接地点，因此有些场合不适用。

OCL、OTL 和 BTL 电路均有集成电路，OTL 电路的耦合电容需外接。在实用电路中，若要求输出功率很大，则仍采用传统的变压器耦合功率放大电路。

3.3 互补功率放大电路

本节以 OCL 电路为例，介绍了功率放大电路输出功率与效率的计算，并对功放中功率管的选择方法做了简要说明。

3.3.1 组成与工作原理

1. 电路组成

在图 3.8 所示的 OCL 电路中，若考虑功率管 b、e 间的开启电压 U_{on}，则当输入电压的数值 $|u_i| \leqslant U_{on}$ 时，V_1、V_2 管均处于截止状态，i_{C1} 和 i_{C2} 同时为零，输出电压 u_o 也为零。只有 $|u_i| > U_{on}$ 时，V_1 或 V_2 管才导通，使输出电压 u_o 等于 u_i。因此在这种情况下，得到的波形是

失真波形，如图 3.9 所示。

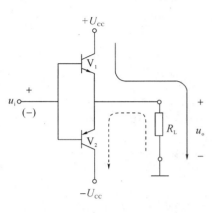

图 3.8

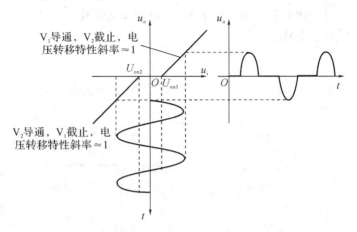

图 3.9　交越失真的产生

由于这种失真发生在两管交替瞬间，故称为交越失真。为了消除交越失真，应设置合适的静态工作点，使两只功率管工作在临界导通或微导通状态，通常采用如图 3.10 所示电路。

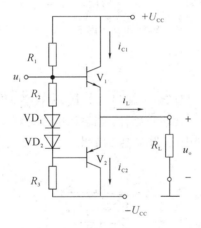

图 3.10　消除交越失真的 OCL 电路

2. 工作原理

图 3.10 中，R_1、R_2、VD_1、VD_2、R_3 组成偏置电路，利用 R_2、VD_1、VD_2 上的电压降给 V_1、V_2 管的发射极提供一个小的正向偏压，这样在静态时，虽然 $u_i=0$，但两只管子已处于微导通状态，每个管子的基极各自存在一个较小的基极电流 i_{B1} 和 i_{B2}，同样，在两管的集电极也存在着较小的集电极电流 i_{C1} 和 i_{C2}，但此时 $i_L=i_{E1}-i_{E2}\approx i_{C1}-i_{C2}=0$，所以输出电压 $u_o=0$。

当输入信号为正弦波时，由于二极管 VD_1、VD_2 的动态电阻很小，而且 R_2 的阻值也很小，因此可忽略 VD_1、VD_2 及 R_2 上的交流压降，认为 $u_{B1}=u_{B2}=u_i$。当 $u_i>0$ 时，随着 u_i 的增大，V_1 管的电流逐渐增大，且当 u_i 增大到一定值时，V_2 管截止，负载 R_L 上获得正方向的电流；当 $u_i<0$ 时，随着 u_i 的减小，V_2 管的电流逐渐增大，且当 u_i 减小到一定值时，V_1 管截止，R_L 上获得负方向的电流。这样，即便 $|u_i|$ 很小，也总能保证至少有一只功率管导通，因

而消除了交越失真。V_1、V_2 管在 u_i 的作用下，其输入特性中的图解分析如图 3.11 所示。通过上述分析可知，两管的导通时间都大于输入正弦信号的半个周期，因此 V_1、V_2 管工作在甲乙类状态。

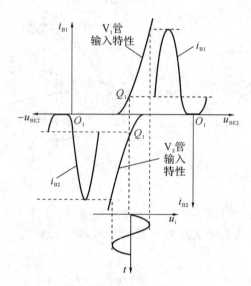

图 3.11 V_1、V_2 管在 u_i 作用下输入特性的图解分析

3.3.2 输出功率与效率

下面对图 3.8 所示 OCL 电路的最大输出功率 P_{om} 和效率 η 进行求解。要求解 P_{om}，首先必须求出负载上能够得到的最大输出电压幅值。当输入电压足够大，且不产生饱和失真时，电路的图解分析如图 3.12 所示。图中 I 区为 V_1 管的输出特性，II 区为 V_2 管的输出特性。

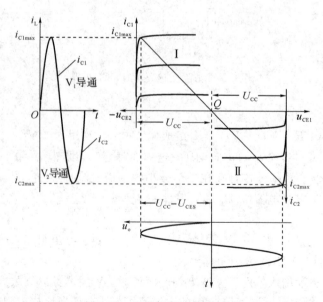

图 3.12 OCL 电路的图解分析

假设功率管的静态电流可忽略不计，则可以认为静态工作点在横轴上，如图 3.12 中所标注。功率管饱和压降的数值为 $|U_{CES}|$，则负载电阻上能够获得的最大交流电压峰值为 $(U_{CC}-|U_{CES}|)$，有效值为

$$U_{om}=\frac{U_{CC}-|U_{CES}|}{\sqrt{2}}$$

所以最大输出功率为

$$P_{om}=\frac{U_{om}^2}{R_L}=\frac{(U_{CC}-|U_{CES}|)^2}{2R_L} \tag{3.9}$$

理想情况下，即 $U_{CES}=0$ 时，有

$$P_{om}=\frac{U_{CC}^2}{2R_L}\Big|_{U_{CES}=0} \tag{3.10}$$

在输出功率最大时，集电极电流也最大，因而在忽略功率管基极电流的情况下直流电源 $+U_{CC}$ 的最大输出电流为

$$i_{Vmax}=i_{Cmax}=\frac{U_{CC}-|U_{CES}|}{R_L} \tag{3.11}$$

在半个周期内提供的平均电流为 $\dfrac{i_{Cmax}}{\pi}$，因而两个电源提供的总功率为

$$P_V=2U_{CC}\frac{i_{Cmax}}{\pi}=2U_{CC}\cdot\frac{U_{CC}-|U_{CES}|}{\pi R_L} \tag{3.12}$$

由此可以求出效率为

$$\eta=\frac{P_{om}}{P_V}=\frac{\pi}{4}\cdot\frac{U_{CC}-|U_{CES}|}{U_{CC}} \tag{3.13}$$

若功率管饱和压降 $U_{CES}=0$，则

$$\eta=\frac{\pi}{4}\approx78.5\% \tag{3.14}$$

显然，它比甲类工作时的效率要高。由于实际当中大功率管的饱和压降 U_{CES} 通常为 $2\sim3$ V，故一般不可忽略，所以其效率总是低于 78.5% 的。甲乙类功放电路的效率略低于乙类，其功率管管耗略高于乙类，但消除交越失真的优点使它已成为代替乙类功放的实际应用电路。工程上，对甲乙类功放电路的计算仍按照乙类功放电路计算。

3.3.3　功率管的选择

在功率放大电路中，应根据功率管所承受的集电极最大电流、最大管压降和最大管耗来选择功率管。

1. 集电极最大电流

在功率放大电路中，为在选择功率管的极限参数时留有余地，通常假设功率管的饱和压降 $U_{CES}=0$。因此，在图 3.8 所示电路中，根据图 3.12 可知，功率管最大集电极电流为

$$i_{Cmax}=\frac{U_{CC}}{R_L}\Big|_{U_{CES}=0} \tag{3.15}$$

2. 最大管压降

当 V_1 管导通且输出电压最大，即 $U_{om}=U_{CC}$ 时，V_2 管承受最大管压降为

$$|u_{CEmax}|=2U_{CC}|_{U_{CES}=0} \tag{3.16}$$

同理可知，V_1 管承受的最大管压降也为 $2U_{CC}$。

3. 最大管耗

由于 OCL 电路的管外电路几乎不消耗直流功率，因此电源提供的功率除转换成输出功率外，其余几乎全部消耗在功率管中，确切的说是消耗在功率管的集电极中，这就是功率管的管耗 $P_{VT} = P_V - P_o$。当输入电压为零时，虽然功率管管压降最大但集电极电流最小，故管耗不是最大；当输入电压幅值最大时，虽然集电极电流最大但管压降最小，故管耗也不是最大。

为了说明这个问题，引入参数 ξ，表示输入电压幅值 u_i 与电源电压 U_{CC} 的关系，定义为

$$\xi = \frac{u_i}{U_{CC}} \tag{3.17}$$

称为电源电压利用系数。令 $U_{CES} = 0$，在这种情况下，有

$$P_o = \frac{U_{om}^2}{R_L} = \frac{\left(\dfrac{u_i}{\sqrt{2}}\right)^2}{R_L} = \xi^2 \frac{U_{CC}^2}{2R_L} = \xi^2 P_{om}$$

$$P_V = 2U_{CC} \frac{i_{Cmax}}{\pi} = 2U_{CC} \frac{u_i}{\pi R_L} = 2U_{CC} \frac{\xi U_{CC}}{\pi R_L} = \frac{2}{\pi} \xi \frac{U_{CC}^2}{R_L} = \frac{4}{\pi} \xi P_{om}$$

$$\eta = \frac{P_o}{P_V} = \frac{\xi^2 P_{om}}{\dfrac{4}{\pi} \xi P_{om}} = \frac{\pi}{4} \xi$$

此时两管的集电极管耗相等，且为

$$P_{VT_1} = P_{VT_2} = \frac{P_{VD} - P_o}{2} = \left(\frac{2}{\pi} \xi - \frac{1}{2} \xi^2\right) P_{om}$$

上述分析表明，当输入激励由大减小，即 ξ 由 1 减小时，P_o、P_V 和 η 均单调减小，而 P_{VT_1} 和 P_{VT_2} 却呈非单调变化，如图 3.13 所示。令 $\frac{\partial P_{VT}}{\partial \xi} = 0$，求得当 $\xi = \frac{2}{\pi} = 0.636$ 时，P_{VT_1} 和 P_{VT_2} 达到最大，其值为

$$P_{VT_1} = P_{VT_2} = \frac{2}{\pi^2} P_{om} = 0.2 P_{om} \tag{3.18}$$

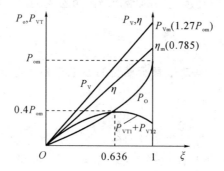

图 3.13 P_o、P_{VT}、P_V、η 随 ξ 变化的特性

由此可见，OCL 电路管耗 P_{VT} 的最大值既不出现在静态状态，即 $\xi = 0$ 时，又不出现在最大输出功率状态，即 $\xi = 1$ 时。究其原因，在于电源提供的功率 P_V 不是一个恒定值，而是随 ξ 线性增大，这与甲类功率放大电路（P_V 为恒值，与输入电压大小无关）不同。

由以上分析可知，选择功率管时其极限参数应满足：

（1）集电极最大允许电流 $I_{\mathrm{CM}} > \dfrac{U_{\mathrm{CC}}}{R_{\mathrm{L}}}$；

（2）集电极击穿电压 $U_{(\mathrm{BR})\mathrm{CEO}} > 2U_{\mathrm{CC}}$；

（3）集电极最大允许管耗 $P_{\mathrm{CM}} > 0.2P_{\mathrm{om}}$。

必须指出，在选择功率管时其极限参数应留有一定的余量，并按照手册安装合适的散热片。若不按要求安装足够尺寸的散热片，功率管将不能达到手册中给定的极限参数。图 3.14 所示的是一些功率管的实物照片，图 3.15 所示的是各种型号的散热片，图 3.16 所示的是它们之间组装的示意图。

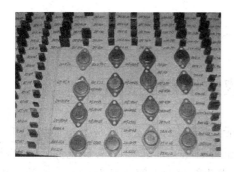

图 3.14　功率管实物照片

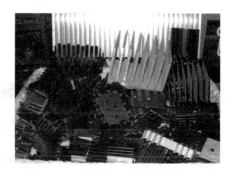

图 3.15　散热片实物照片

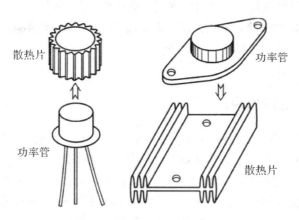

图 3.16　散热片的安装方法

例 3.1　在图 3.8 所示电路中，已知 $U_{\mathrm{CC}} = 12$ V，$R_{\mathrm{L}} = 8$ Ω。功率管的极限参数 $I_{\mathrm{CM}} = 2$ A，$U_{(\mathrm{BR})\mathrm{CEO}} = 30$ V，$P_{\mathrm{CM}} = 5$ W。试问：

（1）电路中功率管是否安全；

（2）$\eta = 60\%$ 时的 P_{o}。

解　（1）功率管安全要看实际 i_{Cmax} 和 u_{CEmax} 是否超过极限参数，以及实际管耗是否超过 P_{CM}。

忽略 U_{CES}，则有

$$P_{\mathrm{om}} = \frac{U_{\mathrm{CC}}^2}{2R_{\mathrm{L}}} = \frac{12^2}{2 \times 8} = 9 \text{ W}$$

$$P_{\mathrm{VT}} = 0.2P_{\mathrm{om}} = 0.2 \times 9 = 1.8 \text{ W} < 5 \text{ W} = P_{\mathrm{CM}}$$

$$i_{Cmax} = \frac{U_{CC}}{R_L} = \frac{12}{8} = 1.5 \text{ A} < I_{CM}$$

$$u_{CEmax} = 2U_{CC} = 24 \text{ V} < U_{(BR)CEO}$$

因此功率管时安全的。

（2）$\eta - 60\%$，则此时功放电路没有工作在最大输出状态，$0 < \xi < 1$。

由 $\eta = \frac{\pi}{4}\xi$，可得

$$\xi = \frac{4}{\pi}\eta = \frac{4}{\pi} \times 0.6 \approx 0.76$$

因而

$$P_o = \xi^2 P_{om} = 0.76^2 \times 9 = 5.2 \text{ W}$$

3.4　集成功率放大电路的应用

目前，利用集成电路工艺已经能够生产出品种繁多的集成功率放大电路。OTL、OCL和 BTL 电路均有各种不同输出功率和不同电压增益的多种型号的集成电路。需要注意的是，在使用 OTL 电路时，需外接输出电容。集成功率放大电路除具有一般功率放大电路的特点外，还具有温度稳定性好、电源利用率高、功耗低、非线性失真小等优点。有些集成功放内部还集成了各种保护电路，使其在使用时更加安全可靠。本节以介绍集成功率放大电路的应用为主，忽略了其内部结构和工作原理，并将侧重点放在集成功放的一般用法上，内容上更倾向于实践应用。

3.4.1　集成 OTL 电路的应用

LM386 是目前广泛应用的一种小功率通用型集成功率放大电路，其特点是电源电压范围宽（$4 \sim 16$ V）、功耗低（常温下为 660 mW）、频带宽（300 kHz）。此外，电路的外接元器件少，使用时不需要加装散热片，因而在收音机、录音机中得到广泛应用。

LM386 有 8 个引脚，如图 3.17 所示。其中引脚 2 和 3 分别为反相输入端和同相输入端，5 为输出端。6 为直流电源端，4 为接地端，引脚 7 与地之间一般应接一个旁路电容 C_B，在某些要求较低的场合也可悬空不接。引脚 1 和 8 为增益控制端。若 1、8 两端开路，功率放大电路的电压增益为 26 dB（即 20 倍）；若 1、8 两端之间仅接一个大电容，则相当于交流

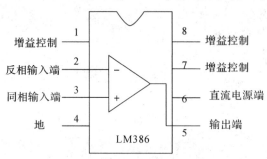

图 3.17　集成功放 LM386 引脚图

短路，此时电压增益约为 46 dB(即 200 倍)；而在 1、8 两端之间接入不同阻值的电阻，则可得到 20～200 的电压增益。但接入电阻须与一大电容串联，即 1、8 两端之间的外接元件不能改变放大电路的直流通路。

LM386 的一般用法如图 3.18 所示。交流输入信号从同相端输入，反相端接地。输出端首先外接一个 250 μF 的大电容 C_1 作为输出电容，然后再接到 8 Ω 负载(扬声器)上，此时 LM386 组成 OTL 准互补对称电路。引脚 6 接直流电源 $+U_{CC}$(为滤除电源的高频交流成分，接入去耦电容 C_4)，引脚 4 接地。引脚 7 通过旁路电容 C_B 接地。引脚 1、8 两端之间串接一个 10 μF 的电容 C_3 和一个电阻 R_2，改变 R_2 的阻值可以改变 LM386 的电压增益。由于扬声器为感性

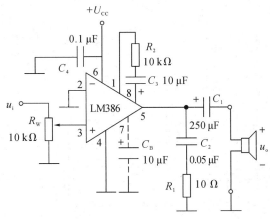

图 3.18　LM386 的一般用法

负载，使电路容易产生自激振荡或出现过压，损坏 LM386 中的功率管，故在电路的输出端接入由 10 Ω 电阻 R_1 与 0.05 μF 电容组成的串联回路以进行补偿，使负载接近于纯电阻。

静态时输出电容 C_1 上电压为 $\dfrac{U_{CC}}{2}$，LM386 的最大不失真输出电压的峰—峰值约为电源电压 U_{CC}。假设负载为 R_L，则最大输出功率为

$$P_{om} \approx \dfrac{\left(\dfrac{U_{CC}/2}{\sqrt{2}}\right)^2}{R_L} = \dfrac{U_{CC}^2}{8R_L}$$

此时的输入电压有效值的表达式为

$$U_{im} = \dfrac{\dfrac{U_{CC}/2}{\sqrt{2}}}{A_u}$$

当 $U_{CC} = 12$ V、$R_L = 8$ Ω、$R_2 = 0$ 时，$P_{om} \approx 2.25$ W，$A_u = 20$，$U_{im} \approx 212$ mV。

3.4.2　集成 OCL 电路的应用

图 3.19 所示为 TDA1521 的基本用法。TDA1521 是飞利浦公司制造的双通道高保真集成音频功率放大电路，该器件是专为立体声电视伴音及立体声广播音频功率放大而设计的，其内部两路 OCL 通道可以分别作为左、右两个声道的功放，两路放大器之间有优良的平衡性能。电路内部引入深度电压串联负反馈，闭环电压增益为 30 dB(即 $A_u \approx 31.6$)，并具有待机、电源开关时输入信号静音(无开机关机噪声)、性能优良的过热和短路保护等功

能。电路采用九脚单列直插式塑料封装，外围元件极少，使用简单方便。

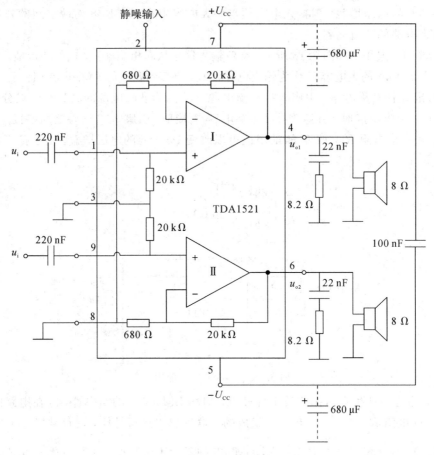

图 3.19　TDA1521 的基本用法

根据器件手册提供的数据，在 $\pm U_{CC} = \pm 16$ V、$R_L = 8$ Ω 的情况下，最大输出功率 $P_{om} = 12$ W，总谐波失真为 0.5%。由

$$P_{om} = \frac{U_{om}^2}{R_L}$$

可以推出最大不失真输出电压

$$U_{om} = \sqrt{P_{om} R_L} = \sqrt{12 \times 8} \approx 9.8 \text{ V}$$

其峰值约为 $9.8 \times \sqrt{2} \approx 13.9$ V，可见功放输出电压最小值

$$U_{omin} \approx 16 - 13.9 = 2.1 \text{ V}$$

当输出功率为 P_{om} 时，输入电压峰值约为 $\frac{13.9}{31.6} \approx 440$ mV，有效值约为 $\frac{9.8}{31.6} \approx 310$ mV。

3.4.3　集成 BTL 电路的应用

TDA1556 也是飞利浦公司制造的双通道高保真集成音频功率放大电路，与 TDA1521 不同的是，其内部为两路 BTL 通道。TDA1556 内部具有待机、静噪功能，并集成了短路、过压、过热、电压反向及扬声器保护等功能。

图 3.20 所示的是 TDA1556 的基本用法。当输入电压为 u_i 时，A_1 的净输入电压 $u_{i1} = u_{P1} - u_{P2} = U_i$，$u_{o1} = A_{u1} u_i$；$A_2$ 的净输入电压 $u_{i2} = u_{P2} - u_{P1} = -U_i$，$u_{o2} = -A_{u2} u_i$。TDA1556 内部每个放大电路的电压放大倍数均为 10，因此电压放大倍数为

$$\dot{A}_u = \frac{\dot{U}_o}{\dot{U}_i} = \frac{\dot{U}_{o1} - \dot{U}_{o2}}{\dot{U}_i} = \frac{\dot{A}_{u1}\dot{U}_i - (-\dot{A}_{u2}\dot{U}_i)}{\dot{U}_i} = 2\dot{A}_{u1} = 20$$

电压增益 $20\lg|\dot{A}_u| \approx 26\ \text{dB}$。

由于 BTL 电路采用单电源 $+U_{CC}$ 供电，为使最大不失真输出电压峰值接近电源电压 U_{CC}，静态时应设置放大电路的同相输入端和反相输入端电位均为 $U_{CC}/2$，输出端电位也为 $U_{CC}/2$，因此其内部提供的 U_{ref} 为 $U_{CC}/2$。当输入信号 u_i 从零开始逐渐增大时，u_{o1} 从 $U_{CC}/2$ 开始逐渐增大，u_{o2} 从 $U_{CC}/2$ 开始逐渐减小；当 u_i 增大到峰值时，u_{o1} 增大到最大值，u_{o2} 减小到最小值，此时负载上的电压为 $u_{o1} - u_{o2}$，接近 $+U_{CC}$。同理可以分析得出 u_i 从零开始逐渐减小的情况。由此可见，最大不失真输出电压的峰值可接近电源电压 U_{CC}。

查阅器件速查手册可知，当电源电压取典型值 $+14.4\ \text{V}$，负载 $R_L = 4\ \Omega$ 时，总静态电流为 $80\ \text{mA}$，维持电流为 $0.1\ \mu\text{A}$，总谐波失真 $THD = 10\%$，共模抑制比 CMRR 为 $72\ \text{dB}$，输出功率 P_o 为 $22\ \text{W}$。可以推算出最大不失真输出电压 $U_{om} \approx 9.38\ \text{V}$，其峰值约为 $13.3\ \text{V}$，因而其内部放大电路输出电压最小值约为 $1.1\ \text{V}$。此处的 THD 较大，与输出功率有关。查阅完全手册可知，当 P_o 为 $17\ \text{W}$ 时，$THD = 0.5\%$；当 P_o 为 $1\ \text{W}$ 时，$THD = 0.1\%$。因此在制作高品质音频放大电路时，应控制其最大输出功率，以达到更好的听觉效果。

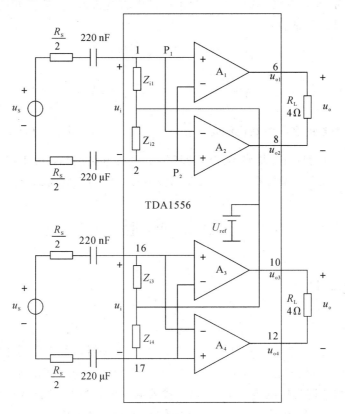

图 3.20 TDA1556 的基本用法

本 章 小 结

本章主要阐明功率放大电路的组成、最大输出功率和效率的估算以及集成功放的应用。归纳如下：

（1）功率放大器的主要功能是向负载通过交流功率，带动一定的输出装置执行动作。分为变压器耦合功率放大器、OCL 功率放大器、OTL 功率放大器和 BTL 功率放大电路等。其共同特点是工作在大信号状态下，要求在允许的失真条件下，尽可能提高输出功率和效率。

（2）功放的输入信号幅值较大，分析时应采用图解法。首先求出功率放大电路负载上可能获得的交流电压的幅值，从而得出负载上可能获得的最大交流功率，即电路的最大输出功率 P_{om}；同时求出此时电源提供的直流功率 P_V，P_{om} 与 P_V 之比即为转换效率 η。

（3）变压器耦合功率放大器能够实现最佳阻抗匹配，常用于需要提供较大功率的输出电路。

（4）OTL 电路采用单电源供电，要求通过大电容接上负载，以保证输出电压的正负跟随能力。

（5）OCL 电路为直接耦合功率放大电路，为了消除交越失真，静态时应使功率管处于微导通状态，因而 OCL 电路中功率管一般工作在甲乙类状态。一般可通过以下两个式子对它的主要性能指标进行估算：

$$P_{om} = \frac{U_{om}^2}{R_L} = \frac{(U_{CC} - |U_{CES}|)^2}{2R_L}$$

$$\eta = \frac{P_{om}}{P_V} = \frac{\pi}{4} \cdot \frac{U_{CC} - |U_{CES}|}{U_{CC}}$$

所选用的功率管的极限参数应满足 $I_{CM} > \dfrac{U_{CC}}{R_L}$，$U_{(BR)CEO} > 2U_{CC}$，$P_{CM} > 0.2P_{om}$。

（6）OTL、OCL 和 BTL 均有不同性能指标的集成电路产品，由于成本低，使用方便，因而广泛应用于收音机、录音机、电视机及伺服系统中的功率放大部分。

知 识 拓 展

一、LM386 说明书

1. 概述

LM386 是美国国家半导体公司生产的音频功率放大器，主要应用于低电压消费类产品。为使外围元件最少，电压增益内置为 20。但在 1 脚和 8 脚之间增加一只外接电阻和电容，便可将电压增益调为任意值，直至 200。输入端以地为参考，同时输出端被自动偏置到电源电压的一半，在 6V 电源电压下，它的静态功耗仅为 24 mW，使得 LM386 特别适用于电池供电的场合。

LM386 的封装形式有塑封 8 引线双列贴片式、薄小外形贴片式和直插式，如图 3.21 所示。

图 3.21   LM386 封装形式

2. 特性

- 静态功耗低，约为 4 mA，可用于电池供电。
- 工作电压范围宽，为 4～12 V 或 5～18 V。
- 外围元件少。
- 电压增益可调，为 20～200。
- 失真度低。

3. 典型应用电路

LM386 的典型应用电路如图 3.22～图 3.25 所示。

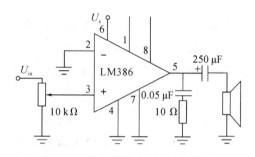

图 3.22   放大增益为 20(最少器件)

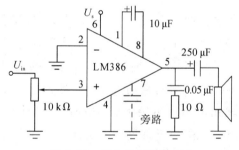

图 3.23   放大器增益为 200

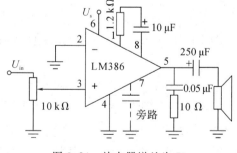

图 3.24   放大器增益为 50

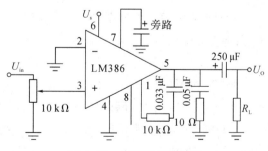

图 3.25   低频提升放大器

二、LM386 应用说明

LM386 是一种音频集成功放，具有自身功耗低、电压增益可调整、电源电压范围大、外接元件少和总谐波失真小等优点，广泛应用于录音机和收音机之中。

1. LM386 内部电路

LM386 内部电路原理图如图 3.26 所示。与通用型集成运放相类似，它是一个三级放大电路。第一级为差分放大电路，VT_1 和 VT_2、VT_4 和 VT_6 分别构成复合管，作为差分放大电路的放大管；VT_3 和 VT_5 组成镜像电流源作为 VT_2 和 VT_4 的有源负载；VT_1 和 VT_6 信号从管的基极输入，从 VT_4 管的集电极输出，为双端输入单端输出差分电路。使用镜像电流源作为差分放大电路有源负载，可使单端输出电路的增益近似等于双端输出电容的增益。

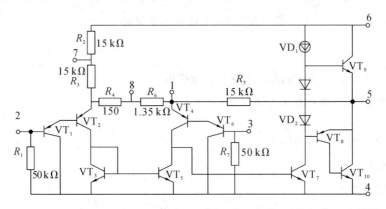

图 3.26　LM386 内部电路原理图

第二级为共射放大电路，VT_7 为放大管，恒流源作有源负载，以增大放大倍数。第三级中的 VT_8 和 VT_9 管复合成 PNP 型管，与 NPN 型管 VT_9 构成准互补输出级。二极管 VD_1 和 VD_2 为输出级提供合适的偏置电压，可以消除交越失真。引脚 2 为反相输入端，引脚 3 为同相输入端。电路由单电源供电，故为 OTL 电路。输出端（引脚 5）应外接输出电容后再接负载。电阻 R_5 从输出端连接到 VT_4 的发射极，形成反馈通路，并与 R_4 和 R_6 构成反馈网络，从而引入了深度电压串联负反馈，使整个电路具有稳定的电压增益。

2. LM386 的引脚图

LM386 的引脚排列如图 3.17 所示。如前所述，引脚 2 为反相输入端，3 为同相输入端；引脚 5 为输出端；引脚 6 和 4 分别为电源和地；引脚 1 和 8 为电压增益设定端；使用时在引脚 7 和地之间接旁路电容，通常取 10 μF。

LM386 电源电压为 4～12 V 或 5～18 V（LM386N-4）；电流为 4 mA；电压增益为20～200 dB；在 1、8 脚开路时，带宽为 300 kHz；输入阻抗为 50 kΩ；音频功率为 0.5 W。尽管 LM386 的应用非常简单，但稍不注意，特别是器件上电、断电瞬间，甚至工作稳定后，一些操作（如插拔音频插头、旋音量调节钮）都会带来瞬态冲击，在输出喇叭上会产生非常讨厌的噪声。

（1）通过接在 1 脚、8 脚间的电容（1 脚接电容正极）来改变增益，断开时增益为20 dB，因此用不到大的增益时，电容就不要接了，不仅节省了成本，还会带来好处——噪音减少。

（2）PCB 设计时，所有外围元件尽可能靠近 LM386；地线尽可能粗一些；输入音频信号通路尽可能平行走线，输出亦如此。

（3）选好调节音量的电位器。质量太差的不要，否则受害的是耳朵；阻值不要太大，10 kΩ最合适。

（4）尽可能采用双音频输入/输出。好处是："＋"、"－"输出端可以很好地抵消共模信号，故能有效抑制共模噪声。

（5）第 7 脚的旁路电容不可少！实际应用时，7 脚端必须外接一个电解电容到地，起滤除噪声的作用。工作稳定后，该管脚电压值约等于电源电压的一半。增大这个电容的容值，减缓直流基准电压的上升、下降速度，有效抑制噪声。在器件上电、掉电时的噪声就是由该偏置电压的瞬间跳变所致，这个电容可千万别省啊！

（6）减少输出耦合电容。此电容的作用有二：隔直 ＋ 耦合。隔断直流电压，直流电压过大有可能会损坏喇叭线圈；耦合音频的交流信号。它与扬声器负载构成了一阶高通滤波器。减小该电容值，可使噪声能量冲击的幅度变小、宽度变窄；太低还会使截止频率（$f_c = 1/(2\pi * R_L * C_{out})$）提高。分别测试，发现 10 μF/4.7 μF 最为合适。

（7）电源的处理，也很关键。如果系统中有多组电源，太好了！由于电压不同、负载不同以及并联的去耦电容不同，每组电源的上升、下降时间必有差异。非常可行的方法：将上电、掉电时间短的电源放到＋12 V 处，选择上升相对较慢的电源作为 LM386 的直流电源端，但不要低于 4 V，效果确实不错！

自 我 检 测 题

一、判断题

1. 在功率放大电路中，输出功率愈大，功放管的功耗愈大。　　　　　　　　（　　）

2. 功率放大电路的最大输出功率是指在基本不失真情况下，负载上可能获得的最大交流功率。　　　　　　　　　　　　　　　　　　　　　　　　　　　　（　　）

3. 功率放大器为了正常工作需要在功率管上装置散热片，功率管的散热片接触面粗糙些好。　　　　　　　　　　　　　　　　　　　　　　　　　　　　　　（　　）

4. 当 OCL 电路的最大输出功率为 1 W 时，功放管的集电极最大耗散功率应大于 1 W。　　　　　　　　　　　　　　　　　　　　　　　　　　　　　　　　　（　　）

5. 乙类推挽电路只可能存在交越失真，而不可能产生饱和或截止失真。　　（　　）

6. 功率放大电路，除要求其输出功率要大外，还要求功率损耗小，电源利用率高。　　　　　　　　　　　　　　　　　　　　　　　　　　　　　　　　　　（　　）

7. 乙类功放和甲类功放电路一样，输入信号愈大，失真愈严重，输入信号小时，不产生失真。　　　　　　　　　　　　　　　　　　　　　　　　　　　　　　（　　）

8. 在功率放大电路中，电路的输出功率要大和非线性失真要小是对矛盾。　（　　）

9. 功率放大电路与电压放大电路、电流放大电路的共同点是：

（1）都使输出电压大于输入电压。　　　　　　　　　　　　　　　　　　（　　）

（2）都使输出电流大于输入电流。　　　　　　　　　　　　　　　　　　（　　）

（3）都使输出功率大于信号源提供的输入功率。　　　　　　　　　　　　（　　）

10. 功率放大电路与电压放大电路的区别是：

    (1) 前者比后者电源电压高。   (   )

    (2) 前者比后者电压放大倍数数值大。   (   )

    (3) 前者比后者效率高。   (   )

    (4) 在电源电压相同的情况下，前者比后者的最大不失真输出电压大。 (   )

11. 功率放大电路与电流放大电路的区别是：

    (1) 前者比后者电流放大倍数大。   (   )

    (2) 前者比后者效率高。   (   )

12. 功放电路易出现的失真现象是交越失真。   (   )

13. 功放首先考虑的问题是管子的工作效率。   (   )

二、填空题

1. 功率放大电路根据静态工作点设置的不同，可分成甲类、乙类和甲乙类。其中甲类功率放大电路的最高效率可达到_____。

2. 变频器由_____和_____两部分组成。

3. 丙类功放最佳工作状态是_____，最不安全的工作状态是_____。

4. 集电极调幅电路必须工作在_____区，基极调幅电路必须工作在_____区。

5. 丙类功率放大器的三种工作状态为_____、_____、_____。

6. 有一超外差接收机，中频 $f_1 = f_L - f_S = 465\ \text{kHz}$，当接收的信号 $f_S = 550\ \text{kHz}$ 时，中频干扰为_____，镜频干扰是_____。

7. 混频器的输入信号频率为 f_S，本振信号频率为 f_L，则高中频 $f_I =$ _____，低中频 $f_I =$ _____。

8. 丙类谐振功率放大器工作于过压状态相当于_____，工作于欠压状态相当于_____。

9. 振幅调制与解调、混频、频率调制与解调等电路是通信系统的基本组成电路。它们的共同特点是将输入信号进行_____，以获得具有所需的_____输出信号，因此，这些电路都属于搬移电路。

10. 与低频功放相比较，丙类谐振功放的特点是：① 工作频率高和相对频带宽度_____；② 负载采用_____；③ 晶体管工作在丙类状态。

三、选择题

1. 功率放大电路的转换效率是指(   )。

A. 输出功率与晶体管所消耗的功率之比

B. 输出功率与电源提供的平均功率之比

C. 晶体管所消耗的功率与电源提供的平均功率之比

2. 乙类功率放大电路的输出电压信号波形存在(   )。

A. 饱和失真   B. 交越失真   C. 截止失真

3. 乙类双电源互补对称功率放大电路中，若最大输出功率为 2 W，则电路中功放管的集电极最大功耗约为(   )。

A. 0.1 W   B. 0.4 W   C. 0.2 W

4. 在选择功放电路中的晶体管时，应当特别注意的参数有（　　）。

A. β　　　　　B. I_{CM}　　　　　C. I_{CBO}　　　　　D. $U_{(BR)CEO}$　　　　　E. P_{CM}

5. 乙类双电源互补对称功率放大电路的转换效率理论上最高可达到（　　）。

A. 25%　　　　　B. 50%　　　　　C. 78.5%

6. 乙类互补功放电路中的交越失真，实质上就是（　　）。

A. 线性失真　　　　　B. 饱和失真　　　　　C. 截止失真

7. 功放电路的能量转换效率主要与（　　）有关。

A. 电源供给的直流功率　　　　　B. 电路输出信号最大功率　　　　　C. 电路的类型

8. 关于甲类乙类功放的说法错误的是（　　）。

A. 甲类 Q 点在放大区，但静态电流大，功耗大，效率低

B. 乙类 Q 点在饱和区，但静态电流为零，功耗小，效率高

C. 甲乙类 Q 点略高于截止区，静态电流小，功耗小，效率高

D. 纯乙类功放有严重的交越失真

9. 乙类双电源互补对称功率放大电路中，出现交越失真的原因是（　　）。

A. 两个三极管不对称　　　　　　　　　B. 输入信号过大

C. 输出信号过大　　　　　　　　　　　D. 两个三极管的发射结偏置为零

10. 乙类双电源互补对称功率放大电路中，出现交越失真的原因是（　　）。

A. 两个三极管不对称　　　　　　　　　B. 输入信号过大

C. 输出信号过大　　　　　　　　　　　D. 两个三极管的发射结偏置为零

11. 功率放大电路的最大输出功率是在输入电压为正弦波时，输出基本不失真情况下，负载上可获得的最大（　　）。

A. 交流功率　　　　　B. 直流功率　　　　　C. 平均功率

12. 在选择功放电路中的晶体管时，应当特别注意的参数有（　　）。

A. β　　　　　　　　B. I_{CM}　　　　　　　　C. I_{CBO}

D. U_{CEO}　　　　　　E. P_{CM}　　　　　　F. f_T

13. 若图 3.27 所示电路中晶体管饱和管压降的数值为 $|U_{CES}|$，则最大输出功率 $P_{om}=$（　　）。

A. $\dfrac{(U_{CC}-U_{CES})^2}{2R_L}$　　　　B. $\dfrac{(\frac{1}{2}U_{CC}-U_{CES})^2}{R_L}$　　　　C. $\dfrac{(\frac{1}{2}U_{CC}-U_{CES})^2}{2R_L}$

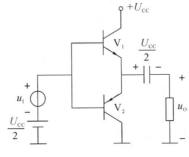

图 3.27　题 13 图

练 习 题

1. 功率放大器和电压放大器没有本质区别，但也有其特殊问题，试简述功率放大器的特点。

2. 如何区分三极管是工作在甲类、乙类还是甲乙类？画出在三种工作状态下的静态工作点和相应的波形图。

3. 在甲类、乙类还是甲乙类放大电路中，放大管的导通角分别等于多少？它们中哪一类放大电路效率高？

4. 由于功率放大电路中的三极管常处于接近极限工作状态，因此，在选择三极管时必须注意哪三个参数？

5. 与甲乙类功率放大电路相比，乙类互补对称功率放大电路的主要优点是什么？

6. 乙类互补对称功率放大电路的效率在理想情况可达到多少？

7. 设放大电路为正弦波。在什么情况下，电路的输出出现饱和和截止失真？在什么情况下出现交越失真？用波形示意图说明这两种失真的区别。

8. 在输入正弦信号作用下，互补对称电路输出波形是否有可能出现线性（即频率）失真？为什么？

9. 电路如图 3.28 所示，已知 V_1 和 V_2 的饱和管压降 $|U_{CES}| = 2\ V$，直流功耗可忽略不计。回答下列问题：

(1) R_3、R_4 和 V_3 的作用是什么？

(2) 负载上可能获得的最大输出功率 P_{om} 和电路的转换效率 η 各为多少？

(3) 设最大输入电压的有效值为 1 V。为了使电路的最大不失真输出电压的峰值达到 16 V，电阻 R_6 至少应取多少千欧？

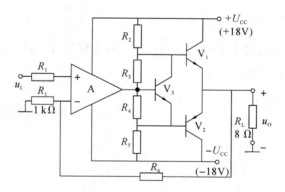

图 3.28　练习题 9 图

10. 在图 3.29 所示电路中，已知 $U_{CC} = 16\ V$，$R_L = 4\ \Omega$，V_1 和 V_2 管的饱和压降 $|U_{CES}| = 2\ V$，输入电压足够大。试问：

(1) 最大输出功率 P_{om} 和效率 η 各为多少？

(2) 晶体管的最大功耗 P_{VTmax} 为多少？

(3) 为了使输出功率达到 P_{om}，输入电压的有效值约为多少？

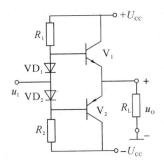

图 3.29   练习题 10 图

做 一 做

利用 LM386 设计智能音频放大电路

一、实训目的

(1) 掌握集成功率放大器的性能指标、意义和测量方法;

(2) 熟悉集成功率放大器的应用。

二、实验设备与器材

双踪示波器、信号源、频率计、交流毫伏表、直流电源、电烙铁及导线等。

三、实训内容

音频功率放大器是通过功率放大器(简称功放)给音频放大器的负载 R_L(扬声器)提供一定的输出功率。当负载一定时,希望输出的功率尽可能大,输出信号的非线性失真尽可能小,效率尽可能高。

1. 性能指标

音频功率放大器的性能指标有信噪比(S/N)、灵敏度、阻尼系数、动态范围、响应和屏蔽等。

2. 应用领域

甲类功放失真最小,效率最低,发热最多,功率不易做得很大。乙类功放正负半周分别放大(推挽),引入多种失真,但效率高。甲乙类功放小信号时工作于甲类,大信号时工作于乙类,兼顾失真和效率,是目前主流功放类型,合理设计电路精选元器件,可以做出很高的指标。丁类功放就是近年来兴起的数字功放,有极高的效率,也有相当高的技术指标,广泛用于小型电子产品中，比如汽车音响中。但丁类功放在音响发烧友中还没有得到普遍认可。

3. 电路设计

1）原理图设计

（1）设计功能要求。当负载一定时，希望输出的功率尽可能大，输出信号的非线性失真尽可能小，效率尽可能高，并以要求的音量和功率水平在发声输出元件上重新产生真实、高效和低失真的输入音频信号。

（2）设计步骤：① 依据功能选择芯片，从而设计电路；② 对芯片的性质、特性进行了解；③ 用 DXP 软件画出电路原理图。

（3）设计生成文件说明。

原理图如图 3.30 所示，说明如表 3.1 所示。

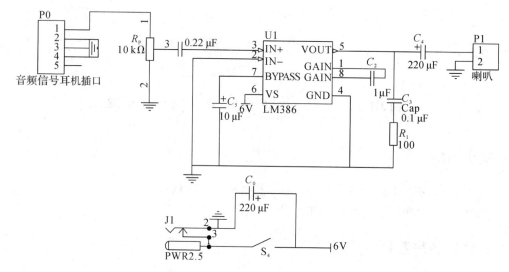

图 3.30　音频功率放大器原理图

表 3.1　BOM 文件列表

音频耳机信号插口		302
电阻	100 Ω	302
喇叭	8 Ω	302
可调电阻	10 kΩ	302
LM386 - 1		604
电容	0.22 μF	604
电容	10 μF	604
电容	220 μF	604
电容	1 μF	302
电容	0.1 μF	302

2）印刷电路板设计（PCB）

（1）设计要求与说明。依照原理图，制作 PCB。

（2）设计步骤。依照原理图，进行布线。

（3）设计生成文件说明。

4．电路板焊接

焊接技术的要领和步骤：电烙铁预热，大概 7 分钟左右；然后把锡条的一端放到要焊接的芯片的脚上，用电烙铁把它融化，形成一个类似于圆锥的焊点。但要注意的是，不要把焊点粘在一起，不然会让粘在一起的脚形成短路的，从而不可能正常地完成电路要实现的目标。

要仔细查看焊点，看是否有虚焊现象。

5．电路板测试

1）测试步骤（断电检查、通电检查、信号调试）

在电路没有上电前，仔细观察电路，避免虚焊、飞锡、松动、短路、带电导体（电源线、插头、电源开关等）裸露和错焊的现象发生；通电后检测有无冒烟、打火、异常发热等情况，如有异常现象，应立即切断电源，检查故障；检查输入端和各芯片输入端有无直流电压；接通音频信号，观察输出端喇叭发出音频，并填表 3.2 和表 3.3。

表 3.2　集成电路电压测量

测量点（$V_{SS}=5$ V）	电压/V（测量条件 $U_{in}=0$）	电压/V（测量条件 $U_{in}=0.3$ V）
引脚 1	1.33	1.33
引脚 3	0.04	0.04
引脚 5	3.10	3.10
引脚 6	6.02	6.06
引脚 7	3.01	3.02
引脚 8	0	0.3

表 3.3　静态电流测试

测量点	静态电流/mA（$V_{SS}=5$ V、$U_{in}=0$）	静态电流/mA（$V_{SS}=5$ V、$U_{in}=0.3$ V）
电源电流	0.37 V/100 Ω	0.37 V/100 Ω
负载电流	0	2.6 V/2$\sqrt{2}$/8 Ω

2）注意事项

万用表各挡位的切换；电路发生短路时及时切断电源。

3）故障分析及处理方法

（1）左、右声道调试。

设备：耳测。

接入音乐源，试听音调、音量电路对音乐的调节效果，要保证音调电位器的变化能听高低音调，音量电位器的变化能听到大小音量的明显提升和衰减。同时，高音无衰减提升，基本上没有出现破音。否则检查电路板。

（2）低音调试。

设备：耳测。

接入音乐源，试听音调、音量电路对音乐的调节效果，保证电位器的变化能听到高低音调、大小音量的明显提升和衰减。否则检查电路板。

（3）整体调试。

设备：耳测。

接入音乐源，选择有强劲低频的录音，如大鼓、低音 BASS、低音伸缩号、低音单簧管、图巴号、法国号等，将音量加到足够大，然后逐步减小，在任何音量的情况下，如能听到干净、低沉、松容适度的低频，则电路效果良好（音响效果取决于功放，同时与音源质量、音响优劣有很大关系，此处无绝对标准）。

6. 电路参数测试

空载调试与检测（未接扬声器，未接匹配电阻）。

1）左、右声道电路测试

设备：万用表、示波器、信号发生器。

在输入端接入 0.1 V、1 kHz 正弦波电压，检测芯片的输出引脚波形，如无失真，则放大电路无异常，否则检查放大电路。检查方法见故障的查找与排除。

2）低音电路测试

设备：万用表、示波器、信号发生器。

在输入端接入 0.1 V、1 kHz 正弦波电压，检测芯片的输出引脚波形，如无失真，则放大电路无异常，否则检查放大电路。检查方法见故障的查找与排除。

3）放大倍数测试

设备：万用表、示波器、信号发生器。

在 15 V 电压源、20 Hz～20 kHz 的规定音频带宽及最大不失真输入信号下，调试检测输出信号波形、放大倍数、输出功率等，并填表 3.4 和表 3.5。

电压放大倍数计算公式：

$$A_u = 20 \lg(U_{out}/U_{in})$$

表 3.4 电压增益测量

测量条件	U_{in}	U_{out}	A_u（电压放大倍数）	增益/dB
引脚 1、引脚 8 开路	0.3 V	1.5 V		
引脚 1、引脚 8 接 1 μF	0.08 V	2 V		

表 3.5 频率特性测试

测量条件 引脚 1、引脚 8 开路	U_{in}/mV	U_{out}/mV	A_u(电压放大倍数)
$f_1=$ Hz			
$f_2=$ Hz			
测量条件 引脚 1、引脚 8 接 1 μF	U_{in}/mV	U_{out}/mV	A_u(电压放大倍数)
$f_3=1.16$ kHz			
$f_4=10.9$ kHz			

要求:给出 4 个频率点,分别找出引脚 1、引脚 8 开路和引脚 1、引脚 8 接 1 μF 条件下,电压放大倍数最大值对应的频率,找出 $Q=0.707$ 对应的两个频率(高频点和低频点),画出两个条件下的频率特性曲线。

4) 不失真最大有效值输出功率测量

可用示波器测量,测量条件为 $V_{SS}=5$ V,$R_L=8$ Ω。测量结果记入表 3.6 中。

表 3.6 不失真最大有效值输出功率测量

测量条件	输出 U_{p-p}/mV	P_{out}/mW
引脚 1、引脚 8 开路		
引脚 1、引脚 8 接 1 μF		5.4 格×500 mV(每格)

说明测量方法:输入正弦波信号,逐渐加大输入信号,直到输出波形产生失真,此时为最大有效值输出功率。

最大有效值输出功率计算公式:

$$P_{out}=\frac{U^2}{R_L}=\frac{\left(\frac{U_{P-P}}{2\sqrt{2}}\right)^2}{R_L}$$

第4章 直流稳压电源

几乎所有的电子线路都需要有稳定的直流电源提供能量。大多数情况是利用电网提供的交流电源经过转换而得到直流电源的。直流稳压电源就是把交流电通过整流变成脉动的直流电,再经过滤波稳压变成稳定的直流电的设备。它由三部分电路组成,即整流电路、滤波电路和稳压电路。

教学内容:

(1) 直流稳压电源的组成。

(2) 整流电路。

(3) 滤波电路。

(4) 稳压电路。

学习目标:

(1) 掌握单相桥式整流电路的工作原理。

(2) 掌握电容滤波的特点和电容的选择原则。

(3) 熟悉硅稳压管稳压电路的工作原理和限流电阻的估算。

(4) 了解集成三端稳压器的使用方法。

4.1 直流稳压电源的组成

本章所讨论的是一种单相小功率电源,它的作用是将频率为 50 Hz、有效值为 220 V 的单相交流电压转换为幅值稳定、输出电流为几百毫安以下的直流电压。图 4.1 所示为常见直流稳压电源。

图 4.1　常见直流稳压电源

如图 4.2 所示,直流稳压电源由电源变压器、整流电路、滤波电路和稳压电路四部分组成。

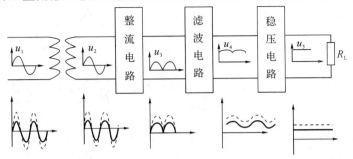

图 4.2　直流稳压电源的组成示意图

(1) 电源变压器将电网交流电压 u_1 变为整流电路所需的交流电压 u_2。

(2) 整流电路将变压器次级输出的交流电压变成单向的脉动直流电压 u_3。

(3) 滤波电路消除脉动电压中的谐波分量,输出比较平滑的直流电压 u_4。

(4) 稳压电路能在电源电压或负载电流变化时,保持输出直流电压的稳定。

图 4.3 所示为几种常见的变压器实物图。

C 型变压器　　　　　　　　　　　　　　R 型变压器

图 4.3　常见变压器

4.2　整 流 电 路

4.2.1　单相半波整流电路

单相半波整流电路如图 4.4 所示,在二极管为理想二极管的条件下,其工作原理如下:变压器二次侧输出电压为 $u_2 = \sqrt{2} U_2 \sin\omega t$,$U_2$ 为有效值。当 $u_2 > 0$ 时,二极管导通,忽略二极管正向压降,有 $u_o = u_2$;$u_2 < 0$ 时,二极管截止,输出电流为 0,$u_o = 0$。半波整流电路的输出波形如图 4.5 所示,其平均单向脉冲电压即直流分量为

$$u_{o(avg)} = \frac{\sqrt{2} u_2}{\pi} \approx 0.45 u_2 \tag{4.1}$$

很明显,输出电压除了直流之外,还含有很多谐波,这些谐波统称为纹波,它们叠加于直流之上。

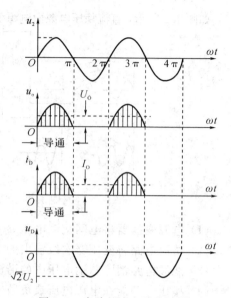

图 4.5　半波整流电路的波形

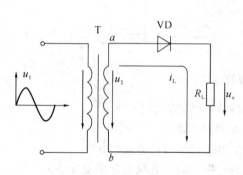

图 4.4　单相半波整流电路

单相半波整流电路的优点是结构简单；缺点是输出波形脉动大，直流成分比较低，变压器半个周期不导电，利用率低，变压器电流含直流成分，易饱和。

例 4.1　如图 4.4 所示的单相半波整流电路中，已知条件变压器二次侧电压为 20 V，负载电阻为 100 Ω，试求：

(1) 负载电阻上的电压和电流平均值。

(2) 外网电压波动为 12%，流经二极管的最大整流电流。

解　(1) 负载电阻上的电压平均值为

$$u_{o(avg)} \approx 0.45 u_2 = 0.45 \times 20 = 9 \text{ V}$$

负载电阻上的电流平均值为

$$i_{o(avg)} = \frac{u_{o(avg)}}{R} = \frac{9}{100} = 0.09 \text{ A}$$

(3) 流经二极管的最大整流电流为

$$i_{D(avg)} = 1.2 \times 0.09 \approx 0.1 \text{ A}$$

4.2.2　单相桥式整流电路

单相桥式整流电路如图 4.6 所示，整流电桥由 4 个二极管组成，故称桥式整流电路，其简化图如图 4.7 所示。

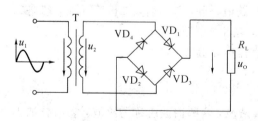

图 4.6　单相桥式整流电路

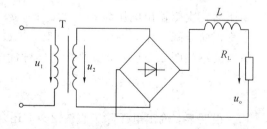

图 4.7　单相桥式整流电路简化图

单相桥式整流电路的工作原理如图 4.8(a)所示，变压器二次侧输出电压为 $u_2=\sqrt{2}U_2\sin\omega t$，$U_2$ 为有效值。当 $u_2>0$ 时即正半周期，二极管 VD$_1$ 和 VD$_3$ 因受正向电压而导通，二极管 VD$_2$ 和 VD$_4$ 因受反向电压而截止；当 $u_2<0$ 时即负半周期，二极管 VD$_2$ 和 VD$_4$ 因受正向电压而导通，二极管 VD$_1$ 和 VD$_3$ 因受反向电压而截止。u_2 和输出电压 u_o 的波形如图 4.8(b)所示，其输入的是双极性电压，而输出波形是全波单极性，输入输出波形的幅值基本相等。

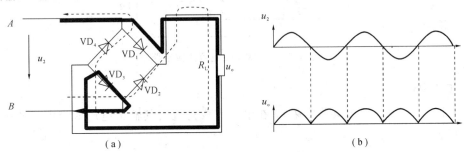

图 4.8　单相桥式整流电路的工作原理及电压波形

其平均单向脉冲电压即直流分量为单极性波形的 2 倍，可写为

$$u_{o(avg)}=\frac{2\sqrt{2}u_2}{\pi}\approx 0.9u_2 \tag{4.2}$$

比较图 4.5 和图 4.8 可以发现：经过整流桥后的输出波形的纹波比半波整流电路的输出波形小得多，但仍需滤波电路来滤除纹波。

单相桥式整流电路与半波整流电路相比较，具有输出电压高、变压器利用率高和脉动小等优点，因此得到了广泛的应用，其缺点是二极管的数量多，由于实际二极管的正向导通内阻不为零，导致其整流电路内阻大和电路损耗大。常见的硅整流桥如图 4.9 所示。

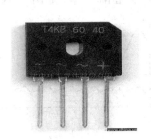

图 4.9　常见的硅整流桥

4.3　滤 波 电 路

4.3.1　电容滤波电路

虽然桥式整流电路是全波整形，其输出相对半波整流电路得到很大改善，但与实际要求仍然有较大差距，需要进一步采用滤波电路减小纹波。滤波电路一般采用电容和电感等储能元件来实现，可分为电容滤波、电感滤波和复合滤波。首先介绍电容滤波电路，通过电

容的充放电特性可以构成滤波电路,如图 4.10 所示。滤波电容通常选用大容量电解电容,大约 1000 μF 以上。

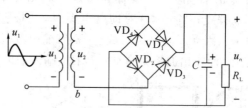

图 4.10　桥式整流电容滤波电路

1. 工作原理

R_L 未接入时(忽略整流电路内阻),在电容完成充电后其输出电压就是电容两端电压,见图 4.11。

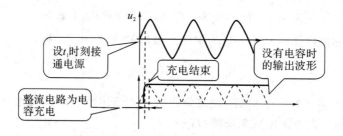

图 4.11　开路时的电容充电过程

R_L 接入(且 $R_L C$ 较大)时(忽略整流电路内阻),电容通过 R_L 放电,在整流电路电压小于电容电压时,二极管截止,整流电路不为电容充电,u_o 会逐渐下降,如图 4.12 所示。

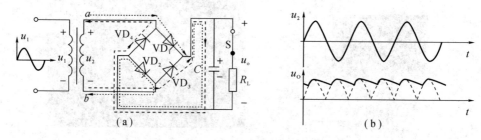

图 4.12　外电压小于电容电压时,电容放电过程

只有整流电路输出电压大于 $u_o(u_C)$ 时,才有充电电流 i_D,因此整流电路的输出电流是脉冲波。可见,采用电容滤波时,整流管的导通角较小,如图 4.13 所示。

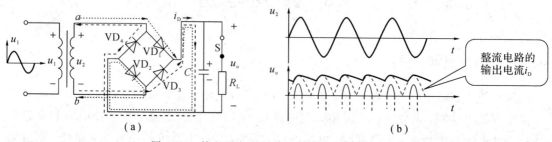

图 4.13　外电压大于电容电压时的电容充电过程

电容滤波电路的特点：

(1) 加了电容滤波电路后，输出电压的直流成分提高了，脉动成分降低了。

(2) $\tau = R_L C$ 越大，放电过程越慢，则输出电压越高，同时脉动成分越小，滤波效果越好。

(3) $R_L = \infty$（开路）时，$U_{o(avg)} = \sqrt{2} U_2$，电容滤波电路适用于负载电流变化不大的场合。

(4) 输出电压平均值为 $U_{o(avg)} \approx 1.2 U_2$。

(5) 参数选择：$R_L C \geq (3 \sim 5) \dfrac{T}{2}$，电容耐压应大于 $\sqrt{2} U_2$。

例 4.2　单相桥式整流电容滤波电路，滤波电容 $C = 220\ \mu F$，$R_L = 1.5\ k\Omega$。问：

(1) 要使输出电压 $U_o = 12\ V$，U_2 需多大？

(2) 若该电路电容 C 值增大，U_o 是否变化？

(3) 改变 R_L 对 U_o 有无影响？R_L 增大 U_o 如何变化？

解　(1) 因为 $U_o = 1.2 U_2$，所以

$$U_2 = \frac{U_o}{1.2} = \frac{12}{1.2} = 10\ V$$

(2) C 值增大，放电变慢，U_o 增大。

(3) 有影响。R_L 值增大，放电变慢，U_o 增大。

4.3.2　电感滤波电路

利用电感的电抗性，同样可以达到滤波的目的。在桥式整流电路与负载间串入一电感 L 就构成了电感滤波电路，如图 4.14 所示。

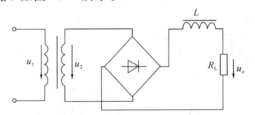

图 4.14　桥式整流电感滤波电路

其原理是整流后的电压变化会引起负载电流的变化，电感 L 上将感应出一个与整流电压变化相反的电动势，叠加后使得负载上的电压变化变得比较平缓，输出电流基本不变，从而使得输出只有直流电压，而无交流电压，达到滤波的目的。电感滤波电路适用于大电流场合，其优点是减小了二极管的冲击电流，可延长整流二极管的寿命；缺点是体积大、笨重，输出电压稍低。

电感滤波电路中 R_L 越小，负载电流越大，滤波效果越好，其输出为

$$u_o = 0.9 u_2$$

4.3.3　*LC* 型、π 型滤波电路

1. *LC* 型滤波电路

采用单一的电容或电感滤波时，电路虽然简单，但是效果欠佳。为了达到较为理想的

效果，通常把两者结合起来使用，即 LC 滤波电路。其最简单的电路形式如图 4.15 所示。与电容滤波电路比较，LC 滤波电路的优点是：外特性好；输出电压对负载影响小；电感元件限制了电流的脉动峰值，减小了对整流二极管的冲击。LC 滤波适用于电流较大，要求电压脉动较小的电路。

LC 滤波电路的直流输出电压和电感滤波电路一样，即 $u_o = 0.9u_2$。

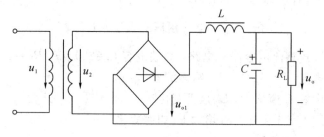

图 4.15　LC 滤波电路

2. π 型滤波电路

为了进一步减小脉动成分，在 LC 滤波电路中再增加一只滤波电容即可组成 LC-π 型滤波电路，如图 4.16 所示，其输出的电流波形更加平滑。选择适当的参数，该电路同样可以达到：

$$u_o = 1.2u_2$$

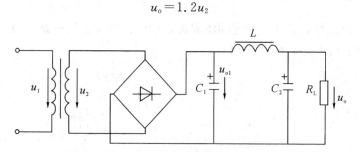

图 4.16　LC-π 型滤波电路

当负载 R_L 较大、电流较小时，可用电阻代替电感，构成 RC-π 型滤波电路，如图 4.17 所示，通常要求满足 $\left(\dfrac{1}{\omega C_2}\right) = R$，这样 $\left(\dfrac{1}{\omega C_2}\right) /\!/ R_L$ 恒小于 R，输出电压波形很平滑。此种电路的优点是体积小、重量轻，所以得到了广泛的应用。

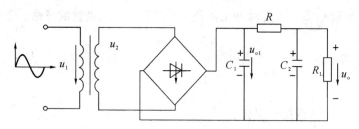

图 4.17　RC-π 型滤波电路

4.4　稳　压　电　路

4.4.1　硅稳压管稳压电路

整流滤波后输出的电压，主要存在两方面的问题：

（1）当负载电流变化时，由于整流滤波电路存在内阻，输出直流电压将随之变化。

（2）当电网电压波动时，变压器副边电压变化，输出直流电压也将随之发生变化，而大多数电子设备都要求有很稳定的直流电源供电。

因此，为了获得稳定的电压输出，应加稳压电路。最简单的直流稳压电路是采用稳压二极管来稳压的。

1. 电路组成

如图 4.18 所示，在电容滤波电路输出负载上连接一个电阻和一个稳压管就组成了稳压管稳压电路，其中，R 为限流电阻。稳压管稳压电路的输出电压即为稳压二极管的反向击穿电压 U_Z，如图 4.19 所示。

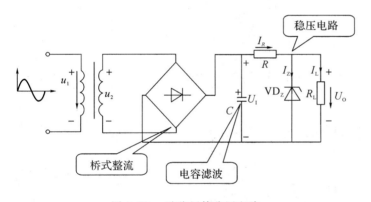
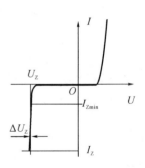

图 4.18　硅稳压管稳压电路　　　　图 4.19　硅稳压管伏安特性

2. 稳压原理

由图 4.18 可知：

$$U_I = U_R + U_O$$
$$I_R = I_Z + I_L$$

（1）当电网电压波动时（R_L 不变）：

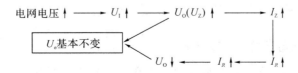

当电网电压变化时，稳压电路通过限流电阻 R 上电压的变化来抵消 U_I 的变化，即 $\Delta U_R \approx \Delta U_I$，从而使 U_O 基本不变。

（2）当负载变化时(U_I 不变)：

$$R_L \downarrow \longrightarrow I_L \uparrow \longrightarrow I_R \uparrow \longrightarrow U_R \uparrow \longrightarrow U_O(U_7) \downarrow \longleftarrow I_Z \downarrow$$

U_O 基本不变 $\longleftarrow$ $U_O \uparrow \longleftarrow I_R \downarrow \longleftarrow I_R \downarrow$

用 I_Z 的减小来补偿 I_L 的增大，最终使 I_R 基本保持不变，从而输出电压 U_O 也维持基本稳定。

因此，限流电阻必不可少，可利用稳压管所起的电流调节作用，通过限流电阻上电压或电流的变化进行补偿，来达到稳压的目的。

3. 限流电阻 R 的选择

R 的选择应使：

$$I_{Zmin} \leqslant I_Z \leqslant I_{Zmax}$$

因为

$$I_R = \frac{U_I - U_Z}{R}$$

所以

$$I_Z = I_R - I_L = \frac{U_I - U_Z}{R} - I_L$$

若电网波动：

$$\frac{U_{Imin} - U_Z}{R} - I_{Lmax} \geqslant I_{Zmin}$$

所以

$$\frac{U_{Imax} - U_Z}{R} - I_{Lmin} \leqslant I_{Zmax}$$

所以

$$R_{max} = \frac{U_{Imin} - U_Z}{I_{Zmin} + I_{Lmax}}, \quad R_{min} = \frac{U_{Imax} - U_Z}{I_{Zmax} + I_{Lmin}}$$

4. 适用场合

硅稳压管稳压电路适用于负载电流较小、输出电压不变的场合。它的优点是电路简单；缺点是输出电流较小，输出电压不可调。

4.4.2　集成稳压器

1. 三端集成稳压器组成及主要参数

三端集成稳压器内部包括了串联型直流稳压电路的各个组成部分，同时将保护电路和启动电路集成在里面。

参数及分类：

$$按输出电压\begin{cases}正输出（W7800）\\负输出（W7900）\end{cases} \qquad 按输出电流\begin{cases}1.5A（W7800）\\500\ mA（W78M00）\\100\ mA（W78L00）\end{cases}$$

三端集成稳压器封装实物及电路符号如图 4.20 所示。

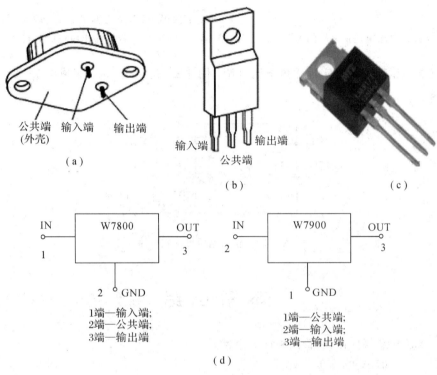

图 4.20　三端集成稳压器

（a）金属封装；（b）塑料封装；（c）实物图；（d）电路符号

2. 三端集成稳压器应用电路

三端集成稳压器常用的应用电路有输出为固定电压的电路、输出为正负电压的电路、提高输出电压的电路和输出电压可调式电路，具体电路如图 4.21～图 4.24 所示。

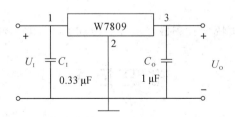

图 4.21　输出为固定电压的电路（W7809 集成芯片）

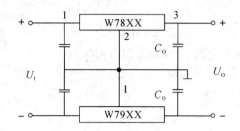

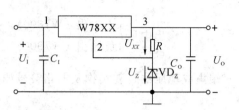

U_{XX}：为 W78XX 固定输出电压；$U_O = U_{XX} + U_Z$

图 4.22　输出正负电压的电路　　　　图 4.23　提高输出电压的电路

用三端稳压器也可以实现输出电压可调，图 4.24 是用 W7805 组成的 7～30 V 可调式稳压电源。

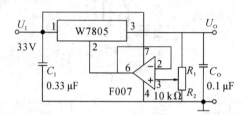

图 4.24　输出电压可调式电路

本 章 小 结

（1）整流电路（利用二极管的单向导电性）。

半波整流：　　$U_L = 0.45 U_2$

全波整流：　　$U_L = 0.9 U_2$

桥式整流：　　$U_L = 0.9 U_2$

（2）滤波电路。

电容滤波（桥式整流）：　　$U_L = 1.2 U_2$

电感滤波：　　$U_L = 0.9 U_2$

（3）稳压电路。稳压管稳压电路：

$$U_O = U_Z$$

（4）集成稳压器分三端固定式集成稳压器（W7800、W7900）和三端可调式集成稳压器。

知 识 拓 展

一、单相半波整流电路

单相半波整流电路如图 4.25 所示，电路的指标有：

(1) 负载上的输出电压 U_o：

$$U_o = \frac{1}{2\pi}\int_0^\pi \sqrt{2}U_2\sin\omega t\,\mathrm{d}(\omega t)$$

$$= \frac{1}{\pi}\sqrt{2}U_2 = 0.45U_2$$

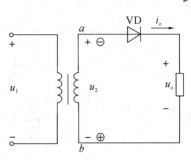

图 4.25　单相半波整流电路

(2) 流过负载的平均电流 I_o：

$$I_o = \frac{U_o}{R_L} = \frac{0.45U_2}{R_L}$$

(3) 流过整流二极管的平均电流 I_D：

$$I_D = \frac{1}{2}I_o = \frac{0.45U_2}{R_L}$$

(4) 整流二极管所承受的最大反向电压 U_{DRM}：

$$U_{DRM} = U_{2M} = \sqrt{2}U_2$$

二、单相桥式整流电路

单相桥式整流电路如图 4.26 所示，电路的指标有：

(1) 负载上的输出电压 U_o：

$$U_o = \frac{1}{\pi}\int_0^\pi \sqrt{2}U_2\sin\omega t\,\mathrm{d}(\omega t)$$

$$= \frac{2}{\pi}\sqrt{2}U_2 = 0.9U_2$$

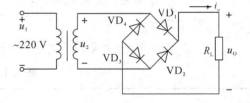

图 4.26　单相桥式整流电路

(2) 流过负载的平均电流 I_o：

$$I_o = \frac{U_o}{R_L} = \frac{0.9U_2}{R_L}$$

(3) 流过整流二极管的平均电流 I_D：

$$I_D = \frac{1}{2}I_o = \frac{0.45U_2}{R_L}$$

(4) 整流二极管所承受的最大反向电压 U_{DRM}：

$$U_{DRM} = U_{2M} = \sqrt{2}U_2$$

三、倍压整流电路

利用倍压整流可以得到比输入交流电压高很多倍的直流电压。设电容初始电压为 0。当 u_2 处于正半周时，VD_1 导通，C_1 充电，在理想情况下，充电至 $u_{C1} \approx \sqrt{2}U_2$；当 u_2 处于负半周时，VD_1 截止，VD_2 导通，C_2 充电，最高充电至 $u_{C2} \approx 2\sqrt{2}U_2$；当 u_2 再次处于正半周时，VD_1、VD_2 截止，VD_3 导通，C_3 充电，最高可充电至 $u_{C3} \approx 2\sqrt{2}U_2$。依次类推，若在上述倍压整流电路中多加几级就可以得到电压近似增大几倍的直流电压，只要将负载接至有关电容两端即可。倍压整流电路(见图 4.27)中，每个二极管承受的最高反向电压为 $2\sqrt{2}U_2$，电容 C_1 的耐压应大于 $\sqrt{2}U_2$，其余电容耐压应大于 $2\sqrt{2}U_2$。

101

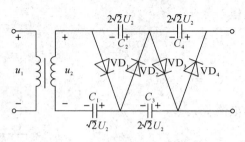

图 4.27　倍压整流电路

四、XXXX 数显直流稳压电源说明书

1．主要特点

（1）数显/指针显示输出电压和电流。

（2）高精度恒压、恒流，输出电压、电流可从 0 到标称值之间连续可调。

（3）带负载能力强，连续工作故障低，可满负荷长时间工作。

（4）具有限流保护和短路保护功能。

（5）纹波低、噪音低、重量轻。

2．技术指标

RYI 系列恒压恒流（CCCV）高精度直流稳压电源的技术指标如表 4.1 所示。

表 4.1　技术指标

输入电压（input voltage）	220 V±10％
频率（frequency）	50/60 Hz
输出电压（outputvoltage）	连续可调 DC：0～30 V/40 V/60 V/100 V/300 V/500 V
输出电流（output current）	连续可调 DC：0～50 A/60 A/100 A/200 A
保护（protection）	电流限流保护及短路保护
电源效应（powereffection）	≤0.1％＋2 mV
负载效应（load effection）	≤0.5％＋2 mV
纹波和噪声（ripple and notice）	CV≤1MVRMS（有效值）
环境温度（relative temperature）	−10 ℃～40 ℃
相对温度（relative humidity）	＜90％

自 我 检 测 题

一、判断题

1. 直流电源是一种将正弦信号转换为直流信号的波形变换电路。　　　　（　　）

2. 直流电源是一种能量转换电路，它将交流能量转换为直流能量。　　　（　　）

3. 在变压器副边电压和负载电阻相同的情况下，桥式整流电路的输出电流是半波整流电路输出电流的 2 倍。　　　　　　　　　　　　　　　　　　　　（　　）

因此，它们的整流管的平均电流比值为 2∶1。　　　　　　　　　　　（　　）

4. 若 U_2 为电源变压器副边电压的有效值，则半波整流电容滤波电路和全波整流电容滤波电路在空载时的输出电压均为 $2U_2$。　　　　　　　　　　　　（　　）

5. 当输入电压 U_I 和负载电流 I_L 变化时，稳压电路的输出电压是绝对不变的。（　　）

6. 一般情况下，开关型稳压电路比线性稳压电路效率高。　　　　　　　（　　）

7. 整流电路可将正弦电压变为脉动的直流电压。　　　　　　　　　　　（　　）

8. 电容滤波电路适用于小负载电流，而电感滤波电路适用于大负载电流。（　　）

9. 在单相桥式整流电容滤波电路中，若一只整流管断开，则输出电压平均值变为原来的一半。　　　　　　　　　　　　　　　　　　　　　　　　　　（　　）

10. 对于理想的稳压电路，$\Delta U_O / \Delta U_I = 0$，$R_O = 0$。　　　　　　　　　（　　）

11. 线性直流电源中的调整管工作在放大状态，开关型直流电源中的调整管工作在开关状态。　　　　　　　　　　　　　　　　　　　　　　　　　　（　　）

12. 因为串联型稳压电路中引入了深度负反馈，因此也可能产生自激振荡。　（　　）

13. 在稳压管稳压电路中，稳压管的最大稳定电流必须大于最大负载电流。（　　）

而且，其最大稳定电流与最小稳定电流之差应大于负载电流的变化范围。（　　）

14. 稳压二极管是利用二极管的反向击穿特性进行稳压的。　　　　　　　（　　）

15. 桥氏整流电路在接入电容滤波后，输出直流电压会升高。　　　　　　（　　）

16. 用集成稳压器构成稳压电路，输出电压稳定，在实际应用时，不需考虑输入电压大小。　　　　　　　　　　　　　　　　　　　　　　　　　　　（　　）

17. 直流稳压电源中的滤波电路是低通滤波电路。　　　　　　　　　　　（　　）

18. 在单相桥式整流电容滤波电路中，若有一只整流管断开，则输出电压平均值变为原来的一半。　　　　　　　　　　　　　　　　　　　　　　　（　　）

19. 滤波电容的容量越大，滤波电路输出电压的纹波就越大。　　　　　　（　　）

二、填空题

1. 将_____变成_____的过程叫整流。

2. 整流器一般由 _____、_____、_____三部分组成。

3. 常用的单相整流电路有 _____、_____、_____等几种。

4. 整流电路按被整流的交流电相数，可分为_____与_____两种，按被整流后输出的电压电流的波形，又可分为_____与_____两种。

5. 在变压器二次侧电压相同的情况下，桥式整流电路输出的直流电压比半波整流电路高____倍，而且脉动_____。

6. 在单相半波整流电路中，如果电源变压器二次侧电压的有效值是 220 V，则负载电压将是_____V。

7. 在单相桥式整流电路中，如果负载电流是 20 A，则流过每只晶体二极管的电流是_____A。

8. 桥式整流和单相半波整流电路相比，在变压器副边电压相同的条件下，_____电路的输出电压平均值高了一倍；若输出电流相同，就每一整流二极管而言，则桥式整流电路的整流平均电流大了一倍，采用_____电路，脉动系数可以下降很多。

9. 在电容滤波和电感滤波中，_____滤波适用于大电流负载，_____滤波的直流输出电压高。

10. 电容滤波的特点是电路简单，_____较高，脉动较小，但是_____较差，有电流冲击。

11. 对于 LC 滤波器，频率越高，_____越大，_____越好，但其_____大，从而受到限制。

12. 集成稳压器 W7812 输出的是_____，其值为 12 V。

13. 集成稳压器 W7912 输出的是_____，其值为 12 V。

14. 单相半波整流的缺点是只利用了_____，同时整流电压的_____。为了克服这些缺点一般采用_____。

15. 稳压二极管需要串入_____才能进行正常工作。

16. 单相桥式整流电路中，负载电阻为 100 Ω，输出电压平均值为 10 V，则流过每个整流二极管的平均电流为_____A。

17. 由理想二极管组成的单相桥式整流电路（无滤波电路），其输出电压的平均值为 9 V，则输入正弦电压有效值应为_____。

18. 单相桥式整流、电容滤波电路如图 4.28 所示。已知 $R_L = 100$ Ω，$U_2 = 12$ V，估算 U_o 为_____。

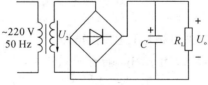

图 4.28 单相桥式整流、电容滤波电路

19. 单相桥式整流电路（无滤波电路）输出电压的平均值为 27 V，则变压器副边的电压有效值为_____V。

20. 单相桥式整流电路中，流过每只整流二极管的平均电流是负载平均电流的_____。

21. 将交流电变为直流电的电路称为_____。

22. 单相桥式整流电路变压器次级电压为 10 V（有效值），则每个整流二极管所承受的最大反向电压为_____。

23. 整流滤波电路如图 4.29 所示，变压器二次侧电压的有效值 $U_2 = 20$ V，滤波电容 C 足够大，则负载上的平均电压 U_L 约为_____V。

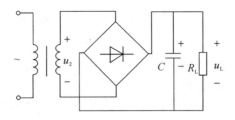

图 4.29　整流滤波电路

24. 图 4.30 所示为含有理想二极管的电路，当输入电压 u 的有效值为 10 V 时，输出电压 u_O 的平均值为_____。

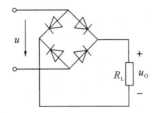

图 4.30　含有理想二极管的电路

三、选择题

1. 若要求输出电压 $U_o = 9$ V，则应选用的三端稳压器为(　　)。
A. W7809　　　　　B. W7909　　　　　C. W7912　　　　　D. W7812

2. 若要求输出电压 $U_o = -18$ V，则应选用的三端稳压器为(　　)。
A. W7812　　　　　B. W7818　　　　　C. W7912　　　　　D. W7918

3. 直流稳压电源滤波电路中，滤波电路应选用(　　)滤波器。
A. 高通　　　　　B. 低通　　　　　C. 带通　　　　　D. 带阻

4. 若单相桥式整流电容滤波电路中，变压器副边电压有效值为 10 V，则正常工作时输出电压平均值 $U_{o(avg)}$ 可能的数值为(　　)。
A. 4.5 V　　　　　B. 9 V　　　　　C. 12 V　　　　　D. 14 V

5. 在单相桥式整流电容滤波电路中，若有一只整流管接反，则(　　)。
A. 变为半波整流
B. 并接在整流输出两端的电容 C 将过压击穿
C. 输出电压约为 $2U_D$
D. 整流管将因电流过大而烧坏

6. 关于串联型直流稳压电路，带放大环节的串联型稳压电路的放大环节放大的是(　　)。
A. 基准电压　　　　　　　　　　B. 取样电压
C. 取样电压与滤波电路输出电压之差　　D. 基准电压与取样电压之差

7. 集成三端稳压器 CW7815 的输出电压为(　　)。

A. 15 V　　　　　B. −15 V　　　　　C. 5 V　　　　　D. −5 V

8. 变压器副边电压有效值为 40 V，则整流二极管承受的最高反向电压为（　　）。

A. 20 V　　　　　B. 40 V　　　　　C. 56.6 V　　　　　D. 80 V

9. 用一只直流电压表测量一只接在电路中的稳压二极管的电压，读数只有 0.7 V，这表明该稳压管（　　）。

A. 工作正常　　　　B. 接反　　　　C. 已经击穿　　　　D. 无法判断

10. 直流稳压电源中滤波电路的目的是（　　）。

A. 将交流变为直流　　　　　　　　　B. 将交直流混合量中的交流成分滤掉

C. 将高频变为低频　　　　　　　　　D. 将高压变为低压

11. 两个稳压二极管，稳压值分别为 7 V 和 9 V，将它们组成如图 4.31 所示电路，设输入电压 U_1 值是 20 V，则输出电压 $U_0=$（　　）。

A. 20 V　　　　　B. 7 V　　　　　C. 9 V　　　　　D. 16 V

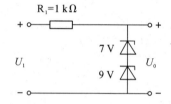

图 4.31　两个稳压二极管组成的电路

12. 稳压电源电路中，整流的目的是（　　）。

A. 将交流变为直流　　　　　　　　　B. 将高频变为低频

C. 将正弦波变为方波　　　　　　　　D. 将交直流混合量中的交流成分滤掉

13. 具有放大环节的串联型稳压电路在正常工作时，若要求输出电压为 18 V，调整管压降为 6 V，整流电路采用电容滤波，则电源变压器次级电压有效值应为（　　）。

A. 12 V　　　　　B. 18 V　　　　　C. 20 V　　　　　D. 24 V

14. 串联型稳压电源正常工作的条件是：其调整管必须工作于放大状态，即必须满足（　　）。

A. $U_I=U_O+U_{CES}$　　　　　　　　B. $U_I<U_O+U_{CES}$

C. $U_I\neq U_O+U_{CES}$　　　　　　　D. $U_I>U_O+U_{CES}$

15. 三端集成稳压器 W79L18 的输出电压、电流等级为（　　）。

A. 18 V/500 mA　　　　　　　　　　B. 18 V/100 mA

C. −18 V/500 mA　　　　　　　　　D. −18 V/100 mA

16. 若桥式整流电路变压器二次侧电压 $u_2=10\sqrt{2}\sin\omega t$ V，则每个整流管所承受的最大反向电压为（　　）。

A. $10\sqrt{2}$ V　　　　B. $20\sqrt{2}$ V　　　　C. 20 V　　　　D. $\sqrt{2}$ V

17. 在单相桥式整流滤波电路中，已知变压器副边电压有效值 U_2 为 10 V，$CR_L\geqslant 2T/3$（T 为电网电压的周期）。测得输出电压平均值 $U_{o(avg)}$ 可能的数值为

A. 14 V　　　　　B. 12 V　　　　　C. 9 V　　　　　D. 4.5 V

选择合适答案填空。

(1) 正常情况 $U_{o(avg)} \approx$ ____；

(2) 电容虚焊时 $U_{o(avg)} \approx$ ____；

(3) 负载电阻开路时 $U_{o(avg)} \approx$ _____；

(4) 一只整流管和滤波电容同时开路，$U_{o(avg)} \approx$ _____。

18. 整流的目的是( )。

A. 将交流变为直流　　　　B. 将高频变为低频　　　　C. 将正弦波变为方波

19. 滤波电路应选用( )。

A. 高通滤波电路　　　　B. 低通滤波电路　　　　C. 带通滤波电路

20. 若要组成输出电压可调、最大输出电流为 3 A 的直流稳压电源，则应采用( )。

A. 电容滤波稳压管稳压电路　　　　　　　　B. 电感滤波稳压管稳压电路

C. 电容滤波串联型稳压电路　　　　　　　　D. 电感滤波串联型稳压电路

21. 开关型直流电源比线性直流电源效率高的原因是( )。

A. 调整管工作在开关状态　　　　　　　　B. 输出端有 LC 滤波电路

C. 可以不用电源变压器

22. 在脉宽调制式串联型开关稳压电路中，为使输出电压增大，对调整管基极控制信号的要求是( )。

A. 周期不变，占空比增大

B. 频率增大，占空比不变

C. 在一个周期内，高电平时间不变，周期增大

练 习 题

1. 直流稳压电源通常包括哪四个组成部分？

2. 串联直流稳压电路通常包括哪几个组成部分？

3. 滤波电路的功能是什么？有几种滤波电路？

4. 整流电路如图 4.32(a)所示，二极管为理想元件，变压器副边电压有效值 U_2 为 10 V，负载电阻 $R_L = 2$ kΩ，变压器变比为 10。

(1) 求负载电阻 R_L 上电流的平均值 I_o；

(2) 求变压器原边电压有效值 U_1 和变压器副边电流的有效值 I_2；

(3) 变压器副边电压 u_2 的波形如图 4.32(b)所示，试定性画出 u_o 的波形。

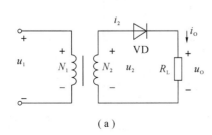

(a)

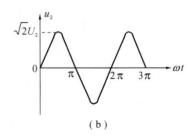

(b)

图 4.32　练习题 4 图

5. 如图 4.33 所示电路中，二极管为理想件，u_i 为正弦交流电压，已知交流电压表 V_1 的读数为 100 V，负载电阻 $R_L = 1$ kΩ，求开关 S 断开和闭合时直流电压表 V_2 和电流表 A 的读数。（设各电压表的内阻为无穷大，电流表的内阻为零）

6. 整流滤波电路如图 4.34 所示，负载电阻 $R_L = 100$ Ω，电容 $C = 500$ μF，变压器副边电压有效值 $U_2 = 10$ V，二极管为理想元件。试求：输出电压和输出电流的平均值 U_o、I_o 及二极管承受的最高反向电压 U_{DRM}。

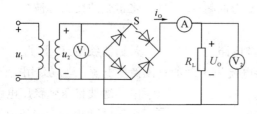

图 4.33　练习题 5 图

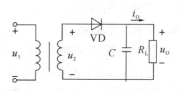

图 4.34　练习题 6 图

7. 整流滤波电路如图 4.35 所示，二极管为理想元件，已知负载电阻 $R_L = 400$ Ω，负载两端直流电压 $U_o = 60$ V，交流电源频率 $f = 50$ Hz。要求：

(1) 从表 4.2 中选出合适型号的二极管。

(2) 计算滤波电容器的电容。

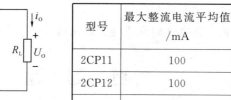

图 4.35　练习题 7 图

表 4.2　练习题 7 表

型号	最大整流电流平均值 /mA	最高反向峰值电压 /V
2CP11	100	50
2CP12	100	100
2CP13	100	150

8. 整流滤波电路如图 4.36 所示，二极管是理想元件，电容 $C = 500$ μF，负载电阻 $R_L = 5$ kΩ，开关 S_1 闭合、S_2 断开时，直流电压表（V）的读数为 141.4 V。求：

(1) 开关 S_1 闭合、S_2 断开时，直流电流表（A）的读数。

(2) 开关 S_1 断开、S_2 闭合时，直流电流表（A）的读数。

(3) 开关 S_1、S_2 均闭合时，直流电流表（A）的读数。

（设电流表内阻为零，电压表内阻为无穷大。）

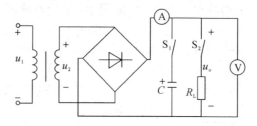

图 4.36　练习题 8 图

9. 已知负载电阻 $R_L = 80 \ \Omega$，负载电压 $U_O = 110 \ V$。今采用单相桥式整流电路，交流电源电压为 220 V。试计算变压器副边电压 U_2、负载电流和二极管电流 I_D 及最高反向电压 U_{DRM}。

10. 有两只稳压管 VD_{Z1}、VD_{Z2}，其稳定电压分别为 8.5 V 和 6.5 V，其正向压降均为 0.5 V，输入电压足够大。现欲获得 7 V、15 V 和 9 V 的稳定输出电压 U_O，试画出相应的并联型稳压电路。

11. 有一直流电源，其输出电压为 110 V，负载电阻为 55 Ω 的直流负载，采用单相桥式整流电路(不带滤波器)供电。试求变压器副边电压和输出电流的平均值，并计算二极管的电流 I_D 和最高反向电压 U_{DRM}。

12. 单相桥式整流电路中，不带滤波器，已知负载电阻 $R = 360 \ \Omega$，负载电压 $U_O = 90 \ V$。试计算变压器副边的电压有效值 U_2 和输出电流的平均值，并计算二极管的电流 I_D 和最高反向电压 U_{DRM}。

13. 如图 4.37 所示，欲得到输出直流电压 $U_O = 50 \ V$，直流电流 $I_O = 160 \ mA$ 的直流电源，若采用单相桥式整流电路，试画出电路图，计算电源变压器副边电压 U_2，并计算二极管的平均电流 I_D 和承受的最高反向电压 U_{DRM}。

14. 在如图 4.38 所示的电路中，变压器副边电压最大值 U_{2m} 大于电源电压 U_{GB}，试画出 u_O 及 i_O 的波形。

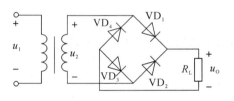
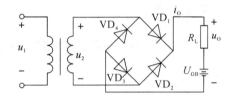

图 4.37　练习题 13 图　　　　　　　图 4.38　练习题 14 图

15. 有一单相桥式整流电路如图 4.39 所示，其负载电阻 $R_L = 180 \ \Omega$，变压器副边电压为 $U_2 = 20 \ V$，试求负载电压 U_L、负载电流 I_L 及每个二极管通过的 I_D 和 U_{DRM}。

16. 已知 $R_L = 10 \ \Omega$，现需要一直流电压 $U_L = 9 \ V$ 的电源供电，如果采用如图 4.40 所示的单相半波整流电路，试计算变压器副边电压 U_2、通过二极管的电流 I_D 和二极管承受的最高反向电压 U_{DRM}。

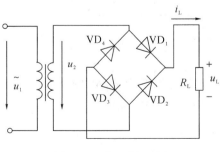
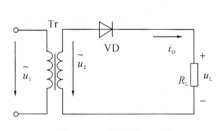

图 4.39　练习题 15 图　　　　　　　图 4.40　练习题 16 图

17. 有一单相半波整流电路如图 4.40 所示，其负载电阻 $R_L = 90 \ \Omega$，变压器副边电压为

$U_2=20$ V，试求负载电压 U_L、负载电流 I_L 及每个二极管通过的 I_D 和 U_{DRM}。

18. 已知 $R_L=45$ Ω，现需要一直流电压 $U_L=90$ V 的电源供电，如果采用如图 4.39 所示的单相桥式整流电路，试计算变压器副边电压 U_2、通过二极管的电流 I_D 和二极管承受的最高反向电压 U_{DRM}。

做 一 做

项目一 利用 Multisim 仿真整流滤波电路

一、实训目的

（1）掌握 Multisim 电子电路仿真软件的使用，并能进行电路分析和仿真。

（2）掌握组合逻辑电路的设计方法和多路选择器集成电路的使用，利用其实现逻辑电路的设计。

（3）熟悉单相半波、全波、桥式整流电路。

（4）观察、了解电容滤波作用，并了解并联稳压电路。

二、实训步骤

（1）利用 Multisim 提供的元件及仪表进行设计，得到如图 4.41 所示电路。

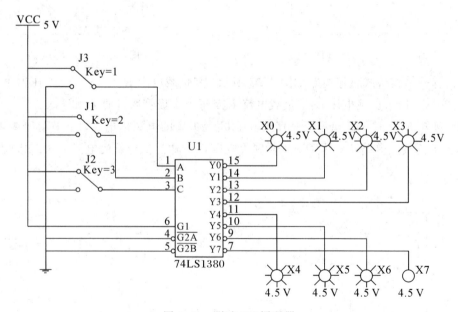

图 4.41 测试 138 译码器

（2）保存电路后，对电路进行调试和仿真：启动仿真开关，按 1、2、3 对 J3、J1、J2 进行开关调试，二进制对应的十进制指示灯会亮暗。实验结果保存为测试 138 译码器.msm。

（3）画出半波整流电路、桥式整流电路，如图 4.42 和图 4.43 所示。

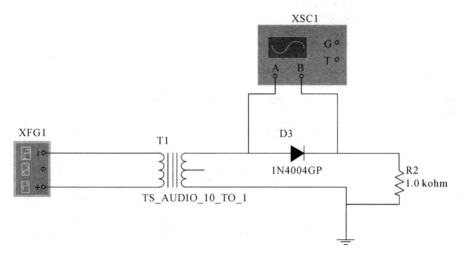

图 4.42　半波整流电路

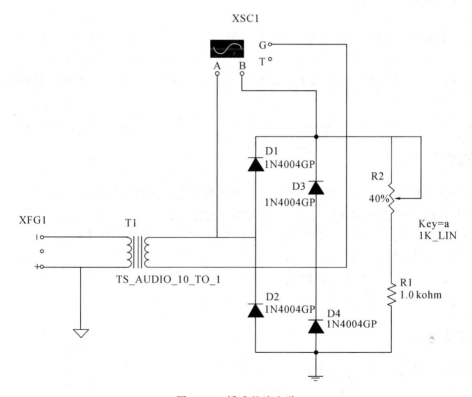

图 4.43　桥式整流电路

（4）创建电容滤波实验电路。用示波器观察输入、输出的波形，如图 4.44 所示，并测得 $U_A = 30$ V，$U_B = 30$ V。

R1 先不接，分别用不同的电容接入电路，用示波器观察波形，如图 4.44 所示，并测得 U_B；接上 R1，先用 R1＝1 kΩ 电阻，重复上述实验并记录；再将 R1 换为 150 Ω 电阻，重复上述实验。

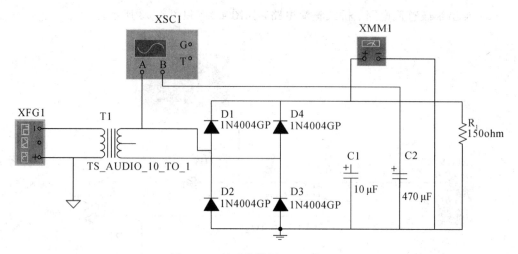

图 4.44　用示波器测 A、B 的电压

三、参数设置

（1）半波整流电路、桥式整流电路均是交流输入、直流输出，所以示波器的 A 通道选择 AC 方式输出，B 通道选择 DC 方式输出。按暂停后，对 Timebase 进行调整，以便于观察波形为好；对 A 通道幅值进行调整，选择 20 V/Div 时有利于观察；对 B 通道同理，最后选择 10 V/Div。

（2）电容有平波作用，所以示波器的 A 通道选择 AC，B 通道选择 DC 方式输出。

四、实验结果

（1）对半波整流电路（见图 4.42），截屏半波整流电路的输出波形。

（2）对桥式整流电路（见图 4.43），截屏桥式整流电路的输出波形。

（3）对电容滤波电路，针对以下连接元件的组合，截屏输出波形并分析：

① R1 不接，接 C1；R1 不接，接 C2；

② R1＝1 kΩ，接 C1；R1＝1 kΩ，接 C2；

③ R1＝150 Ω，接 C1；R1＝150 Ω，接 C2。

五、实验思考

（1）半波整流电路和全波整流电路的区别。

（2）简述 R1、C1、C2 在电路中的作用。

项目二　整流滤波电路的设计及检测

一、实训目的

（1）研究半波整流电路、全波桥式整流电路。

（2）针对电容滤波电路，观察滤波器在半波和全波整流电路中的滤波效果。

（3）观察整流滤波电路输出脉动电压的峰值。

（4）初步掌握示波器显示与测量的技能。

二、实训设备与器材

示波器、6 V 交流电源、面包板、电容（10 μF * 1，470 μF * 1）、变阻箱、二极管 4 个、导线若干。

三、实训原理

（1）利用二极管的单向导电作用，可将交流电变为直流电。常用的二极管整流电路有单相半波整流电路和桥式整流电路等。

（2）在桥式整流电路输出端与负载电阻 R_L 并联一个较大电容 C，构成电容滤波电路。整流电路接入滤波电容后，不仅使输出电压变得平滑、纹波显著减小，同时输出电压的平均值也增大了。

四、实训步骤

（1）连接好示波器，将信号输入线与 6 V 交流电源连接，校准图形基准线。

（2）如图 4.45 所示，在面包板上连接好半波整流电路，将信号连接线与电阻并联。

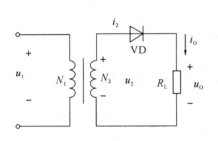
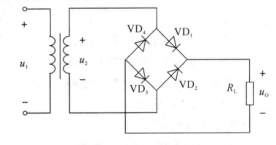

图 4.45　半波整流电路　　　　　　　图 4.46　全波整流电路

（3）如图 4.46 所示，在面包板上连接好全波整流电路，将信号输入线与电阻连接。

（4）在全波整流电路中将电阻换成 470 μF 的电容，将信号接入线与电容并联。

（5）如图 4.47 所示，选择 470 μF 的电容，连接好整流滤波电路，将信号接入线与电阻并联。

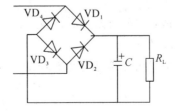

图 4.47　整流滤波电路

改变电阻大小（200 Ω、100 Ω、50 Ω、25 Ω），观察不同负载对放大倍数的影响，数据填入表 4.3 中。

表 4.3　项目二表 1

电阻	200 Ω	100 Ω	50 Ω	25 Ω
放大倍数				

（6）更换 10 μF 的电容，改变电阻大小（200 Ω、100 Ω、50 Ω、25 Ω），将观察的放大倍数填入表 4.4 中。

表 4.4　项目二表 2

电阻	200 Ω	100 Ω	50 Ω	25 Ω
放大倍数				

通过对比上述两步在相同的电阻值下，得出电容对放大结果的影响。

五、实训结论

（1）当 C 不变时，输出电压与电阻的关系。

输出电压与输入交流电压、纹波电压的关系如下：

$$U_{输} = U_m + U_{r(avg)}$$

又有

$$U_{r(avg)} = \frac{2.89 U_{输}}{CR_i}$$

所以当 C 一定时，R 越大，$U_{r(avg)}$ 就越小，$U_{输}$ 就越大。

（2）当 R 不变时，输出电压与电容的关系。

由上面的公式可知，当 R 一定时，C 越大，$U_{r(avg)}$ 就越小，$U_{输}$ 就越大。

（3）桥式整流的优越性。

① 输出电压波动小。

② 电源利用率高，每个半周期内都有电流经过。

③ 反向耐压要求是全波整流的一半。

④ 变压器副边不要中心抽头，仪器更简单。

六、思考题

（1）峰-峰值为 1 V 的正弦波，它的有效值是多少？

（2）整流、滤波的主要目的是什么？

（3）要将 220 V、50 Hz 的电网电压变成脉动较小的 6 V 直流电压，需要什么元件？

七、实训总结

（1）选择电源时应选择 6 V 电源，否则会烧坏示波器。

（2）连接电路时要连接保护电阻，防止电容或二极管烧坏。

第 5 章 数字电路基础

　　数字电子技术是一门发展迅速、应用性很强的学科,其主要任务是处理各种数字信号,广泛应用于生产、国防及日常生活等各个领域之中。与模拟电路系统相比,数字电路处理的是离散的数字信号,相对于连续的模拟信号,数字信号具有更高的精确性和可靠性。目前,数字电子系统正在取代许许多多的模拟电子系统,例如,模拟照相机、音频和视频录入设备、模拟广播电视系统、模拟通信系统等,均被数码照相机、数字监控系统、数字蜂窝移动通信系统所取代。随着电路集成技术的发展,数字电路经历了小规模(SSI,每片数十器件)、中规模(MSI,每片数百器件)、大规模(LSI,每片数千器件)和超大规模(VLSI,每片器件数目大于 1 万)的发展历程。数字系统的体积及成本迅速降低,而功能和可靠性急速提升,随着信息化、智能化时代的到来,数字电子技术成为各专业极为重要的技术基础课。

　　数字电路需要处理的各种数字信号是以 0 和 1 两个数值组成的数码形式给出的。多位数码中每一位的构成方法及从低位到高位的进位规则称为数制;不同的事物及其状态也可以通过数码进行标示,即代码。在编写代码时所遵循的规则,称为码制。因此,数制和码制是学习、分析数字电路的基础。

教学内容:

(1) 数制、码制及数制的转换。

(2) 逻辑代数基础。

(3) 逻辑代数的公式、法则及公式化简。

(4) 数字集成电路。

学习目标:

(1) 理解数字信号与模拟信号,数字电路与模拟电路的含义与区别。

(2) 了解数字电路的发展和分类。

(3) 掌握数制的含义及常用数制之间的转换。

(4) 理解常用编码,掌握数制与编码、不同码制之间的转换。

(5) 理解门电路的工作原理。

5.1 数 制 与 码 制

5.1.1 数字电路概述

1. 数字电路的发展

数字电路的发展与模拟电路一样经历了由电子管、半导体分立器件到集成电路等的几个时代，但其发展比模拟电路发展得更快。从 20 世纪 60 年代开始，数字集成器件以双极型工艺制成了小规模逻辑器件。随后发展到中规模逻辑器件；20 世纪 70 年代末，微处理器的出现，使数字集成电路的性能发生了质的飞跃。TTL 逻辑门电路问世较早，其工艺经过不断改进，至今仍为主要的基本逻辑器件之一。随着 CMOS 工艺的发展，TTL 的主导地位动摇，有被 CMOS 器件所取代的趋势。近年来，可编程逻辑器件 PLD，特别是现场可编程门阵列 FPGA 的飞速进步，使数字电子技术开创了新局面，不仅规模大，而且将硬件与软件相结合，使器件的功能更加完善，使用更灵活。

随着数字技术的迅猛发展，在半导体工艺、平版印刷、金属化和封装等技术进步的支持下，比以往更快、更复杂的数字电路正在成为现实。

2. 数字电路的特点

模拟电路传输和处理的信号是指在时间和幅值上均为连续的信号，即模拟信号；数字电路处理的信号则是在时间和幅值上均为离散的信号，即数字信号，如图 5.1 所示。

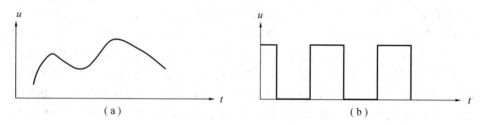

图 5.1　模拟及数字信号波形

（a）模拟信号波形；（b）数字信号波形

数字电路的工作信号是由 0 和 1 组成的二进制数字信号，在时间上和数值上是离散的（不连续），反映在电路上就是低电平和高电平两种状态（即 0 和 1 两个逻辑值），即数字电路中的各种半导体器件均工作在开关状态。与模拟电路相比，数字电路的特点表现为：

（1）高度集成。由于数字电路处理的信号采用二进制，凡是具有两个不同稳定状态的器件均可看作为数字器件，用来表示二进制的 0 和 1。例如，开关的闭合和断开，灯泡的亮与灭，二极管和三极管的饱和与截止等。因此数字电路对元件精度要求不高，只要能可靠地区分两种截然不同的工作状态即可，电路结构简单，非常有利于电路的高度集成。

（2）高抗干扰性。模拟电路传送的信号是连续的，也就是信号的质量跟波形有关，而信号在传送的过程中会受很多因素的影响，如电磁波，闪电，温度等都会使信号被严重干扰，使得我们得到的信号已经发生了改变。而数字信号不存在这个问题，只有 0/1，其具有高抗干扰能力。

（3）通用性强。采用标准的逻辑部件和可编程逻辑器件来构成各种数字电子系统，设计方便，使用灵活。

（4）便于存储。数字信号便于大量长期存储，使用方便。

（5）逻辑运算。数字电路不仅能完成数值运算，还可以进行逻辑运算和判断，在控制系统中这是不可缺少的。因此数字电路又可称作数字逻辑电路。

以上优点使得数字电路在通信、自动控制、测量仪器及计算机等各个科学领城内得到广泛的应用。

3. 数字电路的分类

1）按集成电路规模分类

数字集成电路的规模可以按照集成度分类。所谓集成度，是指单块芯片上所容纳的元件数目，集成度越高，所容纳的元件数目越多。根据集成度的不同，数字电路分为 SSI、MSI、LSI、VLSI、ULSI、GSI 等，如表 5.1 所示。

表 5.1　电路的集成度

类　　别	数字集成电路		模拟集成电路
	单极型 IC	双极型 IC	
小规模（SSI）	$<10^2$	<100	<30
中规模（MSI）	$10^2 \sim 10^3$	$100 \sim 500$	$30 \sim 100$
大规模（LSI）	$10^3 \sim 10^5$	$500 \sim 2000$	$100 \sim 300$
超大规模（VLSI）	$10^5 \sim 10^7$	>2000	>300
特大规模（ULSI）	$10^7 \sim 10^9$		
巨大规模（GSI）	$>10^9$		

2）按所用器件制作工艺分类

按所用器件制作工艺的不同，数字电路可分为双极型（TTL 型）和单极型（MOS 型）两类。

3）按照电路的结构和工作原理分类

按照电路的结构和工作原理的不同，数字电路可分为组合逻辑电路和时序逻辑电路两类。组合逻辑电路没有记忆功能，其输出信号只与当时的输入信号有关，而与电路以前的状态无关。时序逻辑电路具有记忆功能，其输出信号不仅和当时的输入信号有关，而且与电路以前的状态有关。

5.1.2　数制及其相互转换

数制也称计数制，是用一组固定的符号和统一的规则来表示数值的方法。人们通常采用的数制有十进制、二进制、八进制和十六进制。

1. 数制

1）十进制

十进制是人们最为熟悉的计数进位制，包含 0、1、2、3、4、5、6、7、8、9 这十个数字符号，逢十进一，基数是 10。十进制采用的是位置计数法，不同的位置有不同的权重，低位数和相邻高位数之间的关系是逢十进一，所以称为十进制。

例如：

$$(5555)_{10} = 5 \times 10^3 + 5 \times 10^2 + 5 \times 10^2 + 5 \times 10^1 + 5 \times 10^0$$

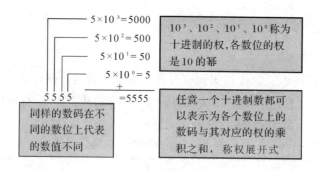

又如：

$$(209.04)_{10} = 2 \times 10^2 + 0 \times 10^1 + 9 \times 10^0 + 0 \times 10^{-1} + 4 \times 10^{-2}$$

由此可得任意一个正十进制数 D 都可以表示为

$$D = \sum_{i=-m}^{n-1} k_i 10^i \tag{5.1}$$

其中，第 i 位数码，可以是 $0 \sim 9$ 十个数码中的任何一个；10^i 为第 i 位数的权，10 为基数；n 为小数点前的位数；m 为小数点后的位数。

用 N 代替式(5.1)中的 10，就得到任意进制数展开的表达式：

$$D = \sum_{i=-m}^{n-1} k_i N^i \tag{5.2}$$

2）二进制

在数字系统中应用最广泛的是二进制，藉此可以用来表示数字电路中元器件的两种通常工作状态，即电位的高低、脉冲的有无、二极管及三极管的导通与截止等。在二进制中，每一位仅可能有 0 和 1 两个数码，基数是 2，低位数与相邻高位数的关系是逢二进一。

根据式(5.2)，任意一个二进制数均可展开为

$$D = \sum_{i=-m}^{n-1} k_i 2^i \tag{5.3}$$

其中，k_i 的取值只能有 0 和 1 两种。

例如：

$$(101.01)_2 = 1 \times 2^2 + 0 \times 2^1 + 1 \times 2^0 + 0 \times 2^{-1} + 1 \times 2^{-2} = (5.25)_{10}$$

$$(1011101)_2 = 1 \times 2^6 + 0 \times 2^5 + 1 \times 2^4 + 1 \times 2^3 + 1 \times 2^2 + 0 \times 2^1 + 1 \times 2^0 = (93)_{10}$$

二进制适用于数字电路中，但是对于数值较大的数其缺点非常明显，就是二进制数位数较多，造成读写不便。为了方便地表示一个很长的二进制数，八进制和十六进制同样广泛应用于数字电路中。

3）八进制

在八进制数中，每一位可能有 $0 \sim 7$ 八个数码，基数是 8，低位数与相邻高位数的关系是逢八进一。

根据式(5.2)，任意一个八进制数均可展开为

$$D = \sum_{i=-m}^{n-1} k_i 8^i \tag{5.4}$$

其中，k_i 的取值可能是 $0 \sim 7$ 八个数码中的任意一个。

例如：

$$(207.04)_8 = 2 \times 8^2 + 0 \times 8^1 + 7 \times 8^0 + 0 \times 8^{-1} + 4 \times 8^{-2} = (135.0625)_{10}$$

4）十六进制

在十六进制数中，每一位可能有 0～9、A、B、C、D、E、F 十六个数码，基数是 16，低位数与相邻高位数的关系是逢十六进一。

根据式(5.2)，任意一个十六进制数均可展开为

$$D = \sum_{i=-m}^{n-1} k_i 16^i \tag{5.5}$$

其中，k_i 的取值可能为 0～9、A、B、C、D、E、F 十六个数码中的任意一个。

例如：

$$(D8.A)_{16} = 13 \times 16^1 + 8 \times 16^0 + 10 \times 16^{-1} = (216.625)_{10}$$
$$(5D)_{16} = 5 \times 16^1 + 13 \times 16^0 = (93)_{10}$$

表 5.2 所示是十进制数、二进制数、八进制数和十六进制数的对照表。

表 5.2　常用数制对照表

十进制数	二进制数	八进制数	十六进制数
0	0000	0	0
1	0001	1	1
2	0010	2	2
3	0011	3	3
4	0100	4	4
5	0101	5	5
6	0110	6	6
7	0111	7	7
8	1000	10	8
9	1001	11	9
10	1010	12	A
11	1011	13	B
12	1100	14	C
13	1101	15	D
14	1110	16	E
15	1111	17	F
16	10000	20	10

2. 数制转换

前面已经介绍了二进制数、八进制数、十六进制数转换成十进制数的方法，下面分别

介绍十进制数转换成二进制数、十六进制数及二进制与八进制数、十六进制数之间的相互转换。

1）十进制数与非十进制数间的转换

（1）十进制数转换为二进制数。

十进制数整数转换为二进制数采用除基数取余数法，假设一个十进制数为 D_{10}，它所对应的二进制数可展开为

$$D_{10}=k_{n-1}2^{n-1}+\cdots+k_12^1+k_02^0=2(k_{n-1}2^{n-2}+\cdots+k_12^0)+k_0 \tag{5.6}$$

通过将式(5.6)除 2，商为 $k_{n-2}2^{n-2}+\cdots+k_12^0$，余数为 k_0。

同理，此商同样可以写成

$$\frac{D_{10}-k_0}{2}=2(k_{n-1}2^{n-2}+\cdots+k_2)+k_1$$

同样地将上式两边同时除以 2，则余数为 k_1，以此类推，可以求出对应二进制数的每一位数码。

十进制小数转换为二进制数采用基数连乘，乘基数取整法。假设一个十进制数为 D_{10}，它所对应的二进制数可展开为 $(0.k_{-1}k_{-2}\cdots k_{-m})_2$，表达式为

$$D_{10}=k_{-1}\times 2^{-1}+k_{-2}\times 2^{-2}+\cdots+k_{-m}\times 2^{-m}$$

将上式两边同乘 2，可得

$$2D_{10}=k_{-1}+k_{-2}\times 2^{-1}+\cdots+k_{-m}\times 2^{-m+1}$$

由此可得，用 2 乘 D_{10} 的整数部分为 k_{-1}，剩下的乘积部分，即小数部分可以写为

$$2D_{10}-k_{-1}=k_{-2}\times 2^{-1}+k_{-3}\times 2^{-2}+\cdots+k_{-m}\times 2^{-m+1}$$

同样的过程，将上式两边同乘 2，可得表达式：

$$2(2D_{10}-k_{-1})=k_{-2}+k_{-3}\times 2^{-1}+\cdots+k_{-m}\times 2^{-m+2}$$

得到的整数部分是 k_{-2}，由此可得二进制小数部分的每一位的数码。

例 5.1　将十进制数$(44.375)_{10}$转换为二进制数。

解　转换过程如下：

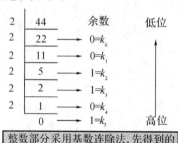 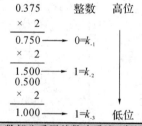

所以可得$(44.375)_{10}=(101100.011)_2$。

（2）十进制数转换为十六进制数和八进制数。

十进制数转换为十六进制数，与十进制数转换为二进制数用同样的方法，将十进制数的整数部分与小数部分分别进行转换，整数部分采用基数连除法，小数部分采用基数连乘法，只是基数变成了 16。

例 5.2　十进制数$(44.375)_{10}$转换为十六进制数。

解 转换过程如下：

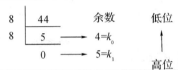

小数部分采用基数连乘法，先得到的整数为高位，后得到的整数为低位

整数部分采用基数连除法，先得到的余数为低位，后得到的余数为高位

所以可得 $(44.375)_{10}=(2C.6)_{16}$。

例 5.3 十进制数 $(44.375)_{10}$ 转换为八进制数。

解 转换过程如下：

整数部分采用基数连除法，先得到的余数为低位，后得到的余数为高位

小数部分采用基数连乘法，先得到的整数为高位，后得到的整数为低位

所以可得 $(44.375)_{10}=(54.3)_8$。

2）二进制数、八进制数和十六进制数转换为十进制数

二进制数、八进制数和十六进制数转换为十进制数的方法是相同的，在转换时按照式 (5.2) 展开，然后将各项的数值按十进制相加，就可得到对应的十进制数。

例如：

$$(101.01)_2=1\times 2^2+0\times 2^1+1\times 2^0+0\times 2^{-1}+1\times 2^{-2}=(5.25)_{10}$$
$$(207.04)_8=2\times 8^2+0\times 8^1+7\times 8^0+0\times 8^{-1}+4\times 8^{-2}=(135.0625)_{10}$$
$$(5D)_{16}=5\times 16^1+13\times 16^0=(93)_{10}$$

3）非十进制数间的转换

（1）二进制数和八进制数、十六进制数的转换。

将二进制数转换为八进制数，只需将 3 位二进制数分成一组即可，将二进制数由小数点开始，整数部分向左，小数部分向右，每 3 位分成一组，不够 3 位补零，则每组二进制数便是一位八进制数。

例 5.4 将二进制数 $(1101010.01)_2$ 转换成八进制数。

解

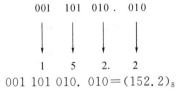

$$001\ 101\ 010.010=(152.2)_8$$

例 5.5 将二进制数 $(1101010.01)_2$ 转换成十六进制数。

解

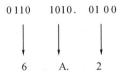

0110 1010. 0100＝(6A. 2)$_{16}$

（2）八进制数、十六进制数和二进制数的转换。

将八进制数转换为二进制，只需按原来的顺序将每一位八进制数用对应的 3 位二进制数代替即可；将十六进制数转换为二进制，只需按原来的顺序将每一位十六进制数用对应的 4 位二进制数代替即可。

例 5.6　将八进制数(374.26)$_8$转换成二进制数。

解

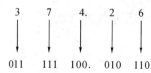

所以有(374.26)$_8$＝(11111100.01011)$_2$。

例 5.7　将十六进制数(1D4.6)$_{16}$转换成二进制数。

解

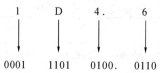

所以有(1D4.6)$_{16}$＝(111010100.011)$_2$。

5.1.3　码制

所谓码制，是指使用二进制数码表示数字或符号的编码方法。由于十进制数码无法在数字电路中运行，需要将其转换成二进制数码，用二进制数码表示十进制码的编码方法称为二—十进制码，即 BCD 码。BCD 码常用的几种编码方式如表 5.3 所示。

表 5.3　常用 BCD 码的编码方式

十进制码 BCD 码	8421	5421	2421	格雷码（无权码）	余 3 码（无权码）
0	0000	0000	0000	0011	0000
1	0001	0001	0001	0100	0001
2	0010	0010	0010	0101	0011
3	0011	0011	0011	0110	0010
4	0100	0100	0100	0111	0110
5	0101	1000	1011	1000	0111
6	0110	1001	1100	1001	0101
7	0111	1010	1101	1010	0100
8	1000	1011	1110	1011	1100
9	1001	1100	1111	1100	1000

例如：将十进制数 475 用 8421BCD 码表示为

十进制数： 4 7 5

8421BCD 码：0100 0111 0101

将十进制数转换为 BCD 码的方法就是按照顺序将每 1 位十进制数转换为 4 位二进制数码。表 5.3 中的 8421 码、5421 码、2421 码均为有权码，其构成是去掉 4 位二进制数十六个组合中的六个组合得到的，其每一位都有位权，可按权展开，其展开式计算结果为对应的十进制数码，所以称为二—十进制码，即 BCD 码。表 5.3 中的余 3 码和格雷码均为无权码，余 3 码是由 8421 码加 3(0011)得到的，不能使用权展开式来表示其转换关系；格雷码是相邻的两个数码仅仅有一位不同，其余位都相同。格雷码常用于模拟量和数字量间的转换，在模拟量发生较小改变而引起数字量变化时，格雷码仅变化 1 位，与其他码相比较可靠性高，出错可能性小，其原因在于其他码可能会引起 2 位及多位的改变。

编码方法还有奇偶校验码、汉明码等。另外还有一些专门处理数字、字母及各种符号的二进制代码，其中最常用的是美国标准信息交换码 ASCII 码，读者可根据需要自行查阅相关书籍资料。

5.2 逻辑代数基础

逻辑代数是由英国数学家 George Boole 在 19 世纪创立的，现在已成为分析和设计数字电路的基本工具，因此，数字电路也称为数字逻辑电路或逻辑电路。数字电路研究的是电路的输入输出信号之间的逻辑关系，当它们满足一定的逻辑关系时，电路才会开通。此时电路就像一个门，所以这种满足输入输出之间逻辑关系的数字电路被称为逻辑门电路。最基本的门电路有与、或、非门电路，可以由分立元件二极管、三极管组成，也可以是集成电路。

数字电路中的逻辑关系通常是以高、低电平来实现的。高电平采用 1 来表示，低电平采用 0 来表示，这种方法称之为正逻辑。反之，则称为负逻辑。本书中，如没有特殊说明，都采用正逻辑进行讨论。当 0 和 1 表示两个逻辑状态时，使用其进行某种因果关系的运算称为逻辑运算。

5.2.1 逻辑代数中的基本运算

1. 三种基本逻辑运算

逻辑代数分析和处理的是逻辑关系。逻辑关系是指某事物的原因或条件与结果之间的因果关系。逻辑代数中只有与、或、非三种基本运算。

1）与运算

与运算：只有当决定一件事件的条件全部具备时，该事件才会发生，我们把这种逻辑关系称为与逻辑，如图 5.2 所示。

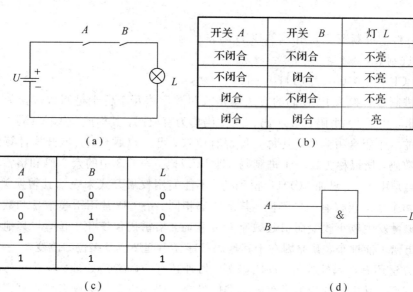

图 5.2 与逻辑运算

(a) 与逻辑示例；(b) 与逻辑功能表；(c) 与逻辑真值表；(d) 与逻辑符号

(1) 逻辑真值表：是用列表的方式描述逻辑功能的方法。图 5.2(b)、(c)所示分别为与逻辑功能表和真值表，用逻辑值 0 和 1 分别表示不同的逻辑状态，0 表示开关不闭合或灯不亮，1 表示开关闭合或灯亮。

(2) 逻辑表达式：是描述输入量与输出量之间逻辑关系的表达式，与逻辑表达式为

$$L = A \cdot B \tag{5.7}$$

推广到多变量，其表达式为

$$L = A \cdot B \cdot C \cdots$$

(3) 逻辑符号：数字电路可以用逻辑符号来连接和表示。图 5.2(d)所示为与门的逻辑符号。

(4) 与运算规则：输入有 0，输出为 0；输入全 1，输出为 1(有 0 出 0，全 1 出 1)。

图 5.3 所示为用二极管组成的与门电路，当输入 A、B 端同时为低电平时，理论上两个二极管同时导通，输出 F 为低电平；当输入 A、B 端中出现一个低电平时，其中一个二极管导通，输出 F 就会被钳制在低电平上；只有当输入 A、B 两端同时为高电平时，输出 F 才会为高电平。该电路的逻辑关系正是图 5.2(c)所列的与逻辑关系。

$$0 \cdot 0 = 0$$
$$0 \cdot 1 = 0$$
$$1 \cdot 0 = 0$$
$$1 \cdot 1 = 1$$
$$1 \cdot A = A$$
$$0 \cdot A = 0$$
$$A \cdot A = A$$

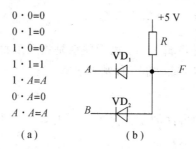

(a)　　　(b)

图 5.3 二极管与门电路

2）或运算

或运算：决定一件事件的几个条件中，只要有一个或一个以上的条件具备，该事件就会发生。这种因果关系被称为或逻辑，如图 5.4 所示。

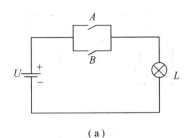

开关 A	开关 B	灯 L
不闭合	不闭合	不亮
不闭合	闭合	亮
闭合	不闭合	亮
闭合	闭合	亮

（a）

（b）

A	B	L
0	0	0
0	1	0
1	0	0
1	1	1

（c）

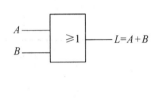

（d）

图 5.4　或逻辑运算

（a）或逻辑示例；（b）或逻辑功能表；（c）或逻辑真值表；（d）或逻辑符号

或逻辑功能表和真值表如图 5.4(b)、(c)所示，用逻辑表达式可写为

$$L = A + B \tag{5.8}$$

推广到多变量，其表达式为

$$L = A + B + C + \cdots$$

图 5.4(d)所示为或门的逻辑符号。

或运算规则：输入有 1，输出为 1；输入全 0，输出为 0(有 1 出 1，全 0 出 0)。

图 5.5 所示为用二极管组成的或门电路，当输入 A、B 端同时为高电平时，理论上两个二极管同时导通，输出 F 为高电平；当输入 A、B 端中出现一个高电平时，其中一个二极管导通，输出 F 就会被钳制在高电平上；只有当输入 A、B 两端同时为低电平时，输出 F 才会为低电平。该电路的逻辑关系正是图 5.4(c)所列的或逻辑关系。

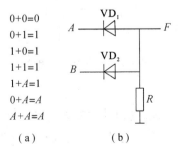

（a）　　　　（b）

图 5.5　二极管或门电路

3）非运算

非运算：某一事件发生与否，仅仅取决于一个条件的否定，即该条件具备时事件不发生，条件不具备时事件才发生，如图 5.6 所示。

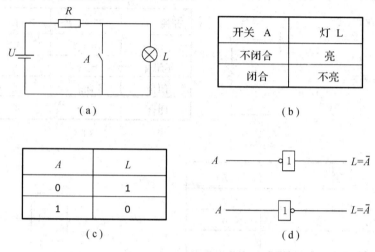

图 5.6　非逻辑运算

（a）非逻辑示例；（b）非逻辑功能表；（c）非逻辑真值表；（d）非逻辑符号

非逻辑功能表和真值表如图 5.6(b)、(c)所示，用逻辑表达式可写为

$$L=\bar{A} \tag{5.9}$$

图 5.6(d)所示为非门的逻辑符号。

或运算规则：输入为 1，输出为 0；输入为 0，输出为 1。

图 5.7 所示为三极管非门电路，其只有一个输入端，当电路设计合理时，若输入 A 为高电平，三极管饱和，使得 $U_{CE} \approx 0$，其集电极输出端电压为低电平；若输入 A 为低电平，三极管截止，输出端电压为高电平。该电路的逻辑关系正是图 5.6(c)所列的非逻辑关系。

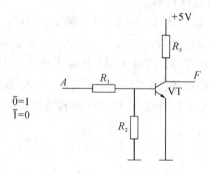

图 5.7　三极管非门电路

2. 复合逻辑运算

在数字电路中除了与、或、非这三种基本逻辑运算之外，常用到的还有由这三种基本运算组合的复合运算，如与非、或非、与或非、同或和异或等。

1）与非运算

与运算后再进行非运算，即与和非运算的复合运算称为与非运算。与非门具有两个或

两个以上的输入端和一个输出端。2 输入端与非门逻辑符号如图 5.8(a)、(b)所示。图
5.8(c)为与非门真值表，从表中可以看出，A、B 全为 1 时输出才为 0，总结为：有 0 必 1，
全 1 才 0。

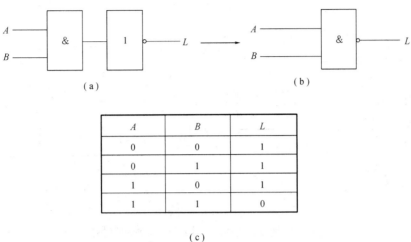

(c)

图 5.8　与非逻辑运算

(a) 与门与非门组合；(b) 与非门逻辑符号；(c) 与非门真值表

与非运算的逻辑表达式为

$$L = \overline{A \cdot B} \tag{5.10}$$

2) 或非运算

或运算后再进行非运算，即或运算和非运算组成的复合运算称为或非运算。或非门具
有两个或两个以上的输入端和一个输出端。2 输入端或非门逻辑符号如图 5.9(a)、(b)所
示。图 5.9(c)为或非门真值表，从表中可以看出 A、B 全为 1 时输出才为 0，总结为：有 1
必 0，全 0 才 1。

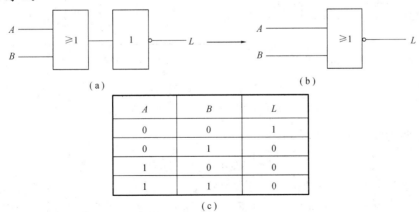

(c)

图 5.9　或非逻辑运算

(a) 或门与非门组合；(b) 或非门逻辑符号；(c) 或非门真值表

或非运算的逻辑表达式为

$$L = \overline{A + B} \tag{5.11}$$

3）与或非运算

将与门、或门按图5.10(a)连接，则构成了与或非逻辑运算，其逻辑符号如图5.10(b)所示。

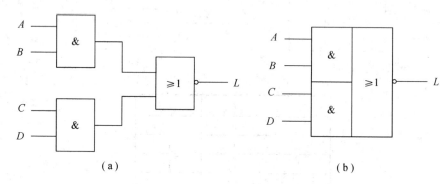

（a）   （b）

图 5.10　与或非逻辑运算

（a）先与再或非运算；（b）与或非逻辑符号

与或非运算的逻辑表达式为

$$L=\overline{AB+CD} \tag{5.12}$$

4）异或运算

当两个输入变量取值不同时，输出为1；当两个输入变量取值相同时，输出为0，这种逻辑关系称为异或，其逻辑符号和真值表如图5.11所示。

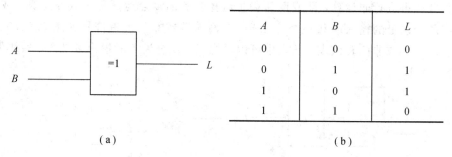

A	B	L
0	0	0
0	1	1
1	0	1
1	1	0

（a）   （b）

图 5.11　异或运算

（a）异或门逻辑符号；（b）异或门真值表

异或运算的逻辑表达式可以写为

$$L=A\overline{B}+\overline{A}B=A\oplus B \tag{5.13}$$

能够实现异或逻辑运算的逻辑电路称为异或门，在实际应用中使用最多的是2输入变量的异或门。多输入变量的异或运算都是由2输入变量的异或门导出的，其运算规律可以写为：奇数个1输入，异或运算输出1；否则输出0。

5）同或运算

异或运算后进行取非运算，则称为同或运算。2输入变量的同或运算逻辑关系是：当两个输入变量取值相同时，输出为1；当两个输入变量取值不同时，输出为0。

同或运算的逻辑表达式可以写为

$$L=\overline{A}\,\overline{B}+AB=A\odot B \tag{5.14}$$

能够实现同或逻辑运算的逻辑电路称为同或门,其逻辑符号和真值表如图 5.12 所示。由于同或运算与异或运算存在逻辑非的逻辑关系,所以有

$$\overline{A\oplus B}=A\odot B$$

$$\overline{\overline{A}B+A\overline{B}}=\overline{A}\,\overline{B}+AB$$

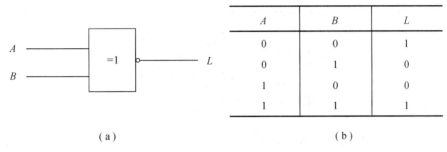

A	B	L
0	0	1
0	1	0
1	0	0
1	1	1

(a)   (b)

图 5.12 同或运算

(a) 同或门逻辑符号;(b) 同或门真值表

5.2.2 逻辑函数及其表示方法

1. 逻辑函数

在逻辑代数中,通常使用 A、B、C 等表示变量,称为逻辑变量,其取值只能有 0 和 1 两种可能,这里的 0 和 1 并不表示数值大小,而是对应两种不同的逻辑状态。例如,用 0 和 1 表示一盏灯的灭与亮、一个开关的断与开、一个事件的非与是等。

从前面讨论的各种逻辑关系可以看出,当输入变量 A、B、C 的取值确定后,输出逻辑变量 L 的值就唯一地被确定了,则 L 称为 A、B、C 的逻辑函数,写为

$$L=f(A,B,C,\cdots)$$

逻辑函数用来表示任一具体事务的因果关系,其表示方法有:真值表、逻辑函数表达式、逻辑图和卡诺图。

2. 真值表

真值表也叫逻辑状态表,是用输入、输出变量的逻辑状态("1"或"0")以表格形式来表示逻辑函数的。输入变量有各种组合:两变量有四种;三变量有八种;四变量有十六种。如果有 n 个输入变量,则有 2^n 种组合。将全部的输入变量组合及其对应的逻辑函数值一起列出来,就可以得到逻辑函数的真值表。

例如,一个控制楼梯照明灯的电路如图 5.13(a)所示,分别在楼上和楼下有两个开关 A、B,使得照明灯在楼上和楼下都可以单独控制开关灯。设灯为 L,L 为 1 表示灯亮,为 0 表示等灭;对于开关 A、B,1 表示开关上拨,0 表示下拨。该控制楼梯照明电路的逻辑函数可以用真值表来表示,见图 5.13(b)。

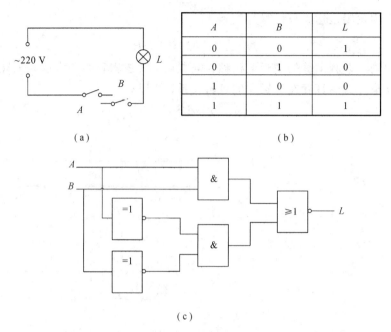

图 5.13 楼梯照明灯

(a)电路；(b)真值表；(c)逻辑图

通常情况下，输入变量的取值按二进制数递增的顺序排列，这样既不会遗漏也不会重复。

3. 逻辑表达式

按照对应的逻辑关系，由逻辑变量和与、或、非三种运算符连接起来所构成的式子，称为逻辑表达式。在逻辑表达式中，等式右边的字母 A、B、C、D 等称为输入逻辑变量，等式左边的字母 Y 称为输出逻辑变量，字母上面没有非运算符的叫做原变量，有非运算符的叫做反变量。

由图 5.13(b)的真值表可以看出，输入变量的不同组合对应输出变量的唯一状态，如将对应每一个输出变量为 1 的输入变量组合，将输入变量取值为 1 的用原变量表示，输入变量为 0 的用反变量表示，则可以写成一个乘积项，再将这些乘积项相加可得一个逻辑函数表达式。根据图 5.13(b)的真值表，可以将图 5.13(a)所示的楼梯控制照明电路中表示灯亮的逻辑函数表达式写为

$$L = \overline{A}\,\overline{B} + AB$$

4. 逻辑图

用对应的逻辑符号将逻辑关系表示出来，就可以画出逻辑图。如图 5.13(a)所示电路，依其表示灯亮的逻辑表达式，可以画出如图 5.13(c)所示的逻辑图。

5.3　逻辑代数的公式和规则

前面已经介绍了逻辑代数的基础，即与、或、非三种基本运算及其规则，下面介绍逻辑

代数的公式和规则。

5.3.1　逻辑代数的基本定律

逻辑代数的基本定律如表 5.4 所示。

表 5.4　逻辑代数的基本定律

定律名称	逻辑与	逻辑或
0-1律	$A \cdot 1 = A$ $A \cdot 0 = 0$	$A + 0 = A$ $A + 1 = 1$
交换律	$A \cdot B = B \cdot A$	$A + B = B + A$
结合律	$A \cdot (B \cdot C) = (A \cdot B) \cdot C$	$A + (B + C) = (A + B) + C$
分配律	$A \cdot (B + C) = A \cdot B + A \cdot C$	$A + (B \cdot C) = (A + B) \cdot (A + C)$
互补律	$A \cdot \overline{A} = 0$	$A + \overline{A} = 1$
重叠律	$A \cdot A = A$	$A + A = A$
还原律	$\overline{\overline{A}} = A$	
反演率(摩根定律)	$\overline{AB} = \overline{A} + \overline{B}$	$\overline{A+B} = \overline{A} \cdot \overline{B}$
吸收率	$A + AB = A \quad A(A+B) = A$ $A(\overline{A}+B) = AB$	$A + \overline{A}B = A + B$ $(A+B)(A+C) = A + BC$
包含率	$AB + \overline{A}C + BC = AB + \overline{A}C$ $AB + \overline{A}C + BCD = AB + \overline{A}C$	

例 5.8　证明摩根定律(反演率)$\overline{AB} = \overline{A} + \overline{B}$。

证明　列真值表:

A	B	$\overline{AB}$	$\overline{A} + \overline{B}$
0	0	1	1
0	1	0	0
1	0	0	0
1	1	0	0

5.3.2　逻辑代数的三个重要准则

1. 代入规则

在任何一个逻辑等式中,如果将等式两边的某一变量 A 都用一个逻辑函数 F 代替,则等式仍然成立。这个规则称为代入规则。

例如，在 $B(A+C)=BA+BC$ 中，将所有出现 A 的地方都代以函数 $A+D$，则等式仍然成立，即得

$$左边：B[(A+D)+C]=BA+BD+BC$$
$$右边：B(A+D)+BC=BA+BD+BC$$
$$左=右$$

2. 反演准则

设 F 是一个逻辑函数表达式，如果将 F 中所有"·"变为"+"，所有"+"变为"·"；所有 0 变为 1，1 变为 0；所有原变量变为反变量，反变量变为原变量，则所得到的新的逻辑函数的表达式为 $\overline{F}$。这就是反演准则。

例 5.9 已知 $F=\overline{A}C+B\overline{D}$，求 $\overline{F}$。

解 $$\overline{F}=(A+\overline{C})\cdot(\overline{B}+D)$$

3. 对偶准则

设 F 是一个逻辑函数表达式，如果将 F 中所有"·"变为"+"，所有"+"变为"·"；所有 0 变为 1，1 变为 0，则所得到的新的逻辑函数的表达式就是 F 的对偶式，记作 F'。所谓对偶准则，是指当某个逻辑恒等式成立时，其对偶式也成立。即如果 $Y=F$，则 $Y'=F'$。

例 5.10 求 $Y=A+BC$ 的对偶式 Y'。

解 $$Y'=A\cdot B+C$$

5.4 逻辑函数的化简

根据逻辑定律和规则，一个逻辑函数可以有多种表达式。

例如：

$$Y=AC+\overline{A}D \quad\cdots\cdots\text{与-或表达式}$$
$$=\overline{\overline{AC}\cdot\overline{\overline{A}D}} \quad\cdots\cdots\text{与非-与非表达式（摩根定律）}$$
$$=\overline{A\overline{C}+\overline{A}D} \quad\cdots\cdots\text{或非表达式（利用反演规则）}$$
$$=(\overline{A}+C)(A+D) \quad\cdots\cdots\text{或与表达式（将与或非式用摩根定律）}$$
$$=\overline{(\overline{A}+C)+(\overline{A+D})} \quad\cdots\cdots\text{或非或非表达式（将或与用摩根定律）}$$

由逻辑状态表写出的逻辑表达式以及由此而画出的逻辑图，往往比较复杂。如果经过化简，就可以少用元件，可靠性也会提高。

5.4.1 用逻辑代数运算法则化简

1. 逻辑函数的化简方法

1）并项法

并项法即应用 $A+\overline{A}=1$，将两项合并为一项，并消去一个或两个变量。

例 5.11 化简逻辑函数 $Y=ABC+\overline{ABC}$。

解 $$Y=ABC+\overline{ABC}$$

2）配项法

配项法即应用 $B=B(A+\overline{A})$，将 $A+\overline{A}$ 与乘积项相乘，而后展开，合并化简。

例 5.12　化简逻辑函数 $Y=A\overline{B}+\overline{A}C+\overline{B}C$。

解
$$Y=A\overline{B}+\overline{A}\,\overline{C}+\overline{B}\,\overline{C}$$
$$=A\overline{B}+\overline{A}\,\overline{C}+\overline{B}\,\overline{C}(A+\overline{A})$$
$$=A\overline{B}+\overline{A}\,\overline{C}+A\overline{B}\,\overline{C}+\overline{A}\,\overline{B}\,\overline{C}$$
$$=A\overline{B}(1+\overline{C})+\overline{A}\,\overline{C}(1+\overline{B})$$
$$=A\overline{B}+\overline{A}\,\overline{C}$$

3）加项法

加项法即应用 $A+A=A$，在逻辑式中加相同的项，而后合并化简。

例 5.13　化简逻辑函数 $Y=ABC+AB\overline{C}+A\overline{B}C+\overline{A}BC$。

解
$$Y=ABC+AB\overline{C}+A\overline{B}C+\overline{A}BC$$
$$=(ABC+AB\overline{C})+(ABC+A\overline{B}C)+(ABC+\overline{A}BC)$$
$$=AB+AC+BC$$

4）吸收法

吸收法即应用 $A+AB=A$，消去多余因子。

例 5.14　化简逻辑函数 $Y=\overline{A}B+\overline{A}BC(D+E)$。

解
$$Y=\overline{A}B+\overline{A}BC(D+E)=\overline{A}B[1+C(D+E)]=\overline{A}B$$

2. 化简举例

实际利用公式化简逻辑函数时，往往需要综合运用上述几种化简方法才能得到最简与或表达式。

例 5.15　化简逻辑函数 $Y=A+ABC+A\overline{B}\,\overline{C}+BC+\overline{B}C$。

解
$$Y=A+ABC+A\overline{B}\,\overline{C}+BC+\overline{B}C \qquad 提取公有变量$$
$$=A(1+BC+\overline{B}\,\overline{C})+C(B+\overline{B}) \qquad 利用公式\ 1+A=1,\ A+\overline{A}=1$$
$$=A+C$$

例 5.16　化简逻辑函数 $Y=\overline{(\overline{A}+\overline{B}+\overline{C})(\overline{D}+\overline{E})}\cdot(\overline{A}+\overline{B}+\overline{C}+DE)$。

解
$$Y=\overline{(\overline{A}+\overline{B}+\overline{C})(\overline{D}+\overline{E})}\cdot(\overline{A}+\overline{B}+\overline{C}+DE)$$
$$=\overline{\overline{ABC}\cdot\overline{DE}}\cdot(\overline{ABC}+DE) \qquad 利用摩根定律变换$$
$$=(ABC+DE)\cdot(\overline{ABC}+DE) \qquad 利用分配律$$
$$=ABCDE+\overline{ABC}DE+DE \qquad 提取公有变量$$
$$=DE(ABC+\overline{ABC}+1) \qquad 利用\ 1+A=1$$
$$=DE$$

5.4.2　用卡诺图法化简

1. 最小项

包含全部逻辑变量，并且逻辑变量以原变量或反变量的形式仅出现一次的乘积项叫最小项，设三逻辑变量为 A、B、C，可以构成多个乘积项，即最小项，如 $\overline{A}\,\overline{B}\,\overline{C}$、$\overline{A}\,\overline{B}C$、

$\overline{A}B\overline{C}$、$\overline{A}BC$、$A\overline{B}\overline{C}$、$A\overline{B}C$、$AB\overline{C}$、$ABC$ 这 8 个最小项。其余，例如 AB、$AB+\overline{C}$ 都不是最小项。显然，n 个变量，有 2^n 个最小项。

为了书写方便，利用 m_i 对最小项进行编号，以三逻辑变量 A、B、C 为例，其 8 个最小项的编号可写为

$$\begin{cases} \overline{A}\,\overline{B}\,\overline{C}=000, & A\,\overline{B}\,\overline{C}=100 \\ \overline{A}\,\overline{B}C=001, & A\,\overline{B}C=101 \\ \overline{A}B\,\overline{C}=010, & AB\,\overline{C}=110 \\ \overline{A}BC=011, & ABC=111 \end{cases} \tag{5.15}$$

乘积项中原变量记为 1，反变量记为 0，例如 $A\overline{B}C$ 记为 101，对于二进制编码为 101，十进制编码为 5，即 m_5。式(5.15)对应为

$$\begin{cases} m_0=\overline{A}\,\overline{B}\,\overline{C}, & m_1=\overline{A}\,\overline{B}C, & m_2=\overline{A}B\,\overline{C}, & m_3=\overline{A}BC \\ m_4=A\,\overline{B}\,\overline{C}, & m_5=A\,\overline{B}C, & m_6=AB\,\overline{C}, & m_7=ABC \end{cases}$$

2. 逻辑函数的最小项表达式

逻辑函数有多种表达式，当被写成最小项之和时，这种表达式就被称为逻辑函数的最小项表达式。

例如逻辑函数 $F(A,B,C)=AB+A\overline{C}$，利用逻辑函数的基本公式，可转化为表达式

$$F(A,B,C)=AB+A\overline{C}=AB(C+\overline{C})+A\overline{C}(B+\overline{B})=ABC+AB\overline{C}+A\overline{B}\,\overline{C}$$

这个表达式中有三个最小项，这个由最小项之和组成的表达式就是逻辑函数 $F(A,B,C)$ 的最小项表达式。利用上面所讲述的最小项编号，此表达式也可以写成

$$F(A,B,C)=m_4+m_6+m_7$$

为了简便书写，表达式可写成

$$F(A,B,C)=\sum m(4,6,7)$$

任何逻辑函数都可以写成最小项表达式，并且其最小项表达式的形式都是唯一的。

将逻辑函数写成最小项的方法除了上述的公式法外，还可以利用真值表的方法，如函数 $F(A,B,C)=AB+A\overline{C}$，其真值表如表 5.5 所示。

表 5.5 真 值 表

A	B	C	$F(A,B,C)=AB+A\overline{C}$
0	0	0	0
0	0	1	0
0	1	0	0
0	1	1	0
1	0	0	1
1	0	1	0
1	1	0	1
1	1	1	1

从真值表中找出所有 F 为 1 的行，每一行相应的变量组合为最小项表达式中的一项。逻辑函数 $F(A,B,C)=AB+A\overline{C}$有 3 项为 1，其对应的变量组合为 ABC、$AB\overline{C}$、$A\overline{B}\,\overline{C}$，所以其最小项表达式为

$$F(A,B,C)=ABC+AB\overline{C}+A\overline{B}\,\overline{C}=m_4+m_6+m_7=\sum m(4,6,7)$$

例 5.17　将逻辑函数 $Y=\overline{A}+BC$ 用最小项表达式表示出来。

解

$$\begin{aligned}Y&=\overline{A}+BC\\&=\overline{A}(B+\overline{B})(C+\overline{C})+(A+\overline{A})BC\\&=\overline{A}BC+\overline{A}B\overline{C}+\overline{A}\,\overline{B}C+\overline{A}\,\overline{B}\,\overline{C}+ABC+\overline{A}BC\\&=\overline{A}\,\overline{B}\,\overline{C}+\overline{A}\,\overline{B}C+\overline{A}B\overline{C}+\overline{A}BC+ABC\\&=m_0+m_1+m_2+m_3+m_7\\&=\sum m(0,1,2,3,7)\end{aligned}$$

3. 卡诺图

卡诺图，就是与变量的最小项对应的、按一定规则排列的方格图，每一小方格填入一个最小项。n 个变量有 2^n 种组合，最小项就有 2^n 个，卡诺图也相应有 2^n 个小方格。图 5.14、图 5.15 分别是两变量和三变量卡诺图。在卡诺图的行和列分别标出变量及其状态。变量状态的次序是 00、01、11、10，而不是二进制递增的次序 00、01、10、11。这样排列是为了使任意两个相邻最小项之间只有一个变量改变。小方格也可用二进制数对应于十进制数编号，如图 5.16 中的四变量卡诺图，也就是变量的最小项可用 m_0，m_1，m_2，…来编号。卡诺图的特点是任意两个相邻的最小项在图中也是相邻的(相邻项是指两个最小项只有一个因子互为反变量，其余因子均相同，又称为逻辑相邻项)。

F A \\ B	0	1
0	m_0	m_1
1	m_2	m_3

图 5.14　两变量逻辑函数的卡诺图

F A \\ BC	00	01	11	10
0	m_0	m_1	m_3	m_2
1	m_4	m_5	m_7	m_6

图 5.15　三变量逻辑函数的卡诺图

F AB \\ CD	00	01	11	10
00	m_0	m_1	m_3	m_2
01	m_4	m_5	m_7	m_6
11	m_{12}	m_{13}	m_{15}	m_{14}
10	m_8	m_9	m_{11}	m_{10}

图 5.16　四变量逻辑函数的卡诺图

最小项就是乘积项中包含所有输入变量的原变量或反变量，并且每个变量仅仅出现一次。应用卡诺图化简逻辑函数时，先将逻辑式中的最小项(或逻辑状态表中取值为“1”的最小项)分别用“1”填入对应的小方格内。

4. 用卡诺图化简逻辑函数

1) 用卡诺图化简逻辑函数

填 $F=1$ 项时，既可直接填入，又可按 $m_0 \sim m_{15}$ 编号填入。填完后即可应用卡诺图对逻辑函数进行化简。

应用卡诺图化简逻辑函数时的几点规定：

（1）将取值为"1"的相邻小方格圈成矩形或方形，相邻小方格包括最上行与最下行及最左列与最右列同行或同行两端的两个小方格。所圈取值为"1"的相邻小方格的个数应为 2^n（$n=0,1,2,3,\cdots$），即 1，2，4，8，$\cdots$，不允许 3，6，10，12 等。

（2）圈的个数应最少，圈内小方格个数应尽可能多。每圈一个新的圈时，必须包含至少一个在已圈过的圈中未出现过的最小项，否则得不到最简式。每一个取值为"1"的小方格可被圈多次，但不能遗漏。

（3）相邻的两项可合并为一项，并消去一个因子；相邻的四项可合并为一项，并消去两个因子；依此类推，相邻的 2^n 项可合并为一项，并消去 n 个因子。将合并的结果相加，即为所求的最简"与或"式。最小圈可只有一个小方格，不能化简。

例 5.18 化简逻辑函数 $F(A, B, C, D) = \sum m(2, 4, 8, 9, 10, 12, 14)$。

解 将逻辑函数化成最简与式并转换成最简与非式。卡诺图如图 5.17 所示。

$$F = A\overline{D} + B\overline{C}\,\overline{D} + A\overline{B}\,\overline{C} + \overline{B}C\overline{D}$$

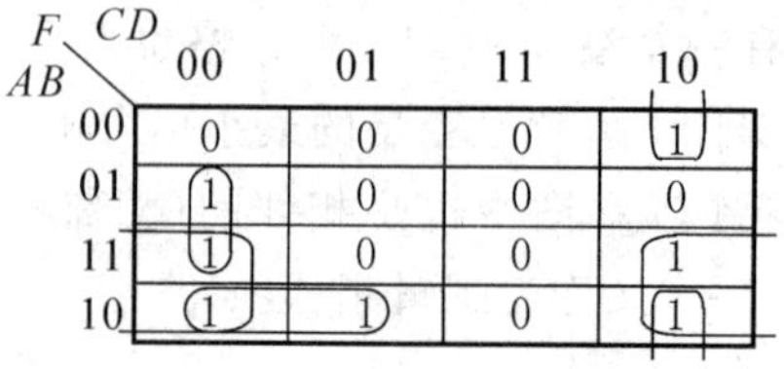

图 5.17　例 5.18 卡诺图

例 5.19 化简逻辑函数 $F(A,B,C,D) = \sum m(1,2,4,6,9)$。

解 首先画出卡诺图，如图 5.18 所示。其次对相邻项进行合并。从卡诺图中可以看出 1 和 9 相邻，合并结果为 $\overline{B}\,\overline{C}D$；4 和 6 相邻，合并结果为 $\overline{A}B\overline{D}$；2 和 6 相邻，合并结果为 $\overline{A}C\overline{D}$。

$$F(A,B,C,D) = \overline{B}\,\overline{C}D + \overline{A}C\overline{D} + \overline{A}B\overline{D}$$

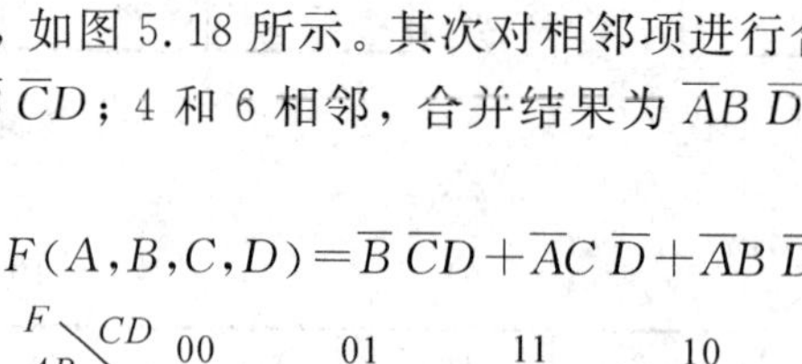

图 5.18　例 5.19 卡诺图

其中，6 被用了两次，但是第二次使用时包含了一个新的最小项 2 或 4。

例 5.20 化简逻辑函数 $F(A,B,C,D) = \sum m(0,1,3,8,9,11,13,14)$。

解 首先画出卡诺图，如图 5.19 所示。其次对相邻项进行合并。从卡诺图中可以看出，0、1、8、9 相邻，合并结果为 $\overline{B}\,\overline{C}$；1、3、9、11 相邻，合并结果为 $\overline{B}D$；13 和 9 相邻，合并结果为 $A\overline{C}D$；14 没有相邻项，直接写出最小项为 $ABC\overline{D}$。

$$F(A,B,C,D)=\overline{B}\,\overline{C}+\overline{B}D+A\overline{C}D+ABC\overline{D}$$

图 5.19　例 5.20 卡诺图

其中 1 被用了两次，但是第二次使用时包含了一个新的最小项 0 或 3；9 被用了三次，但是第二次使用时包含了一个新的最小项 8 或 11，第三次使用时包含了新的最小项 13。

例 5.21　化简逻辑函数 $F(A,B,C,D)=A\overline{C}\,\overline{D}+A\overline{B}CD+\overline{B}CD+A\overline{B}CD+A\overline{B}C$。

解　首先写出最小项表达式：

$$
\begin{aligned}
F(A,B,C,D)&=A\overline{C}\,\overline{D}+A\overline{B}CD+\overline{B}CD+A\overline{B}CD+A\overline{B}C\\
&=A\overline{C}\,\overline{D}(B+\overline{B})+A\overline{B}CD+(A+\overline{A})\overline{B}CD+A\overline{B}CD+A\overline{B}C(D+\overline{D})\\
&=AB\overline{C}\,\overline{D}+A\overline{B}\,\overline{C}\,\overline{D}+A\overline{B}CD+\overline{A}\,\overline{B}CD+A\overline{B}C\overline{D}\\
&=\sum m(3,8,10,11,12)
\end{aligned}
$$

其次画出卡诺图，如图 5.20 所示。再对相邻项进行合并。从卡诺图中可以看出 8 和 12 相邻，合并结果为 $A\overline{C}\,\overline{D}$；8 和 10 相邻，合并结果为 $A\overline{B}\,\overline{D}$；3 和 11 相邻，合并结果为 $\overline{B}CD$。

$$F(A,B,C,D)=A\overline{C}\,\overline{D}+A\overline{B}\,\overline{D}+\overline{B}CD$$

图 5.20　例 5.21 卡诺图

其中 8 被用了两次，但是第二次使用时包含了一个新的最小项 10 或 12。

例 5.22　化简逻辑函数 $F(A,B,C,D)=\sum m(0,1,2,5,8,10,15)$。

解　首先画出卡诺图，如图 5.21 所示。其次对相邻项进行合并。从卡诺图中可以看出 0、2、8、10 相邻，合并结果为 $\overline{B}\,\overline{D}$；1、5 相邻，合并结果为 $\overline{A}\,\overline{C}D$；15 没有相邻项，直接写出最小项为 $ABCD$。

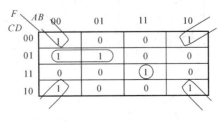

图 5.21　例 5.22 卡诺图

$$F(A,B,C,D)=\overline{B}\,\overline{D}+\overline{A}\,\overline{C}D+ABCD$$

其中 0、2、8、10 为逻辑相邻，位于对称的四个角即几何也相邻。

2）含有无关项的逻辑函数的卡诺图化简法

在实际问题中，逻辑函数的输入变量取值不是任意的，例如用三个输入变量 A、B、C 分别表示一台电动机的正转、反转、停止，用 $A=1$ 表示电动机正转，$B=1$ 表示电动机反转，$C=1$ 表示电动机停止。在实际应用中，电动机只能执行其中的一个命令，不可能允许两个以上的变量同时为 1。所以 ABC 的取值只能为 001、010、100 当中的一种，不可能是 000、011、101、110、111 当中的任何一种。通常可以用约束条件描述约束的内容，如上述实例，其约束条件可以表示为

$$\overline{A}\,\overline{B}\,\overline{C}=0$$
$$\overline{A}BC=0$$
$$A\,\overline{B}C=0$$
$$AB\,\overline{C}=0$$
$$ABC=0$$

或写作

$$\overline{A}\,\overline{B}\,\overline{C}+\overline{A}BC+A\,\overline{B}C+AB\,\overline{C}+ABC=0$$

把这些恒等于零的最小项称为约束项。

任意项是指逻辑函数在输入变量的某些取值组合时其输出值不确定，可能为 1，也可能为 0，但对电路的功能没有影响，若用最小项表示这些组合取值，那么这些最小项被称为任意项。

通常来说，任意项与约束项又统称为无关项，在卡诺图中用×表示，化简逻辑函数时既可以认为它是 1，也可以认为它是 0。因此，在化简具有无关项的逻辑函数时，无关项的方格内写为 0 还是写为 1 来处理，其前提是有利于逻辑函数的化简及得到最简结果。为了达到这个目的，应使加入的无关项能与逻辑函数表达式中尽可能多的最小项具有逻辑相邻性，同时使最小项合并圈的数目最少，同时合并圈中包含相邻最小项的数目最多。

例 5.23 化简逻辑函数 $F(A,B,C,D)=\sum m(0,2,5,9,15)+\sum d(6,7,8,10,12,13)$。

解 这是一个具有无关项的逻辑函数表达式，其中 $\sum d(6,7,8,10,12,13)$ 表示所包含的无关项，在卡诺图中用×表示，那么该逻辑函数的卡诺图如图 5.22 所示。

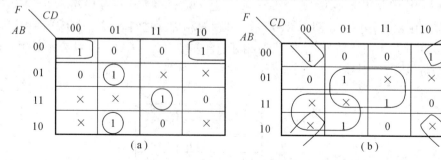

图 5.22 例 5.23 卡诺图

（a）不考虑无关项的卡诺图；（b）考虑无关项的卡诺图

如果不考虑无关项，将它们看作 0 处理，所得化简结果为

$$F(A,B,C,D)=\overline{A}\,\overline{B}\,\overline{D}+\overline{A}B\,\overline{C}D+ABCD+A\overline{B}\,\overline{C}D$$

如果使用这些无关项，将它们看作 1 处理，如 m_7、m_8、m_{10}、m_{12}、m_{13}，并与逻辑相邻的 1 格构成足够大的合并圈，而不利于化简的无关项如 m_6，作为 0 来处理，如图 5.21(b) 所示，可得化简结果为

$$F(A,B,C,D)=\overline{B}\,\overline{D}+BD+A\overline{C}$$

由此可见，无关项的应用应以有利于化简为前提。

5.5 数字集成电路

5.5.1 二极管、晶体管的开关特性

与模拟电路不同，在数字电路中，二极管、晶体管和 MOS 管通常是工作在饱和区和截止区，相当于开关的"接通"和"断开"。

1. 二极管的开关特性

前面已经学了二极管的伏安特性曲线，如图 5.23 所示。当输入电压 $u_1 \geqslant 0.7$ V 时，二极管导通；当输入电压 $u_1 < 0.5$ V 时，二极管截止。

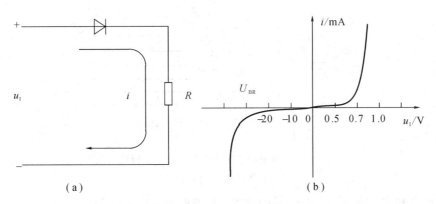

图 5.23 硅二极管伏安特性曲线

(a) 电路；(b) 伏安特性曲线

当二极管导通时，通常有两种等效模型，如图 5.24 所示，其中(a)图为理想模型：U_D 上的压降忽略不计，即导通时 $U_D=0$ V，如同开关闭合。

近似模型：U_D 保持在 0.7 V 不变，即导通时 $U_D=0.7$ V，如同被钳位在 0.7 V，如图 5.24(b)所示。

$$u_1=U_I$$

$$i=\frac{U_I-U_D}{R} \tag{5.16}$$

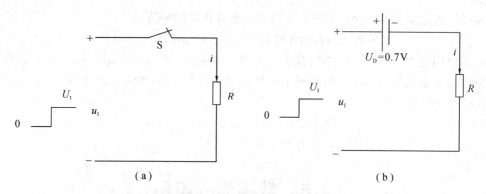

图 5.24　二极管的等效模型

（a）理想模型；（b）恒压降模型

2. 晶体管的开关特性

1）晶体管的工作状态

晶体管具有饱和、放大和截止三种工作状态，模电中主要使用的是晶体管的放大状态，数字电路中则主要使用的是晶体管的截止和饱和状态，其作用相当于开关的"断开"和"闭合"。下面以共射极 NPN 型晶体管为例进行介绍，其晶体管电路和输出特性曲线如图 5.25 所示。

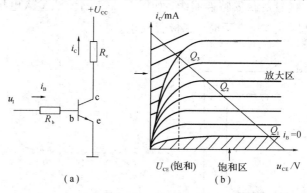

图 5.25　共射极 NPN 型硅晶体管输出特性曲线

（a）电路；（b）输出特性

（1）饱和状态。随着输入电压 u_1 的增加，基极电流 i_B 增加，静态工作点上移，当工作点上移到 Q_3 时，i_C 将不再有明显变化，此时晶体管集射极的电压为饱和压降，硅管的饱和压降大约为 0.3 V，输出电压 $u_O = u_{CE} = U_{CES} \approx 0.3$ V。晶体管的这种工作状态称为饱和状态，其等效电路如图 5.26（a）所示，若忽略基射极间压降和集射极间压降，理想的等效电路如图 5.26（b）所示。

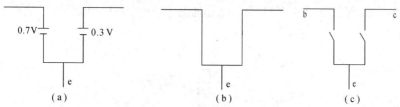

图 5.26　共射极 NPN 型硅晶体管输出特性曲线

（a）饱和时近似等效电路；（b）饱和时理想等效电路；（c）截止时的等效电路

（2）放大状态。当输入电压 $u_I < 0.7$ V 时，晶体管的 u_{BE} 小于开启电压，$i_B = 0$，b、e 间截止。对于输出状态曲线，可得此时晶体管工作在 Q_1 或 Q_1 点以下位置，$i_C = 0$，c、e 间截止。晶体管的 b、e 间和 c、e 间都相当于一个断开的开关，晶体管的这种工作状态为截止状态，其等效电路如图 5.26(c) 所示，此时输出电压 $u_O = u_{CE} = U_{CC} - i_C R_C \approx U_{CC}$。

（3）放大状态。当输入电压 $u_I > 0.7$ V 时，晶体管的 u_{BE} 大于开启电压，b、e 间导通，u_{BE} 被钳位于 0.7 V，i_C 与 i_B 存在 $i_C = \beta i_B$ 的关系，其中 β 是晶体管的电流放大系数。$u_O = u_{CE} = U_{CC} - i_C R_C$。如果 i_C 与 i_B 相应增加，输出 u_O 与 u_{CE} 相应减小，那么晶体管的这种工作状态被称为放大状态，此时晶体管工作在 Q_2 点附近，同时位于 Q_1 和 Q_3 之间。

2）晶体管的动态特性

晶体管的动态过程如图 5.27 所示。与二极管的开关过程相似，晶体管从饱和到截止和从截止到饱和都是需要时间的。晶体管从截止到饱和所需要的时间称为开通时间，用 t_{on} 表示；晶体管从饱和到截止所需要的时间称为关断时间，用 t_{off} 表示。当输入电压 u_I 由 $-U_2$ 跳变到 U_1 时，晶体管不能立即导通，而是要先经过 t_d 时间，集电极电流 i_C 上升至最大值 I_{Cmax} 的 0.1 倍，再经过 t_r 时间，集电极电流 i_C 上升至最大值 I_{Cmax} 的 0.9 倍之后，才接近最大值，晶体管进入饱和状态。因此开通时间 $t_{on} = t_d + t_r$。其中，t_d 称为延迟时间，t_r 称为上升时间。当输入电压 u_I 由 U_1 跳变到 $-U_2$ 时，晶体管不能立即截止，而是要先经过 t_s 时间，集电极电流 i_C 下降至 $0.9I_{Cmax}$，再经过 t_f 时间，集电极电流 i_C 下降至 $0.1 I_{Cmax}$ 之后，才接近于 0，晶体管进入截止状态。因此关断时间 $t_{off} = t_s + t_f$。其中，t_s 称为存储时间，t_f 称为下降时间。

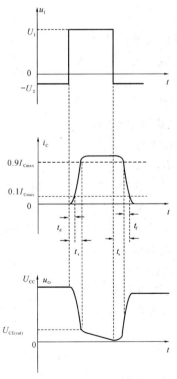

图 5.27 晶体管的动态特性

晶体管的开通时间 t_{on} 和关断时间 t_{off} 一般在纳秒(ns)数量级。通常 $t_{off} > t_{on}$，$t_s > t_f$，因

此 t_s 的大小是影响晶体管速度的最主要因素。

5.5.2 集成门电路

前面介绍了用分立元件构成的逻辑门电路，如果把这些电路中的全部元件和连线封装在一个壳体中，就构成了一个集成门电路芯片，一般称之为集成电路（lntegrated Circuit）。在数字电路应用中多采用集成电路。集成电路有许多显著的优点，如体积小、耗电少、重量轻、可靠性高等。在一块芯片上含有门电路数目的多少称为集成度，集成电路依据集成度可分为小规模集成电路（SSI）、中规模集成电路（MSI）、大规模集成电路（LSI）和超大规模集成电路（VLSI）。大体上可划分如下：

（1）小规模数字集成电路（SSI）——100 个门以下，包括门电路、触发器等。

（2）中规模数字集成电路（MSI）——100～1000 个门，包括计数器、寄存器、译码器、比较器等。

（3）大规模数字集成电路（LSI）——1000～10 000 个门，包括各类专用的存储器，各类 SIC 芯片等。

（4）超大规模数字集成电路（VLSI）——10 000 个门以上，包括各类 CPU 等。

目前构成集成电路的半导体器件按材料不同可分为双极型器件和单极型器件两大类。

1. TTL 门电路

TTL 集成电路是在结构上采用半导体晶体管器件，是双极型集成电路的典型代表。

1）TTL 与非门

图 5.28 是一个小规模 TTL 与非门集成电路原理图。该电路由三部分组成。第一部分是由多发射极晶体管 VT_1 构成的输入与逻辑，第二部分是 VT_2 构成的反相放大器，第三部分是由 VT_3、VT_4、VT_5 组成的推拉式输出电路，用以提高输出的负载能力和抗干扰能力。

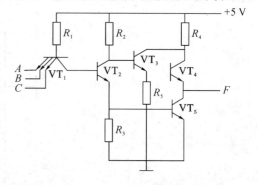

图 5.28　TTL 与非门集成电路原理图

工作原理如下：只要输入有一个为低电平（0 V），VT_1 就饱和导通，VT_2、VT_5 截止，VT_3、VT_4 导通，输出高电平（+5 V）。如果输入全为高电平（+5 V），由于是复合管，具有很大的电流驱动能力，VT_1 倒置，使 VT_1 的集电极变为发射极，发射极变为集电极，VT_2、VT_5 导通，VT_3、VT_4 截止，输出低电平（0 V）。

可见，这是一个与非门。同样地，也可用类似的结构构成 TTL 与门、或门、或非门、异或门、与或非门等。

2）集电极开路 OC 门

对图 5.28 所示的 TTL 与非门电路，如果将其 VT_3 和 VT_4 省去，并将其输出管 VT_5 的集电极开路，就变成了集电极开路门，也称 OC 门，如图 5.29

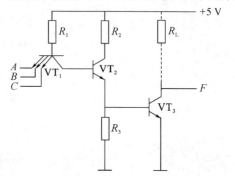

图 5.29　集电极开路 OC 门原理图

所示。OC 门在使用时需外接负载电阻 R_L，使开路的集电极与 +5 V 电源接通，它的功能与图 5.28 所示的 TTL 与非门电路是一样的，都可完成与非运算。用同样的方法，可以做成集电极开路与门、或门、或非门等各种 OC 门。OC 门的符号是在普通门的符号上加◇或打斜杠。例如图 5.30 所示是集电极开路与非的符号。OC 门与普通 TTL 门的不同之处是，多个 OC 门的输出可以直接接在一起。如图 5.31 所示，当两个 OC 门的输出都是高电平时，总输出为高电平；只要有一个 OC 门的输出是低电平，总输出就为低电平。这体现了与逻辑关系，因此称为线与，即用线连接成与，其输入输出逻辑关系可写为

$$F=\overline{AB}\cdot\overline{CD}=\overline{AB+CD} \tag{5.17}$$

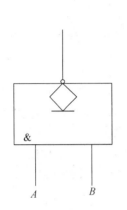

图 5.30　集电极开路与非门符号图

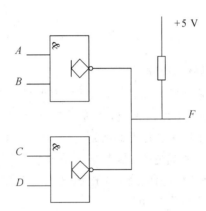

图 5.31　OC 门的线与图

3）三态门

三态门与普通门电路不同。普通门电路的输出只有两种状态：高电平或低电平，即 1、0。三态门输出有三种状态：高电平、低电平、高阻态。其中高阻态也称悬浮态，以图 5.28 所示的 TTL 与非门为例，如果设法使 VT_3、VT_4、VT_5 都截止，输出端就会呈现出极大的电阻，称这种状态为高阻态。高阻态时，输出端就像一根悬空的导线，其电压值可浮动在 $0\sim5$ V 的任意值上。

三态门除了具有一般门电路的输入输出端外，还具有一个控制端及相应的控制电路，通过控制端逻辑电平的变化实现三态门的控制。与 OC 门一样，有各种具有不同逻辑功能的三态门，如三态与门、三态非门等。图 5.32(a)和(b)分别是高、低电平控制的三态门逻辑符号，其真值表见表 5.6 和表 5.7。

表 5.6　高电平控制的三态非门真值表

E	A	F
0	0	高阻
0	1	高阻
1	0	1
1	1	0

表 5.7　低电平控制的三态非门真值表

E	A	F
1	0	高阻
1	1	高阻
0	0	1
0	1	0

可见，当控制端 $E=1$ 时，该电路与普通非门一样工作；当 $E=0$ 时，输出处于高阻态。还有一种三态非门，其控制端 $E=0$ 时，该电路与普通非门一样工作；当 $E=1$ 时，输出处于高阻态，其逻辑符号分别如图 5.32(a) 和 (b) 所示。

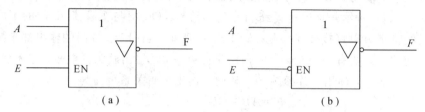

图 5.32　三态非门符号

（a）高电平控制的三态非门符号；（b）低电平控制的三态非门符号

2. MOS 门电路

绝缘栅型场效应晶体管简称 MOS 管。按其沟道中载流子的性质可分为 N 沟道 MOS 管和 P 沟道 MOS 管两类，简称 NMOS 管和 PMOS 管。此外还有将 NMOS 管和 PMOS 管同时制造在一块晶片上的所谓互补器件，称为 CMOS 电路。

CMOS 集成电路，因其具有功耗低、输入阻抗高、声容限高、工作温度范围宽、电源电压范围宽和输出幅度接近于电源电压等优点，得到飞速发展，从普通的 CMOS 发展到高速 CMOS 和超高速 CMOS。

如果让 MOS 管只工作在截止区和饱和区，那么就可以将 MOS 管作为开关器件使用。以 MOS 管作为开关器件的电路均称为 MOS 门电路。采用 MOS 器件也可以制造出各种各样的集成逻辑门电路，如与门、或门、与非门、或非门、三态门等。就逻辑功能而言，它们与 TTLI 电路并无区别，符号表示也相同。下面不再举例说明。

3. 常用集成电路芯片

现在我们已经知道了集成电路按照其使用的结构可分为 TTL 集成电路和 CMOS 集成电路等。常用的集成电路系列如下：

（1）TTL 集成电路系列有：74、74H、74S、74AS、74LS、74ALS、74FAST 等，其中 74LS00 四—二输入与非门集成芯片内部电路结构和封装示意图如图 5.33 所示。

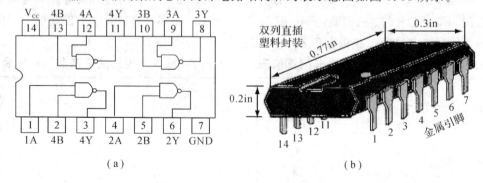

图 5.33　74LS00 四—二输入与非门

（a）芯片内部电路结构；（b）封装示意图

（2）CMOS 集成电路系列有：标准 CMOS、4000B 系列、4500B 系列、高速 CMOS、

40H 系列。新型高速型 CMOS 有：74HC 系列（与 74LS 系列功能引脚兼容）、74HC4000 系列、74HC4500 系列、74HCT 系列（输入输出与 TTL 电平兼容）。超高速 CMOS 有：74AC系列、74ACT 系列。

上述系列的通用集成电路一般都包括了数字电路的基本部件：各类门电路、各类触发器以及其他数字部件，如运算器、计数器、寄存器等。它们都可以作为一个部件选用，或扩展为其他数字部件。

1）常用 TTL 集成电路

TTL 数字集成电路族中，54/74 族已是标准化、商品化、使用最广泛的系列产品。其中54 族为军品（工作温度 $-55 \sim 125℃$），74 族为民品（工作温度 $0 \sim 70℃$），由美国 Texas 仪器公司最早开发，现已形成系列。

74 族产品还在不断向着两个方向发展，其一是沿着 $74 \to 74H \to 74S \to 74AS \to \cdots$ 路线向高速发展，其二是沿着 $74 \to 74LS \to 74ALS \to \cdots$ 路线向低功耗发展。

国际上 54/74 族集成电路命名的规则，按以下四部分规定：① 厂家器件型号前缀；② 54/74 系列号；③ 系列规格；④ 集成电路功能编号。其中，"厂家器件型号前缀"由厂家给定，如：SN 表示美国 Texas 器件型号前缀；HD 表示日本 HJTACHI 器件型号前缀。"54/74 系列号"用 54 或 74 表示。"系列规格"用 H、S、LS、AS、ALS、F 中的一个表示，如果不选，表示 74 系列。"集成电路功能编号"从 00 开始。

一般根据②～④，即可知集成电路的类型。例如，74IS00、74ALS00、74AS00 等，它们的逻辑功能均相同，都是四—二输入端与非门，但在电路的速度及功耗上存在明显差别。这一点在使用时要特别注意。国产 TTL 系列数字集成电路为 CT 系列。

2）常用 CMOS 集成电路

CMOS 数字集成电路由于其内在的品质，诸如输入阻抗高、功耗低、抗干扰能力强、集成度高等优点，而得到广泛的应用，并已形成系列和国际标准。下面对其做简要介绍。

在 CMOS 集成电路系列中，比较典型的产品有美国 RCA 公司开发的 4000 系列和Motorola 公司开发的 4500 系列。在 4000/4500 系列中，分 A、B 两类。其中 B 类已形成了市场的主流。4000/4500 系列集成电路的命名规则由以下四部分组成：① 厂家器件型号前缀；② 系列号；③ 集成电路功能编号；④ 类号。其中，"厂家器件型号前缀"由厂家给定，如 MC 表示美国 Motorola 公司器件型号前缀；CD 表示美国 RCA 公司器件型号前缀。"系列号"用 40 或 50 表示，只有美国 Motorola 公司的产品用 140 或 145 表示。"集成电路功能编号"从 00 开始。"类号"为 A 或 B。

一般根据②～④，即可知集成电路的类型。国产 CMOS 系列数字集成电路为 CC 系列，与国际 CMOS 系列集成电路 CD 系列相对应。

4. 集成电路的主要参数

集成电路可以实现各种逻辑功能，为使用者提供了方便。虽然用户不必了解集成电路内部的具体构造情况，只需按逻辑功能选用所需要的集成电路即可，但是为了正确有效地使用集成电路，必须了解各类集成电路的主要参数、特性以及有关使用问题。

1）工作电压

各类数字集成电路要正常工作，除需提供数字信号外，还必须提供工作电压，否则数字集成电路不能工作。各类数字集成电路的电源电压均有一定的工作范围，不允许超出其范围，否则会影响集成电路的正常工作或损坏集成电路。TTL 系列数字集成电路的工作电压范围为 4.75～5.25 V；4000/4500 CMOS 系列数字集成电路的工作电压范围为 3～18 V，74HC 与 CMOS 系列数字集成电路的工作电压范围为 2～6 V。工作电压的正负极不能接反，使用时一定要注意。

2）输入/输出高/低电平

在实际电路中，高/低电平的大小是允许在一定范围内变化的。输入/输出高/低电平范围由 $U_{IH(min)}$、$U_{IL(max)}$、$U_{OH(min)}$、$U_{OL(max)}$ 参数决定。$U_{IH(min)}$ 是输入高电平下限，$U_{IL(max)}$ 是输入低电平上限；$U_{OH(min)}$ 是输出高电平下限，$U_{OL(max)}$ 是输出低电平上限。

3）输入电流

输入电流的大小可以用 $I_{IL(max)}$、$I_{IH(max)}$ 两个参数表示。如 $I_{IH(max)}$ 表示输入高电平时，输入端电流的最大值；$I_{IL(max)}$ 表示输入低电平时，输入端电流的最大值。习惯上规定流入门电路的电流方向为正，流出门电路的电流方向为负。

4）输出电流

输出电流的大小可以用 $I_{OL(max)}$、$I_{OH(max)}$ 两个参数表达。$I_{OH(max)}$ 表示输出高电平时，输出端电流的最大值；$I_{OL(max)}$ 表示输出低电平时，输出端电流的最大值。输出电流方向的规定与输入电流相同。当输出高电平时，电流从集成电路输出端流向负载，也可以认为是负载从输出端拉走电流，故高电平输出电流也称为拉电流。当输出低电平时，电流从负载流向集成电路输出端，也可以认为是负载向输出端灌入电流，故低电平输出电流也称为灌电流。

5）动态特性

对于任意的数字集成电路，从信号输入到信号输出之间总有一定的延迟时间，这是由器件的物理特性决定的。以与非门为例，它的输入信号与输出信号时间上的关系如图 5.34 所示。其中，t_{dr} 为前沿延迟时间，t_{df} 为后沿延迟时间，平均延迟时间一般取二者的平均值：

$$t_{pd} = \frac{t_{dr} + t_{df}}{2} \tag{5.18}$$

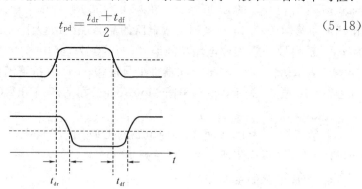

图 5.34　集成电路信号的延迟

对一般集成电路，其延迟时间用平均延迟时间衡量，单位为 ns。它反映了集成电路的工作速度。对于由多块集成电路串联组成的系统，系统输入到输出的总延迟是各个集成电路延迟之和。对于具有时钟控制的数字集成电路，还有最高工作频率 f_{cp} 这一指标，当电路输入时钟频率超过该指标时，数字集成电路将不能工作。

6）驱动能力

在图 5.33 中，集成电路 A 为集成电路 B 的驱动部件，B 为 A 的负载部件。当 A 输出高电平时，设 A 输出高电平为 U_{OHA}，输出电流为 I_{OHA}；B 输入高电平为 U_{IHB}，输入电流为 I_{IHB}，电流由 A 流向 B，即 A 向 B 提供拉电流。要使 A 驱动 B，必须满足：

$$U_{OHA} \geqslant U_{IHB}, \ |I_{OHA}| \geqslant |I_{IHB}|$$

当 A 输出低电平时，设 A 输出低电平为 U_{OLA}，输出电流为 I_{OLA}，B 输入低电平为 U_{ILB}，输入电流为 I_{ILB}，电流由 B 流向 A，即 B 向 A 灌入电流。要使 A 驱动 B，必须满足：

$$U_{OLA} \leqslant U_{ILB} \ |I_{OLA}| \geqslant |I_{ILB}|$$

由上面的讨论可知，输出电流反映了集成电路某输出端的电流驱动能力，输入电流反映了集成电路某输入端的电流负载能力。I_{OH} 和 I_{OL} 越大，驱动能力（带负载能力）越强；I_{IH} 和 I_{IL} 越小，负载能力越强。

当 A 驱动 n 个 B 时，除电压条件不变外，电流应满足：

$$|I_{OHA}| \geqslant n \, |I_{IHB}|, \ |I_{OLA}| \geqslant n \, |I_{ILB}|$$

为考虑问题方便，定义

$$N_{OL} = \frac{|I_{OLA(max)}|}{|I_{ILB(max)}|} \tag{5.19}$$

其中，N_{OL} 为输出低电平时的扇出系数。它反映了集成电路的驱动能力。

例如：已知 74LS 系列 $I_{OL(max)} = 8 \text{ mA}$，$I_{IL(max)} = -0.4 \text{ mA}$，所以 74LS 系列驱动 74LS 系列的扇出系数是

$$N_{OL} = \frac{|I_{OLA(max)}|}{|I_{ILB(max)}|} = \frac{|8|}{|-0.4|} = 20 \text{ 个}$$

7）抗干扰能力

定义

$$U_{NH} = U_{OHA(min)} - U_{IHB(min)}$$

可见，U_{NH} 越大，表示抗干扰能力越强，其反映了高电平的噪声容限。同理，可以定义低电平的噪声容限为

$$U_{NL} = U_{ILB(max)} - U_{OLA(max)}$$

U_{NL} 越大，表示低电平抗干扰的能力越强。

5. 集成电路使用中应该注意的问题

集成电路使用时除了必须注意额定的工作电压，注意保证其工作参数（输入输出电压、输入输出电流、工作频率、延迟时间等）在规定的范围内外，还应注意以下一些问题。

1）TTL 集成电路使用中需注意的问题

（1）TTL 输出端。TTL 电路（OC 门和三态门除外）的输出端不允许并联使用，也不允许直接与 +5 V 电源或地线相连，否则，将会使电路的逻辑混乱并损坏器件。

（2）TTL 输入端。TTL 电路输入端外接电阻要慎重，对外接电阻的阻值有特别要求，若不符合要求则会影响电路的正常工作。

（3）多余输入端的处理。或门、或非门等 TTL 电路的多余输入端不能悬空，只能接地。与门、与非门等 TTL 电路的多余输入端可以做如下处理：

① 悬空。相当于接高电平，但因悬空时对地呈现的阻抗很高，因而容易受到外界干扰。

② 与其他输入端并联使用。这样可以增加电路的可靠性，但与其他输入端并联时，对信号的驱动电流要求增加了。

③ 直接或通过电阻($100\ \Omega \sim 10\ k\Omega$)与电源 U_{CC} 相接以获得高电平输入；直接接地以获得低电平输入。这样不仅不会造成对前级门电路的负载能力的影响，而且还可以抑制来自电源的干扰。

(4) 电源滤波。TTL 器件的高速切换，将产生电流跳变，其幅度为 $4 \sim 5\ mA$。该电流在公共走线上的压降会引起噪声干扰，因此要尽量缩短地线减少干扰。一般可在电源输入端并接 1 个 $100\ \mu F$ 的电容作为低频滤波，在每块集成电路电源的输入端接一个 $0.01 \sim 0.1\ \mu F$ 的电容作为高频滤波。

(5) 严禁带电操作。应在电路切断电源的时候，插拔和焊接集成电路块，否则容易引起集成电路块的损坏。

2) CMOS 集成电路使用中还应注意的问题

(1) 防静电。存放、运输、高温老化过程中，器件应藏于接触良好的金属屏蔽盒内或用金属铝箔纸包装，防止外来感应电动势将栅极击穿。

(2) 焊接。焊接时不能使用 25 W 以上的电烙铁，且电烙铁外壳必须接地良好。通常采用 20 W 内热式电烙铁，不要使用焊油膏，最好用带松香的焊锡丝，焊接时间不宜过长，焊锡量不可过多。

(3) 输入输出端。CMOS 电路不用的输入端，不允许悬空，必须按逻辑要求接 U_{DD} 或 U_{SS}，否则不仅会造成逻辑混乱，而且容易损坏器件。这与 TTL 电路是有区别的。

输出端不允许直接与 U_{DD} 或 U_{SS} 连接，否则将导致器件损坏。

(4) 电源。U_{DD} 接电源正极，U_{SS} 接电源负极(通常接地)，不允许反接，在装接电路、插拔器件时，必须切断电源，严禁带电操作。

(5) 输入信号。器件的输入信号 U_I 不允许超出电源电压范围($U_{DD} \sim U_{SS}$)，或者说输入端的电流不得超过 $\pm 10\ mA$。若不能保证这一点，必须在输入端串联限流电阻，使之起保护作用。CMOS 电路的电源电压应先接通，然后再输入信号，否则会破坏输入端的结构。关断电源电压之前，应先去掉输入信号，若信号源与电路板使用两组电源供电，开机时应先接通电路板电源，再接通信号源，关机时先断开信号源后再断开电路电源。

(6) 接地。所有测试仪器，外壳必须良好接地。若信号源需要换挡，最好先将其输出幅度减到最小。寻找故障时，若需将 CMOS 电路的输入端与前级输出端脱开，也应用 $50 \sim 100\ k\Omega$ 的电阻将输入端与地或电源相连。

总之，对各类集成电路的操作要按有关规范进行，要认真仔细，并要保护好集成电路。

3) 器件的非在线检测

集成电路器件的非在线检测是指器件安装在印制电路板之前的检测，其目的是为了检验该集成电路是否工作正常。检测的手段可以多种多样，可以用专用的测试仪，甚至直接通过万用表测试集成电路引脚的正反向内阻。下面介绍几种常用的检测数字集成电路的方法。

(1) 利用 PLD 通用编程器。一般 PLD 通用编程器都附带有检测 74TTL、4000 系列、

74HC 系列数字集成电路的功能，所以可以利用该功能对有关的数字集成电路进行测试。

（2）利用万用表测试集成电路各引脚正反向内阻。先选择一块好的集成电路，测试它的各个引脚的内部正反向电阻，然后将所测得的结果列成表格，供测试其他同类型的集成电路参照。如果数值完全符合，则说明该集成电路是完好的；否则，说明是有问题的。

（3）通过搭建简易电路进行非在线检测。可以搭建专用的测试电路对特定的数字集成电路进行专门的非在线功能测试。

4）数字集成电路的查找方法

在设计数字电路的时候需要了解有关器件的技术参数；在分析数字电路的时候需要了解有关器件的功能；在维修数字电路的时候需要寻找有关的替换器件……所以我们必须具备查阅器件手册、器件说明书的能力。随着 Internet 的普及，我们也应逐步学会在网上获取器件的有关信息。

熟练查阅器件手册，并经常阅读一些新的器件及其应用的书报杂志，不断了解这些器件所具备的新功能和新特点，往往可以给我们不少启迪，并将这些新知识用于实际电路中，解决一些过去无法解决的问题，促使我们的业务水平更上新台阶。下面就介绍一些数字集成电路的查找方法。

（1）使用 D. A. T. A. DIGEST。数字电路中的器件变化万千，新的器件层出不穷，因而器件的淘汰率很高，全世界生产的器件种类很多，那么哪一种器件手册是最新、最全的呢？这就是要介绍的 D. A. T. A. DIGEST 。D. A. T. A. DIGEST 由美国 D. A. T. A. 公司以英文出版，专门收集和提供世界各地供应的各类电子器件的功能特性、电气特性和物理特性等数据资料，电路图和外形图等图纸以及生产厂商等的有关资料，每年以期刊形式出版各个分册，分册品种逐年增加。整套 D. A. T. A. DIGEST 具有资料累积性，一般不必作回溯性检索，原则上应使用最新的版本。

（2）使用一些权威电子器件手册。除了上面讲的 D. A. T. A. DIGEST 外，国内还有两套很有权威的电子器件手册：一套是国防工业出版社出版的《中国集成电路大全》，另一套是电子工业出版社出版的《电子工作手册系列》。这两套手册都包含数本分册，给出了集成电路的功能、引脚定义以及电气参数等。

（3）经常阅读一些电子技术期刊、报纸。有很多电子技术期刊及报纸可供大家阅读，诸如《无线电》、《电子世界》、《现代通信》等杂志，《电子报》等报刊。它们也可以成为你查阅电子器件、开拓思路的信息库。

（4）通过互联网网站查找。例如，通过全球电子产品说明集成网站 www. alldatasheet 查找，只要输入需要的芯片型号就可以非常方便地查找到其说明书，并可以免费下载。

（5）通过产品公司的网址下载。例如，国巨公司的阻容、HITTITE 公司、AVAGO 公司、MURATA 公司、TDK 公司、TEXAS 公司、AD 公司等自身网址都提供芯片说明书和芯片选型指导。

6. 数字集成电路的调试

在电路安装接线完成后，还需通过测试调整才能使电路达到要求。通过对电路的调试，不但可验证所学的理论知识，使理论和实践结合，而且还可以培养实践动手能力，提高技能训练的效果。

1) 调试前的直观检查和准备

(1) 电路元器件的检查。在电路完成安装接线后，对设计电路所用元器件应进行以下检查：集成电路的安装位置与安装接线图上的位置是否一致、型号是否正确、集成电路插的方向是否正确；二极管、晶体管、电解电容等分立元器件的极性是否接反；电路中所使用电阻的阻值是否符合设计要求。只有当元器件的位置、参数正确无误后，方可进行下一步工作。

对于数字集成电路还应检查不允许悬空的输入端。TTL 和 CMOS 数字集成电路不使用的输入端和控制端都应根据要求接入电路，不允许悬空。

(2) 连线的检查。完成元器件的检查后，便可检查电源线、地线、信号线以及元器件引脚之间有无短路，连接处有无接触不良。特别是电源线和地线之间不能有短路，否则将会烧坏电源。检查电源是否短路，可借助于万用表电阻挡测量电源线和地线之间的电阻值。如电阻值为零或很小，说明电源连线存在短路情况，则应从最后一部分电路断开电源线，逐级向前检查。先找出短路点在哪一部分电路，再找出电源短路处，然后加以排除。

调试前，还需认真检查电路的接线是否正确，以避免接错线、少接线和多接线。多接线一般是因为接线时看错引脚，或在改接线时忘记去掉原来的接线而造成的。这种情况在实验中经常发生，而查线工作又很繁琐，调试中则往往会给人造成错觉，以为问题是元器件故障造成的。如把输出电平一高一低的两个 TTL 门的输出端无意中连在一起而引起输出电平下降时，则很容易错误地认为是元器件损坏了。为了避免作出错误诊断，通常采用两种方法查线：一种是按照设计电路的接线图逐一对照检查安装的线路，这种方比较容易查出接错的线和少接的线；另一种是按照实际安装的线路对照电路原理图进行查线，把每个元件引脚连线的去向一次查清，这种方法不但可查出接错的线和少接的线，而且还可很容易地查出多接的线。不论用哪一种方法查线，一定要在电路图上把已查过的接线做上标记，以免一些接线漏查。查线时，最好用万用表的"Ω×1"挡或用数字万用表蜂鸣器挡来测量。

2) 调试前的准备

调试包括测试和调整两部分。测试是在完成安装接线后，对电路的参数及工作状态进行测量。调整是在测试的基础上进行参数调整，使之能满足设计要求。

为了使调试能顺利进行，在调试前应准备好完整的电路原理逻辑图和元件安装接线图，并标上各点参考电压值和相应的电压波形图。此外，还应制订较完整的调试方案，这包括应测量的主要参数、所选用的测量仪表、拟定的调试步骤、预期的测量结果、调试中可能出现的问题及其解决办法等内容。

如调试电路中包括模拟电路、数字电路和其他传感器电路时，一般不允许直接联调，而应将各部分按各自的指标分别进行调试，再经信号及电平转换电路实现整机联调。在调试过程中应采取边测量、边分析、边解决问题、边记录的科学方法。

注意：在对电路进行测试时，应先接通电源，后接入测试信号；电路测试结束后，先撤去测试信号，后关断电路的电源。如需要更换电子元器件时，应先关掉电路电源，而后再进行操作。

3) 调试步骤

电子电路的调试步骤主要包括分块调试（如运算放大器、单元门电路、触发器、基本数字部件、控制电路等的调试)和整机联调两部分。

(1) 通电观察。接通电源后，不要急于测量数据和观察结果。首先应观察有无异常现象，这包括有无冒烟和异常气味以及元器件是否发烫、电源输出有无短路等。如出现异常现象，则应立即切断电源，待故障排除后方可重新接通电源，进行电路调试。

(2) 分块调试。电子电路按作用、功能分成若干个模块，并对这些模块按设计指标及功能进行调试。只有每个模块都达到设计要求后，才能进行整机联调。分块调试的一般步骤如下：

① 静态测试：用万用表测量各集成芯片电源引脚与地线引脚间的电压。如电压没有加上，则说明集成芯片电源引脚或地线引脚与连线接触不良或接线有错，应及时排除。不加输入信号，测试调整模拟电路的静态工作点。对数字电路，则加入固定电平，再根据器件的逻辑功能测试电路各点电位，以判断电路的工作是否正常。这样，可发现电路存在的问题和找出损坏的元器件。静态测量时，应选用高内阻(2×10^4 Ω/V)万用表或数字万表进行测量。对于 A/D 转换器和运算放大器，则需用内阻更高的仪表(如数字电压表)进行测量。

在数字电路中，逻辑值 0 和 1 不是一个固定不变的值，而是有一定的数值变化范围。电源电压为 5 V 时，各种类型电路输入和输出电压的参考值见表 5.8。

表 5.8 数字集成电路的逻辑电平标准

参数名称 \ 电路类型	HTTL	STTL	LSTTL	CMOS 4000	HCMOS
电源电压/ V	5	5	5	5	5
U_{OH}/V	≥2.4	≥2.7	≥2.7	≥4.5	≥4.5
U_{OL}/V	≤0.4	≤0.5	≤0.5	≤0.5	≤0.5
U_{IH}/V	≥2	≥2	≥2	≥3.6	≥3.6
U_{IL}/V	≤0.8	≤0.8	≤0.8	≤1.5	≤0.9

对于运算放大器，在输入信号为零时，调整调零电位器，使输出为零，这时完成了运算放大器的调零工作。如调零不起作用时，可能是外电路没有接好，也可能是运算放大器损坏。

② 动态测试：电路的输入端输入一定频率和幅度的脉冲信号，用示波器观察电路的输入波形、输出波形和逻辑状态，检查功能模块的各个被测参数是否满足设计要求。在测试信号产生电路时，一般只观察动态波形是否符合要求。最后，还需将功能模块的静态和动态测试的结果与设计指标进行比较、分析，对电路提出合理的修改意。

③ 整机联调：在完成了各个模块的调试后，可进行整机联调。联调一般按信号流向进行，并逐级扩大联调范围。整机联调需要利用系统的时序信号和必要的仪表逐级进行调试，检查电路各个关键点的逻辑功能、参数和电压波形，分析并排除故障。在控制器(控制电路)的作用下，为使整机各单元电路能正常工作，首先应保证控制器及各子系统间的时序逻辑关系正常，其次解决好各子系统输入和输出信号的相互配合。整机联调一般只观察结果，将测得的参数与设计指标逐一对比，找出问题，然后进行电路参数的修改，直到完全符合

要求为止。

注意：在使用电子测试仪表或其他设备时，应先熟悉它们的功能和正确的操作方法，并检查电源线和三芯插头是否完好，以保证人身安全。技能训练结束后，应切断电源，以防发生意外事故。

4）调试注意事项

（1）熟悉仪器的使用。调试前，先要熟悉仪器的使用方法，并仔细加以检查，以避免由于仪器使用不当或出现故障而作出错误判断。

（2）将仪器和被测电路的地线连在一起。测量仪器的地线和被测电路的地线应连在一起，只有在仪器和被测量电路之间建立一个公共参考点，测量的结果才是正确的。

（3）关断电源更换元器件。调试过程中，发现元器件或接线有问题而需更换或修改时，应先关断电源，待更换完毕并检查无误后，才可重新通电。

（4）做好调试过程的记录。调试过程中，不但要认真观察和测量，还要善于记录，包括记录观察的现象、测量的数据、电压波形及相位关系。必要时要在记录中附加说明，尤其是那些和设计不符的现象更要重点记录。只有根据记录的数据，才能把实际观察到的现象和理论预计的结果加以定量比较，从中发现电路设计和安装上的问题，加以改进，以进一步完善设计方案。通过收集第一手材料，可以帮助自己不断积累丰富的知识和宝贵的经验（切不可低估这种作用）。

（5）用科学的态度进行电路调试。安装和调试自始至终要有严谨的科学作风，不能存在侥幸心理。出现故障时，要认真查找产生故障的原因，仔细作出判断，切不可一遇故障解决不了就拆线路重新安装。因为重新安装的线路仍然会存在各种问题，况且原理上的问题不是重新安装就能解决的。

a. 数字电路调试前应做哪些直观检查？

b. 简述数字电路的调试步骤。

c. 数字电路在调试时应注意哪些问题？

本 章 小 结

二进制是数字电路中最常用的计数体制，0和1还可用来表示电平的高与低、开关的闭合与断开、事件的是与非等。二进制还可进行许多形式的编码。

基本的逻辑关系有与、或、非三种，与其对应的逻辑运算是逻辑乘、逻辑加和逻辑非。任何复杂的逻辑关系都由基本的逻辑关系组合而成。

逻辑代数是分析和设计逻辑电路的工具，逻辑代数中的基本定律及基本公式是逻辑代数运算的基础，熟练掌握这些定律及公式可提高运算速度。

逻辑函数可用真值表、逻辑函数表达式和卡诺图表示，它们之间可以随意互换。

逻辑函数的化简法有卡诺图法及公式法两种。由于公式化简法无固定的规律可循，因此必须在实际练习中逐渐掌握应用各种公式进行化简的方法及技巧。

卡诺图化简法有固定的规律和步骤，而且直观、简单。只要按已给步骤进行，即可较快地寻找到化简的规律。卡诺图化简法对5变量以下的逻辑函数的化简非常方便。

在 TTL 逻辑门电路中,为了实现线与的逻辑功能,可以采用集电极开路门和三态门来实现。在双极型逻辑门电路中,不论哪一种逻辑门电路,其中的关键器件是二极管和晶体管。利用二极管和晶体管可构成简单的与门、或门、非门电路。TTL 与非门电路当前应用较广泛,特点是输出阻抗低,带负载能力强,开关速度快。

知 识 拓 展

常用集成电路封装类型介绍

1. DIP 双列直插式封装

DIP(DualIn-line Package)是指采用双列直插形式封装的集成电路芯片,如图 5.35 所示。绝大多数中小规模集成电路(IC)均采用这种封装形式,其引脚数一般不超过 100 个(见图 5.36)。采用 DIP 封装的 CPU 芯片有两排引脚,需要插入到具有 DIP 结构的芯片插座上。当然,也可以直接插在有相同焊孔数和几何排列的电路板上进行焊接。DIP 封装的芯片在从芯片插座上插拔时应特别小心,以免损坏引脚。

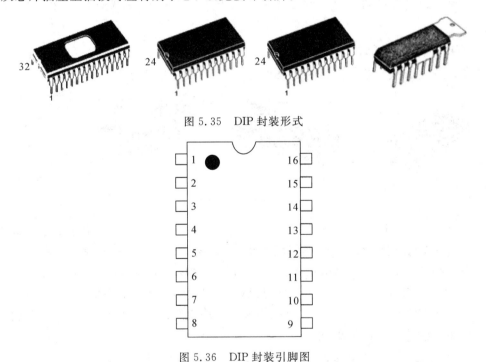

图 5.35 DIP 封装形式

图 5.36 DIP 封装引脚图

DIP 封装具有以下特点:

(1) 适合在 PCB(印刷电路板)上穿孔焊接,操作方便。

(2) 芯片面积与封装面积之间的比值较大,故体积也较大。

Intel 系列 CPU 中,8088 就采用这种封装形式,缓存(Cache)和早期的内存芯片也是这种封装形式。

2. SIP 单列直插式封装

SIP 单列直插式封装形式如图 5.37 所示。

图 5.37　SIP 单排直插封装

单列直插式封装(SIP)引脚从封装一个侧面引出,排列成一条直线。通常,它们是通孔式的,管脚插入印刷电路板的金属孔内。当装配到印刷基板上时封装呈侧立状。这种形式的一种变化是锯齿形单列式封装(ZIP),它的管脚仍是从封装体的一边伸出,但排列成锯齿形。这样,在一个给定的长度范围内,提高了管脚密度。引脚中心距通常为 2.54 mm,引脚数为 2～23,多数为定制产品。封装的形状各异。也有的把形状与 ZIP 相同的封装称为 SIP。

3. SOP 表面焊接式封装

SOP 表面焊接式封装形式如图 5.38 所示。

HSOP-28

图 5.38　SOP 表面焊接式封装

SOP(Small Out-Line Package 小外形封装)是一种很常见的元器件形式,是表面贴装型封装之一,引脚从封装两侧引出,呈海鸥翼状(L 字形)。材料有塑料和陶瓷两种。SOP 封装的应用范围很广,而且以后逐渐派生出 SOJ(J 型引脚小外形封装)、TSOP(薄小外形封装)、VSOP(甚小外形封装)、SSOP(缩小型 SOP)、TSSOP(薄的缩小型 SOP)及 SOT(小外形晶体管)、SOIC(小外形集成电路)等在集成电路中都起到了举足轻重的作用。电脑主板的频率发生器就是采用的 SOP 封装。

4. QFP 塑料方型扁平式封装和 PFP 塑料扁平组件式封装

QFP(Plastic Quad Flat Package)封装的芯片引脚之间距离很小,管脚很细,一般大规模或超大型集成电路都采用这种封装形式,其引脚数一般在 100 个以上,如图 5.39(a)所示。用这种形式封装的芯片必须采用 SMD(表面安装设备技术)将芯片与主板焊接起来。采用 SMD 安装的芯片不必在主板上打孔,一般在主板表面上有设计好的相应管脚的焊点,将芯片各脚对准相应的焊点,即可实现与主板的焊接。用这种方法焊上去的芯片,如果不用专用工具是很难拆卸下来的。

PFP(Plastic Flat Package)方式封装的芯片(见图 5.39(b))与 QFP 方式基本相同,唯一的区别是 QFP 一般为正方形,而 PFP 既可以是正方形,也可以是长方形。

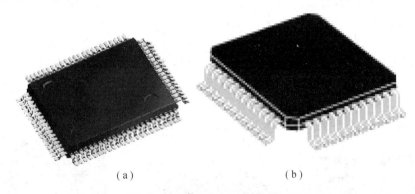

（a）　　　　　　　　　　（b）

图 5.39　QFP 方型扁平式封装和 PFP 扁平组件式封装

QFP/PFP 封装具有以下特点:

(1) 适用于 SMD 表面安装技术在 PCB 电路板上安装布线。

(2) 适合高频使用。

(3) 操作方便,可靠性高。

(4) 芯片面积与封装面积之间的比值较小。

Intel 系列 CPU 中,80286、80386 和某些 486 主板采用这种封装形式。

5. PGA 插针网格阵列封装

PGA(Pin Grid Array Package)芯片封装形式(见图 5.40)在芯片的内外有多个方阵形的插针,每个方阵形插针沿芯片的四周间隔一定距离排列。根据引脚数目的多少,可以围成 2~5 圈。安装时,将芯片插入专门的 PGA 插座。为使 CPU 能够更方便地安装和拆卸,从 486 芯片开始,出现了一种名为 ZIF 的 CPU 插座,专门用来满足 PGA 封装的 CPU 在安装和拆卸上的要求。

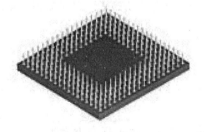

图 5.40　PGA 插针网格阵列封装

ZIF(Zero Insertion Force Socket)是指零插拔力的插座。把这种插座上的扳手轻轻抬起,CPU 就可很容易、轻松地插入插座中。然后将扳手压回原处,利用插座本身的特殊结构生成的挤压力,使 CPU 的引脚与插座牢牢地接触,绝对不存在接触不良的问题。而拆卸CPU 芯片只需将插座的扳手轻轻抬起,则压力解除,CPU 芯片即可轻松取出。

PGA 封装具有以下特点:

(1) 插拔操作更方便,可靠性高。

（2）可适应更高的频率。

Intel 系列 CPU 中，80486 和 Pentium、Pentium Pro 均采用这种封装形式。

6. BGA 球栅阵列封装

随着集成电路技术的发展，对集成电路的封装要求更加严格。这是因为封装技术关系到产品的功能性，当 IC 的频率超过 100 MHz 时，传统封装方式可能会产生所谓的"CrossTalk"现象，而且当 IC 的管脚数大于 208 时，传统的封装方式有其困难度。因此，除使用 QFP 封装方式外，现今大多数的高脚数芯片（如图形芯片与芯片组等）皆转而使用 BGA（Ball Grid Array Package）封装技术，见图 5.41。BGA 一出现便成为 CPU、主板上南/北桥芯片等高密度、高性能、多引脚封装的最佳选择。

图 5.41　BGA 球栅阵列封装

BGA 封装技术又可详分为五大类：

（1）PBGA（Plasric BGA）基板：一般为由 2～4 层有机材料构成的多层板。Intel 系列 CPU 中，Pentium Ⅱ、Ⅲ、Ⅳ处理器均采用这种封装形式。

（2）CBGA（CeramicBGA）基板：即陶瓷基板，芯片与基板间的电气连接通常采用倒装芯片（FlipChip，简称 FC）的安装方式。Intel 系列 CPU 中，Pentium Ⅰ、Ⅱ、Pentium Pro 处理器均采用过这种封装形式。

（3）FCBGA（FilpChipBGA）基板：硬质多层基板。

（4）TBGA（TapeBGA）基板：基板为带状软质的 1～2 层 PCB 电路板。

（5）CDPBGA（Carity Down PBGA）基板：指封装中央有方形低陷的芯片区（又称空腔区）。

BGA 封装具有以下特点：

（1）I/O 引脚数虽然增多，但引脚之间的距离远大于 QFP 封装方式，提高了成品率。

（2）虽然 BGA 的功耗增加，但由于采用的是可控塌陷芯片法焊接，从而可以改善电热性能。

（3）信号传输延迟小，适应频率大大提高。

（4）组装可用共面焊接，可靠性大大提高。

BGA 封装方式经过十多年的发展已经进入实用化阶段。1987 年，日本西铁城（Citizen）公司开始着手研制塑封球栅面阵列封装的芯片（即 BGA）。而后，摩托罗拉、康柏等公司也随即加入到开发 BGA 的行列。1993 年，摩托罗拉率先将 BGA 应用于移动电话。同年，康柏公司也在工作站、PC 电脑上加以应用。之后，Intel 公司在电脑 CPU 中（即 Pentium Ⅱ、Pentium Ⅲ、Pentium Ⅳ 等）以及芯片组（如 i850）中开始使用 BGA，这对 BGA 应用领域扩展发挥了推波助澜的作用。目前，BGA 已成为极其热门的 IC 封装技术，其全球市场规模在

2000 年为 12 亿块。

总之，由于 CPU 和其他超大型集成电路在不断发展，集成电路的封装形式也不断作出相应的调整变化，而封装形式的进步又将反过来促进芯片技术向前发展。

自 我 检 测 题

一、填空题

1. 在时间上和数值上均作连续变化的电信号称为_____信号；在时间上和数值上离散的信号叫做_____信号。

2. 在正逻辑的约定下，"1"表示_____电平，"0"表示_____电平。

3. 数字电路中，输入信号和输出信号之间的关系是_____关系，所以数字电路也称为_____电路。在_____关系中，最基本的关系是_____、_____和_____。

4. 十进制整数转换成二进制时采用____法；十进制小数转换成二进制时采用____法。

5. 最简与或表达式是指在表达式中_____最少，且_____也最少。

6. 具有基本逻辑关系的电路称为_____，其中最基本的有_____、_____和非门。

7. 具有"相异出 1，相同出 0"功能的逻辑门是_____门，它的反是_____门。

8. 数字集成门电路按元件的不同可分为 TTL 和 CMOS 两大类。其中，TTL 集成电路是_____型，CMOS 集成电路是_____型。集成电路芯片中 74LS 系列芯片属于_____型集成电路，CC40 系列芯片属于_____型集成电路。

9. 使用_____门可以实现总线结构；使用_____门可实现"线与"逻辑。

10. 一般 TTL 集成电路和 CMOS 集成电路相比，集成_____门的带负载能力强，集成_____门的抗干扰能力强；集成_____门电路的输入端通常不可以悬空。

11. TTL 门输入端口为_____逻辑关系时，多余的输入端可处理_____；TTL 门输入端口为逻辑关系时，多余的输入端应接_____电平；CMOS 门输入端口为"与"逻辑关系时，多余的输入端应接_____电平，具有"或"逻辑端口的 CMOS 门多余的输入端应接_____电平；即 CMOS 门的输入端不允许_____。

二、判断正误题

1. 输入全为低电平"0"，输出也为"0"时，必为"与"逻辑关系。　　　　　（　　）

2. 或逻辑关系是"有 0 出 0，见 1 出 1"。　　　　　　　　　　　　　　（　　）

3. 8421BCD 码、2421BCD 码和余 3 码都属于有权码。　　　　　　　　（　　）

4. 二进制计数中各位的基是 2，不同数位的权是 2 的幂。　　　　　　　（　　）

5. $\overline{A+B}=\overline{A}\cdot\overline{B}$ 是逻辑代数的非非定律。　　　　　　　　　　　　　　（　　）

6. 74 系列集成芯片是双极型的，CC40 系列集成芯片是单极型的。　　　（　　）

7. 无关最小项对最终的逻辑结果无影响，因此可任意视为 0 或 1。　　　（　　）

8. 三态门可以实现"线与"功能。　　　　　　　　　　　　　　　　　　（　　）

三、选择题

1. 逻辑函数中的逻辑"与"和它对应的逻辑代数运算关系为（　　）。

A. 逻辑加　　　　B. 逻辑乘　　　　C. 逻辑非

2. 十进制数 100 对应的二进制数为(　　　)。

A. 1011110　　　　B. 1100010　　　　　　C. 1100100　　　　　　D. 11000100

3. 和逻辑式 $\overline{AB}$ 表示不同逻辑关系的逻辑式是(　　　)。

A. $\overline{A}+\overline{B}$　　　　B. $\overline{A}\cdot\overline{B}$　　　　　　C. $\overline{A}\cdot B+\overline{B}$　　　　D. $A\overline{B}+\overline{A}$

4. 数字电路中机器识别和常用的数制是(　　　)。

A. 二进制　　　　B. 八进制　　　　　　C. 十进制　　　　　　D. 十六进制

5. 一个两输入端的门电路,当输入为 1 和 0 时,输出不是 1 的门是(　　　)。

A. 与非门　　　　B. 或门　　　　　　C. 或非门　　　　　　D. 异或门

6. 多余输入端可以悬空使用的门是(　　　)。

A. 与门　　　　B. TTL 与非门　　　　C. CMOS 与非门　　　　D. 或非门

练 习 题

一、简述题

1. 数字信号和模拟信号的最大区别是什么?数字电路和模拟电路中,哪一种抗干扰能力较强?

2. 何谓数制?何谓码制?在我们所介绍范围内,哪些属于有权码?哪些属于无权码?

3. 试述补码转换为原码应遵循的原则及转换步骤。

4. 什么叫约束项?什么叫任意项?什么叫逻辑函数式中的无关项?

5. TTL 门电路中,哪个有效地解决了"线与"问题?哪个可以实现"总线"结构?

二、计算题

1. 用代数法化简下列逻辑函数:

① $F=(A+\overline{B})C+\overline{A}B$;

② $F=A\overline{C}+\overline{A}B+BC$;

③ $F=\overline{A}\ \overline{B}C+\overline{A}BC+AB\overline{C}+\overline{A}\ \overline{B}\ \overline{C}+ABC$;

④ $F=A\overline{B}+B\overline{C}D+\overline{C}\ \overline{D}+AB\overline{C}+A\overline{C}D$ 。

2. 用卡诺图化简下列逻辑函数:

① $F=\sum m(3,4,5,10,11,12)+\sum d(1,2,13)$;

② $F(ABCD)=\sum m(1,2,3,5,6,7,8,9,12,13)$ 。

3. 完成下列数制之间的转换:

① $(365)_{10}=(\qquad)_2=(\qquad)_8=(\qquad)_{16}$;

② $(11101)_2=(\qquad)_{10}=(\qquad)_8=(\qquad)_{16}$ 。

4. 完成下列数制与码制之间的转换:

① $(47)_{10}=(\qquad)_{余3码}=(\qquad)_{8421码}$;

② $(3D)_{16}=(\qquad)_{格雷码}$ 。

5. 写出下列真值的原码、反码和补码:

① $[+36]=[\qquad]_原=[\qquad]_反=[\qquad]_补$;

② $[-49]=[\qquad]_原=[\qquad]_反=[\qquad]_补$ 。

6. 写出图 5.42 所示逻辑电路的逻辑函数表达式。

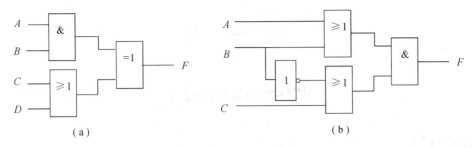

（a） （b）

图 5.42 逻辑电路

7. 写出图 5.43 中各逻辑图的逻辑函数式，并化简为最简与或式。

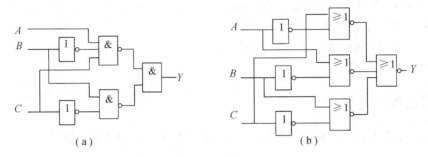

（a） （b）

图 5.43 逻辑图

8. 用卡诺图化简法将下列函数化为最简与或形式。

(1) $Y = ABC + ABD + \overline{C}\,\overline{D} + A\overline{B}C + \overline{A}C\overline{D} + A\overline{C}D$；

(2) $Y = A\overline{B} + \overline{A}C + BC + \overline{C}D$；

(3) $Y = \overline{A}\,\overline{B} + B\overline{C} + \overline{A} + \overline{B} + ABC$；

(4) $Y = \overline{A}\,\overline{B} + AC + \overline{B}C$；

(5) $Y = A\overline{B}\,\overline{C} + \overline{A}\,\overline{B} + \overline{A}D + C + BD$；

(6) $Y(A, B, C) = \sum(m_0, m_1, m_2, m_5, m_6, m_7)$；

(7) $Y(A, B, C) = \sum(m_1, m_3, m_5, m_7)$；

(8) $Y(A, B, C, D) = \sum(m_0, m_1, m_2, m_4, m_6, m_8, m_9, m_{10}, m_{11}, m_{14})$。

9. 试画出用与非门和反相器实现下列函数的逻辑图。

(1) $Y = AB + BC + AC$；

(2) $Y = (\overline{A} + B)(A + \overline{B})C + \overline{B}\,\overline{C}$；

(3) $Y = \overline{AB\overline{C} + A\overline{B}C + \overline{A}BC}$；

(4) $Y = A\overline{BC} + \overline{(A\overline{B} + \overline{A}\,\overline{B} + BC)}$。

10. 将下列函数化为最简与或函数式。

(1) $Y = \overline{A + C + D} + \overline{A}\,BC\overline{D} + A\overline{B}\,\overline{C}D$，给定约束条件为
$$A\overline{B}\,C\overline{D} + A\overline{B}CD + AB\overline{C}\,\overline{D} + AB\overline{C}D + ABC\overline{D} + ABCD = 0$$

(2) $Y = C\overline{D}(A \oplus B) + \overline{A}B\overline{C} + \overline{A}\,\overline{C}D$，给定约束条件为 $AB + CD = 0$。

(3) $Y = (A\overline{B} + B)C\overline{D} + \overline{(A + B)(\overline{B} + C)}$，给定约束条件为

159

$$ABC+ABD+ACD+BCD=0$$

做 一 做

楼梯照明电路的设计

一、实训目的

（1）学会组合逻辑电路的设计方法；

（2）熟悉 74 系列通用逻辑芯片的功能；

（3）学会数字电路的调试方法；

（4）学会数字实验台的使用；

（5）学会使用万用表。

二、实训设备与器材

74LS00 集成芯片、发光二极管、5 V 直流稳压电源、面包板或印制电路板、电烙铁、万用表等。

三、设计要求

设计一个楼梯照明电路，装在一、二楼上的开关都能对楼梯上的同一个电灯进行开关控制；合理选择器件完成设计。

四、实训步骤

（1）利用数字逻辑运算设计一个楼梯照明电路，要求在楼梯上下都可以进行控制。

（2）使用 EVERYCIRCUIT 或者 EWB 软件进行仿真。

（3）画出原理图（见图 5.44）。可以将逻辑功能理解为：如果将开关 A、B 同时掷向上方或者下方，灯就会亮。因此灯亮的逻辑表达式为

$$F=AB+\overline{A}\,\overline{B}=\overline{\overline{A}\,\overline{B}\cdot\overline{\overline{A}\,\overline{B}}}$$

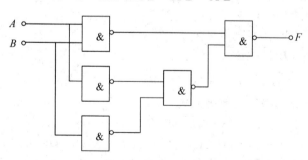

图 5.44　照明电路原理图

（4）按照原理图进行插装并焊接。

（5）调试。

上电前使用万用表检测各管脚与地脚 8 的阻值，并检测有无短路现象，将测得的结果填入表 5.9 中。

表 5.9　上电前检测表

1	2	3	4	5	6	7	8	9	10	11	12	13	14

上电后使用万用表检测各管脚与地脚 8 的电压，并检测有无短路现象，将测得的结果填入表 5.10 中。

表 5.10　上电后检测表

1	2	3	4	5	6	7	8	9	10	11	12	13	14

在检测无误后，改变开关 A 和 B 的状态，并将实验结果填入表 5.11 中。

表 5.11　实　验　结　果

A	B	灯

五、实训小结

（1）通过本次实验说明组合逻辑电路化简表达式的必要性。

（2）总结出芯片引脚的一般排列规则。

（3）详细列出集成芯片实验过程中的注意事项。

第6章 组合逻辑电路

本章导引

数字电路可分为两大类：一类是组合逻辑电路，另一类是时序逻辑电路。组合逻辑电路是指由门电路组成的，没有记忆功能的逻辑电路。在组合逻辑电路中，任意时刻的输出仅仅取决于当时的输入信号，而与电路原来的状态无关。

教学内容：

（1）小规模集成电路（SSI）构成组合逻辑电路的分析方法和设计方法。

（2）几种中规模集成电路（MSI）的组合逻辑电路器件（包括编码器、译码器、数据选择器、加法器和数值比较器等）的分析及应用。

学习目标：

（1）掌握组合逻辑电路的分析方法，能分析典型组合逻辑电路的逻辑功能。

（2）掌握简单组合逻辑电路的设计。

（3）掌握常用中规模集成组合逻辑电路器件的分析及应用。

6.1 组合逻辑电路的分析与设计

逻辑函数的表示方法有五种：逻辑表达式、真值表、卡诺图、波形图和逻辑图。用图形符号来表示的逻辑电路称为逻辑图。

6.1.1 组合逻辑电路的分析方法

对组合逻辑电路分析的目的就是找出给定逻辑电路输出与输入之间的逻辑关系，并用最简洁的逻辑函数表达式给予表示。

组合逻辑电路的分析步骤如下：

（1）由逻辑图写逻辑函数表达式。可从输入到输出逐级推导，写出电路输出端的逻辑表达式。

（2）化简表达式。在需要时，用公式化简法或者卡诺图化简法将逻辑表达式化为最简式。

（3）列真值表。将输入信号所有可能的取值组合代入化简后的逻辑表达式中进行计算，列出真值表。（有时，利用画卡诺图求真值表更加准确方便。）

（4）描述逻辑功能。根据逻辑表达式和真值表，对电路进行分析，最后确定电路的功能。

下面举例说明组合逻辑电路的分析方法。

例 6.1 试分析如图 6.1 所示电路的逻辑功能。

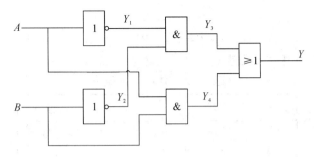

图 6.1　例 6.1 图

解　（1）写出各输出函数的逻辑表达式：

$$Y_1 = \overline{A},\ Y_2 = \overline{B},\ Y_3 = Y_1 \cdot Y_2 = \overline{A} \cdot \overline{B},\ Y_4 = A + B$$

$$Y = Y_3 \cdot Y_4 = (\overline{A} \cdot \overline{B}) + (A \cdot B)$$

（2）化简输出函数的逻辑表达式：

$$Y = Y_3 \cdot Y_4 = \overline{A} \cdot \overline{B} + A \cdot B$$

（3）列出真值表（见表 6.1）。

表 6.1　例 6.1 真值表

A	B	Y
0	0	1
0	1	0
1	0	0
1	1	1

（4）该电路实现的是同或逻辑功能。

例 6.2　试分析如图 6.2 所示电路的逻辑功能。

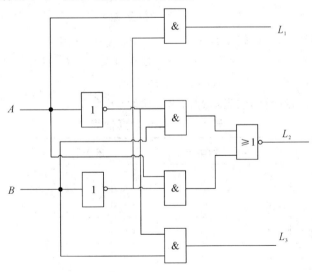

图 6.2　例 6.2 图

解　（1）写出所有输出逻辑函数表达式，并对其进行化简。

$$L_1 = A \cdot \overline{B}, \quad L_3 = \overline{A} \cdot B$$

$$L_2 = \overline{\overline{A \cdot \overline{B}} + \overline{\overline{A} \cdot B}} = \overline{\overline{A \cdot \overline{B}}} \cdot \overline{\overline{\overline{A} \cdot B}} = (\overline{A} + B) \cdot (A + \overline{B}) = A \cdot B + \overline{A} \cdot \overline{B} = A \odot B$$

（2）根据化简后的逻辑函数表达式列出真值表（见表 6.2）。

表 6.2　例 6.2 真值表

A	B	L_1	L_2	L_3
0	0	0	1	0
0	1	0	0	1
1	0	1	0	0
1	1	0	1	0

（3）逻辑功能说明。该电路是一位二进制数比较器，即当 $A=B$ 时，$L_2=1$；当 $A>B$ 时，$L_1=1$；当 $A<B$ 时，$L_3=1$。

例 6.3　分析图 6.3 所示电路的逻辑功能，写出 Y_1、Y_2 的逻辑函数式，列出真值表，指出电路完成什么逻辑功能。

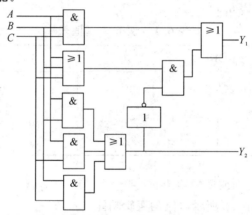

图 6.3　例 6.3 图

解　（1）写出所有输出逻辑函数表达式，并对其进行化简。

$$Y_1 = ABC + (A+B+C)\overline{AB + AC + BC}$$

$$Y_2 = AB + AC + BC$$

（2）根据化简后的逻辑函数表达式列出真值表（见表 6.3）。

表 6.3　例 6.3 真值表

输入端			输出端		输入端			输出端	
A	B	C	Y_1	Y_2	1	0	0	1	0
0	0	0	0	0	1	0	1	0	1
0	0	1	1	0	1	1	0	0	1
0	1	0	1	0	1	1	1	1	1
0	1	1	0	1					

（3）逻辑功能说明。由真值表可知：电路构成全加器，输入 A、B、C 为加数、被加数和低位的进位，Y_1 为"和"，Y_2 为"进位"。

6.1.2 组合逻辑电路的设计方法

与分析过程相反，组合逻辑电路的设计是根据给定的实际逻辑问题，求出实现其逻辑功能的最简单的逻辑电路。

组合逻辑电路的设计可以按以下步骤进行：

（1）分析设计要求，设置输入和输出变量。分析的目的是要搞清楚设计要求，建立逻辑关系。通常把引起事件的原因定为输入变量，而把事件的结果作为输出变量。用 0、1 两种状态分别代表输入变量和输出变量的两种不同状态。

（2）列真值表。根据分析得到输入、输出之间的逻辑关系，列出真值表。

（3）写出逻辑表达式，并化简。根据真值表写出逻辑表达式，或者画出相应的卡诺图，并进行化简，以得到最简的逻辑表达式。根据所采用的逻辑门电路类型的不同，可将化简结果变换成所需要的形式。

（4）画逻辑电路图。根据化简变换得到的逻辑表达式，画出逻辑电路图。

需要说明的是，这些步骤并不是固定不变的。在实际设计时，应根据具体情况和问题的难易程度进行取舍。

下面举例说明组合逻辑电路的设计方法。

例 6.4 用"与或门"或"与非门"设计一个表决电路。设计一个 A、B 和 C 共三人的表决电路。当表决某个提案时，多数人同意，则提案通过；同时 A 具有否决权；若全票否决，也给出显示。

解 （1）进行逻辑抽象，建立真值表（见表 6.4）。

设 A 具有否决权。按按钮表示输入 1，不按按钮表示输入 0；以 X 为 1 时表示提案通过，Y 为 1 时表示提案全票否决。

表 6.4 例 6.4 真值表

A	B	C	X	Y
0	0	0	0	1
0	0	1	0	0
0	0	0	0	0
0	1	0	0	0
0	1	1	0	0
1	0	0	0	0
1	0	1	1	0
1	1	0	1	0
1	1	1	1	0

（2）根据真值表求出函数 X 和 Y 的最简逻辑表达式。

$$X = AB + AC$$
$$Y = \overline{A}\,\overline{B}\,\overline{C} = \overline{A+B+C}$$

（3）将上述表达式变换成"与非"—"与非"表达式：

$$X = AB + AC = \overline{\overline{AB + AC}} = \overline{\overline{AB} \cdot \overline{AC}}$$

（4）用"与非门"画出实现上述逻辑表达式的逻辑电路图，如图 6.4 所示。

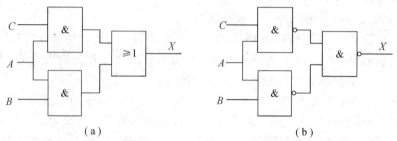

（a）　　　　　　　　　　　（b）

图 6.4　用"与或门"、"与非门"实现逻辑函数
（a）采用与门、或门实现；（b）采用与门、非门实现

例 6.5　有一水箱，由大、小两台泵 M_L 和 M_S 供水，如图 6.5 所示。水箱中设置了 3 个水位检测元件 A、B、C。水面低于检测元件时，检测元件给出高电平；水面高于检测元件时，检测元件给出低电平。现要求当水位超过 C 点时水泵停止工作；水位低于 C 点而高于 B 点时 M_S 单独工作；水位低于 B 点而高于 A 点时 M_L 单独工作；水位低于 A 点时 M_L

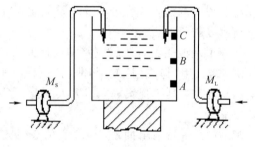

图 6.5　例 6.5 图

和 M_S 同时工作。试用门电路设计一个控制两台水泵的逻辑电路，要求电路尽量简单。

解　（1）根据题意，列出真值表，如表 6.5 所示。

表 6.5　例 6.5 真值表

A	B	C	M_S	M_L
0	0	0	0	0
0	0	1	1	0
0	1	0	×	×
0	1	1	0	1
1	0	0	×	×
1	0	1	×	×
1	1	0	×	×
1	1	1	1	1

真值表中的 $\overline{A}B\overline{C}$、$A\overline{B}C$、$A\overline{B}\,\overline{C}$、$AB\overline{C}$ 为约束项。

（2）求出函数的逻辑表达式。利用卡诺图（如图 6.6(a)所示）化简后得到

$M_S = A + \overline{B}C$，$M_L = B$（M_S、M_L 的 1 状态表示工作，0 状态表示停止）

（3）画出逻辑图。逻辑图如图 6.6(b)所示。

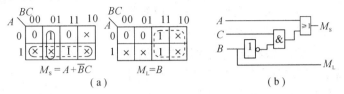

图 6.6　例 6.5 卡诺图

例 6.6　设计一个代码转换电路，输入为 4 位二进制代码，输出为 4 位循环码。可以采用各种逻辑功能的门电路来实现。

解　（1）根据题意，列出真值表，如表 6.6 所示。

表 6.6　例 6.6 真值表

二进制代码				循环码				二进制代码				循环码			
A_3	A_2	A_1	A_0	Y_3	Y_2	Y_1	Y_0	A_3	A_2	A_1	A_0	Y_3	Y_2	Y_1	Y_0
0	0	0	0	0	0	0	0	1	0	0	0	1	1	0	0
0	0	0	1	0	0	0	0	1	0	0	1	1	1	0	1
0	0	1	0	0	0	1	1	1	0	1	0	1	1	1	1
0	0	1	1	0	0	1	0	1	0	1	1	1	1	1	0
0	1	0	0	0	1	1	0	1	1	0	0	1	0	1	0
0	1	0	1	0	1	1	1	1	1	0	1	1	0	1	1
0	1	1	0	0	1	0	1	1	1	1	0	1	0	0	1
0	1	1	1	0	1	0	0	1	1	1	1	1	0	0	0

（2）由真值表得到逻辑函数表达式：

$$Y_3 = A_3，Y_2 = A_3 \oplus A_2，Y_1 = A_2 \oplus A_1，Y_0 = A_1 \oplus A_0$$

（3）画出逻辑图，如图 6.7 所示。

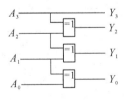

图 6.7　例 6.6 逻辑图

6.2　编　码　器

用二进制代码表示文字、符号或者数码等特定对象的过程，称为编码。实现编码的逻

辑电路，称为编码器。编码器的作用如图 6.8 所示。

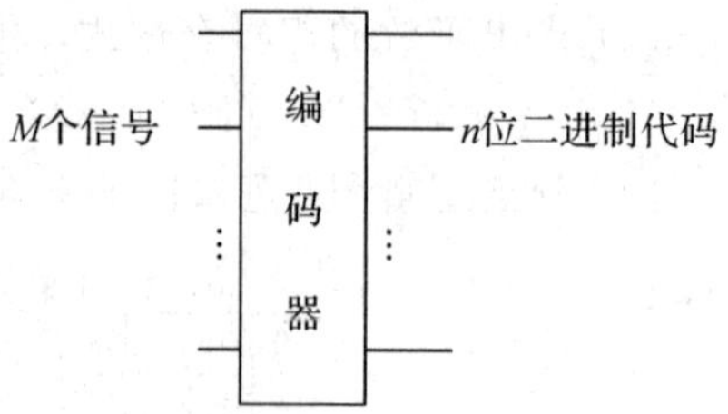

从逻辑功能的特点可将编码器分为普通编码器和优先编码器。普通编码器在任何时候只允许一个编码输入信号有效，否则输出会发生混乱。优先编码器允许同时输入两个以上的有效编码信号。当同时输入几个有效编码信号时，优先编码器能按预先设定的优先级别，只对其中优先权最高的一个进行编码。编码器的输入、输出有效信号可以是原码，也可以是反码。

图 6.8　编码器作用方框图

6.2.1　二进制编码器

用 n 位二进制代码对 $M = 2n$ 个信号进行编码的电路叫二进制编码器。

3 位二进制编码器也称为 8 线-3 线编码器。3 位二进制编码器方框图如图 6.9 所示，真值表见表 6.7。

图 6.9　3 位二进制编码器方框图

表 6.7　3 位二进制编码器真值表

I_0	I_1	I_2	I_3	I_4	I_5	I_6	I_7	C	B	A
1	0	0	0	0	0	0	0	0	0	0
0	1	0	0	0	0	0	0	0	0	1
0	0	1	0	0	0	0	0	0	1	0
0	0	0	1	0	0	0	0	0	1	1
0	0	0	0	1	0	0	0	1	0	0
0	0	0	0	0	1	0	0	1	0	1
0	0	0	0	0	0	1	0	1	1	0
0	0	0	0	0	0	0	1	1	1	1

由真值表 6.7 可见，依据 3 位编码器的特点，8 个输入信号在任何时候只可能有一个有效，是相互排斥的。为了更清晰地反映编码器输出和输入的关系，将真值表进行简化，如表 6.8 所示。

表 6.8　3 位二进制编码器简化真值表

输入	输出		
I	C	B	A
I_0	0	0	0
I_1	0	0	1
I_2	0	1	0
I_3	0	1	1
I_4	1	0	0
I_5	1	0	1
I_6	1	1	0
I_7	1	1	1

6.2.2 优先编码器

在实际的产品中，74LS148 是一种常用的优先编码器。下面通过介绍 74LS148 来了解优先编码器的功能。

74LS148 逻辑功能示意图及引脚排列图如图 6.10 所示，其真值表见表 6.9。

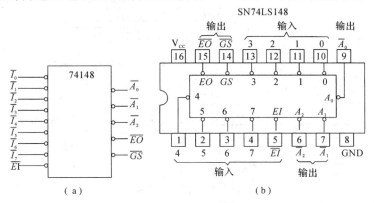

图 6.10 74LS148 逻辑功能示意图及引脚图
(a) 74LS148 逻辑功能示意图；(b) 引脚图

表 6.9 74LS148 真值表

输 入									输 出				
$\overline{EI}$	$\overline{I_7}$	$\overline{I_6}$	$\overline{I_5}$	$\overline{I_4}$	$\overline{I_3}$	$\overline{I_2}$	$\overline{I_1}$	$\overline{I_0}$	$\overline{GS}$	$\overline{EO}$	$\overline{A_2}$	$\overline{A_1}$	$\overline{A_0}$
1	×	×	×	×	×	×	×	×	1	1	1	1	1
0	1	1	1	1	1	1	1	1	1	0	1	1	1
0	0	×	×	×	×	×	×	×	0	1	0	0	0
0	1	0	×	×	×	×	×	×	0	1	0	0	1
0	1	1	0	×	×	×	×	×	0	1	0	1	0
0	1	1	1	0	×	×	×	×	0	1	0	1	1
0	1	1	1	1	0	×	×	×	0	1	1	0	0
0	1	1	1	1	1	0	×	×	0	1	1	0	1
0	1	1	1	1	1	1	0	×	0	1	1	1	0
0	1	1	1	1	1	1	1	0	0	1	1	1	1

从 74LS148 的逻辑功能示意图和真值表中：

8 个输入信号 $\overline{I_7} \sim \overline{I_0}$ 和 3 个输出信号 $\overline{A_2}$、$\overline{A_1}$、$\overline{A_0}$ 作为一个整体符号表示低电平有效。8 个输入信号 $\overline{I_7} \sim \overline{I_0}$ 中 $\overline{I_7}$ 的优先权最高，其余按下标序号大小依次次之，$\overline{I_0}$ 的优先权最低。即，$\overline{I_7} = 0$ 时，其余信号不起作用，电路只对 $\overline{I_7}$ 进行编码，输出信号 $\overline{A_2}\overline{A_1}\overline{A_0} = 000$。其余依此类推。

$\overline{EI}$ 是输入选通控制信号，低电平有效。当 $\overline{EI} = 1$ 时，所有输出端均被封锁，无论有没有编码输入信号，输出信号 $\overline{A_2}\overline{A_1}\overline{A_0} = 111$，没有有效编码信号输出。只有当 $\overline{EI} = 0$ 时，编码器才能进行正常的编码工作。

$\overline{EO}$ 是选通输出信号，$\overline{GS}$ 是扩展输出信号，两者都是低电平有效，可以用来扩展编码器功能。

例 6.7 用两片 8 - 3 线优先编码器 74LS148 扩展为 16 - 4 线优先编码器，逻辑电路图如图 6.11 所示。试分析其工作原理。

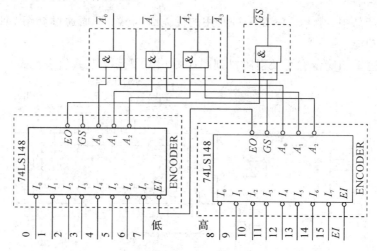

图 6.11 例 6.7 电路

解 根据题意，列出真值表，见表 6.10。

表 6.10 16 - 4 线优先编码器真值表

$\overline{EI}$	0	1	2	3	4	5	6	7	8	9	10	11	12	13	14	15	$\overline{A_3}$	$\overline{A_2}$	$\overline{A_1}$	$\overline{A_0}$	EO	$\overline{GS}$
1	×	×	×	×	×	×	×	×	×	×	×	×	×	×	×	×	1	1	1	1	1	1
0	1	1	1	1	1	1	1	1	1	1	1	1	1	1	1	1	1	1	1	1	0	1
0	×	×	×	×	×	×	×	×	×	×	×	×	×	×	×	0	0	0	0	0	1	0
0	×	×	×	×	×	×	×	×	×	×	×	×	×	×	0	1	0	0	0	1	1	0
0	×	×	×	×	×	×	×	×	×	×	×	×	×	0	1	1	0	0	1	0	1	0
0	×	×	×	×	×	×	×	×	×	×	×	×	0	1	1	1	0	0	1	1	1	0
0	×	×	×	×	×	×	×	×	×	×	×	0	1	1	1	1	0	1	0	0	1	0
0	×	×	×	×	×	×	×	×	×	×	0	1	1	1	1	1	0	1	0	1	1	0
0	×	×	×	×	×	×	×	×	×	0	1	1	1	1	1	1	0	1	1	0	1	0
0	×	×	×	×	×	×	×	×	0	1	1	1	1	1	1	1	0	1	1	1	1	0
0	×	×	×	×	×	×	×	0	1	1	1	1	1	1	1	1	1	0	0	0	1	0
0	×	×	×	×	×	×	0	1	1	1	1	1	1	1	1	1	1	0	0	1	1	0
0	×	×	×	×	×	0	1	1	1	1	1	1	1	1	1	1	1	0	1	0	1	0
0	×	×	×	×	0	1	1	1	1	1	1	1	1	1	1	1	1	0	1	1	1	0
0	×	×	×	0	1	1	1	1	1	1	1	1	1	1	1	1	1	1	0	0	1	0
0	×	×	0	1	1	1	1	1	1	1	1	1	1	1	1	1	1	1	0	1	1	0
0	×	0	1	1	1	1	1	1	1	1	1	1	1	1	1	1	1	1	1	0	1	0
0	0	1	1	1	1	1	1	1	1	1	1	1	1	1	1	1	1	1	1	1	1	0

例 6.8　某医院有一、二、三、四号病室 4 间，每室设有呼叫按钮，同时在护士值班室内对应地装有一号、二号、三号、四号 4 个指示灯。现要求当一号病室的铵钮按下时，无论其他病室内的按钮是否按下，只有一号灯亮。当一号病室的按钮没有按下，而二号病室的按钮按下时，无论三、四号病室的按钮是否按下，只有二号灯亮。当一、二号病室的按钮都未按下而三号病室的按钮按下时，无论四号病室的铵钮是否按下，只有三号灯亮。只有在一、二、三号病室的按钮均未按下，而四号病室的按钮按下时，四号灯才亮。试用优先编码器 74LS148 及门电路设计满足上述控制要求的逻辑电路，给出控制 4 个指示灯状态的高、低电平信号。

解　(1) 根据题意，列出真值表。

设一、二、三、四号病室分别为输入变量 A、B、C、D，当其值为 1 时，表示呼叫按钮按下，为 0 时表示没有呼叫铵钮按下；设一、二、三、四号病室呼叫指示灯分别为 L_1、L_2、L_3、L_4，其值为 1 指示灯亮，否则灯不亮。列出真值表，如表 6.11 所示。

表 6.11　例 6.8 真值表

A	B	C	D	L_1	L_2	L_3	L_4
1	×	×	×	1	0	0	0
0	1	×	×	0	1	0	0
0	0	1	×	0	0	1	0
0	0	0	1	0	0	0	1
0	0	0	0	0	0	0	0

(2) 写出输出函数逻辑表达式。

$$L_1 = A, \quad L_2 = \overline{A} \cdot B, \quad L_3 = \overline{A} \cdot \overline{B} \cdot C, \quad L_4 = \overline{A} \cdot \overline{B} \cdot \overline{C} \cdot D$$

(3) 用 74LS148 实现电路。在 74LS148 中，$\overline{I}_7 \sim \overline{I}_4$ 应接 1，$\overline{I}_3$ 接 $\overline{A}$，$\overline{I}_2$ 接 $\overline{B}$，$\overline{I}_1$ 接 $\overline{C}$，$\overline{I}_0$ 接 $\overline{D}$。

$$L_1 = \overline{A}_1 \ \overline{A}_0 \ \overline{EO}, \quad L_2 = \overline{A}_1 \ A_0 \ \overline{EO}, \quad L_3 = A_1 \ \overline{A}_0 \ \overline{EO}, \quad L_4 = A_1 \ A_0 \ \overline{EO}$$

用 74LS148 实现的电路如图 6.12 所示。

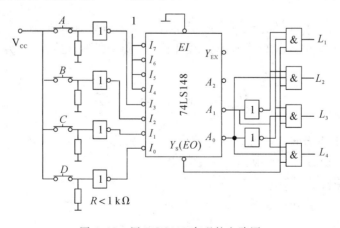

图 6.12　用 74LS148 实现的电路图

6.2.3 二—十进制编码器

74LS147 逻辑功能示意图及引脚排列图如图 6.13 所示，表 6.12 为其真值表。

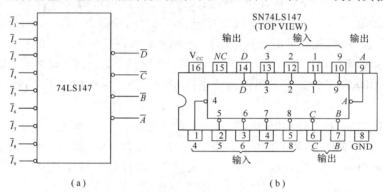

（a）   （b）

图 6.13 74LS147 逻辑功能示意图及引脚图

（a）74LS147 逻辑功能示意图；（b）引脚图

表 6.12 74LS147 真值表

输　入									输　出			
$\overline{I_9}$	$\overline{I_8}$	$\overline{I_7}$	$\overline{I_6}$	$\overline{I_5}$	$\overline{I_4}$	$\overline{I_3}$	$\overline{I_2}$	$\overline{I_1}$	$\overline{D}$	$\overline{C}$	$\overline{B}$	$\overline{A}$
1	1	1	1	1	1	1	1	1	1	1	1	1
0	×	×	×	×	×	×	×	×	0	1	1	0
1	0	×	×	×	×	×	×	×	0	1	1	1
1	1	0	×	×	×	×	×	×	1	0	0	0
1	1	1	0	×	×	×	×	×	1	0	0	1
1	1	1	1	0	×	×	×	×	1	0	1	0
1	1	1	1	1	0	×	×	×	1	0	1	1
1	1	1	1	1	1	0	×	×	1	1	0	0
1	1	1	1	1	1	1	0	×	1	1	0	1
1	1	1	1	1	1	1	1	0	1	1	1	0

二—十进制（10 - 4 线）优先编码器工作原理与 74LS148 基本相同。9 个输入信号 $\overline{I_9} \sim \overline{I_1}$（$\overline{I_0}$ 为隐含输入信号）和以 BCD 反码形式输出的 4 个 $\overline{D}$、$\overline{C}$、$\overline{B}$、$\overline{A}$ 信号均为低电平有效。

6.3 译 码 器

将编码时赋予代码的特定含义"翻译"出来，叫做译码。译码是编码的逆过程。实现译码功能的电路称为译码器，译码器的结构框图如图 6.14 所示。译码器可以将输入的代码译成对应的输出信号，以表示其原意。常用的译码器有二进制译码器、二—十进制译码器和显示译码器等。

图 6.14 译码器的结构框图

6.3.1　二进制译码器

二进制译码器的输入是一组二进制代码，输出是一组与输入代码相对应的高、低电平信号。74LS138 是常用的 3－8 线译码器，它的输入是 3 位二进制代码，有 8 种状态，8 个输出端分别对应其中一种输入状态。

1. 3－8 线译码器 74LS138 的逻辑功能

74LS138 逻辑功能示意图及引脚排列图如图 6.15 所示，表 6.13 为其功能表。

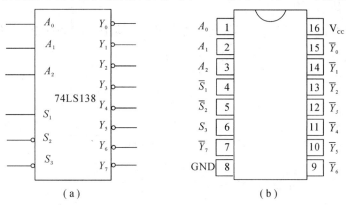

图 6.15　74LS138 逻辑功能示意图及引脚图
(a) 74LS138 逻辑功能示意图；(b) 引脚图

表 6.13　74LS138 功能表

S_1	$\overline{S}_2$	$\overline{S}_3$	A_2	A_1	A_0	$\overline{Y}_0$	$\overline{Y}_1$	$\overline{Y}_2$	$\overline{Y}_3$	$\overline{Y}_4$	$\overline{Y}_5$	$\overline{Y}_6$	$\overline{Y}_7$
×	1	×	×	×	×	1	1	1	1	1	1	1	1
×	×	1	×	×	×	1	1	1	1	1	1	1	1
0	×	×	×	×	×	1	1	1	1	1	1	1	1
1	0	0	0	0	0	0	1	1	1	1	1	1	1
1	0	0	0	0	1	1	0	1	1	1	1	1	1
1	0	0	0	1	0	1	1	0	1	1	1	1	1
1	0	0	0	1	1	1	1	1	0	1	1	1	1
1	0	0	1	0	0	1	1	1	1	0	1	1	1
1	0	0	1	0	1	1	1	1	1	1	0	1	1
1	0	0	1	1	0	1	1	1	1	1	1	0	1
1	0	0	1	1	1	1	1	1	1	1	1	1	0

译码输入端 $A_2A_1A_0$ 有 8 种用二进制代码表示的输入组合状态。当译码器处于工作状态时，输入一组二进制代码将使对应的一个输出端为低电平，而其他输出端均为高电平。

也可以说对应的输出端被"译中"。比如，当 $A_2A_1A_0$ 输入为 000 时，输出端 $\overline{Y}_0$ 被"译中"，$\overline{Y}_0$ 输出为 0；$A_2A_1A_0$ 输入为 100 时，$\overline{Y}_4$ 被"译中"，$\overline{Y}_4$ 输出为 0。74LS138 输出端被"译中"时为低电平。

S_1、$\overline{S}_2$、$\overline{S}_3$ 是译码器的选通控制输入端（使能端）。S_1 为高电平有效，$\overline{S}_2$、$\overline{S}_3$ 分别作为一个整体符号表示低电平有效。当 $S_1=1$、$\overline{S}_2=\overline{S}_3=0$ 时，译码器被选通，处于译码工作状态。否则，译码器被禁止。合理应用使能控制信号 EN，可以扩展译码器的逻辑功能。

8 个输出信号 $\overline{Y}_7 \sim \overline{Y}_0$ 分别作为一个整体符号表示低电平有效。

2. 74LS138 应用举例

例 6.9　试用译码器 74LS138 和与非门实现逻辑函数 $F(A,B,C)=AB+BC$。

解
$$F(A,B,C) = AB + BC$$
$$= AB(C+\overline{C}) + (A+\overline{A})BC$$
$$= AB\overline{C} + ABC + \overline{A}BC$$
$$= \sum m(3,6,7)$$
$$F(A,B,C) = m_3 + m_6 + m_7 = \overline{\overline{m_3} \cdot \overline{m_6} \cdot \overline{m_7}}$$
$$= \overline{\overline{Y}_3 \cdot \overline{Y}_6 \cdot \overline{Y}_7}$$

故逻辑电路图如图 6.16 所示。

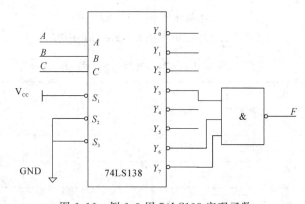

图 6.16　例 6.9 用 74LS138 实现函数

例 6.10　试画出用 3-8 线译码器 74LS138 和门电路产生多输出逻辑函数的逻辑图。
$$\begin{cases} Y_1 = AC \\ Y_2 = \overline{A}\,\overline{B}C + A\overline{B}\,\overline{C} + BC \\ Y_3 = \overline{B}\,\overline{C} + AB\overline{C} \end{cases}$$

解　令 $A=A_2$，$B=A_1$，$C=A_0$。将 $Y_1Y_2Y_3$ 写成最小项之和形式，并变换成与非—与非形式。

$$Y_1 = \sum m_i (i=5,7) = \overline{\overline{Y}_5\,\overline{Y}_7}$$

$$Y_2 = \sum m_j (j=1,3,4,7) = \overline{\overline{Y}_1\,\overline{Y}_3\,\overline{Y}_4\,\overline{Y}_7}$$

$$Y_3 = \sum m_k (k=0,4,6) = \overline{\overline{Y}_0\,\overline{Y}_4\,\overline{Y}_6}$$

用外加与非门实现之，如图 6.17 所示。

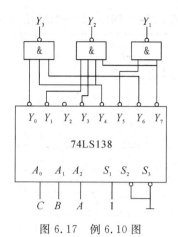

图 6.17 例 6.10 图

6.3.2 二—十进制译码器

将 4 位 BCD 码的十组代码翻译成 0~9 十个对应输出信号的电路，称为二—十进制译码器，称 4-10 线译码器。74LS42 是 4-10 线 8421BCD 码译码器。

1. 4-10 线译码器 74LS42 的逻辑功能

74LS42 的逻辑功能示意图和引脚排列图如图 6.18 所示，其功能表见表 6.14。

$$Y_0 = \overline{\overline{A_3}\, \overline{A_2}\, \overline{A_1}\, \overline{A_0}}$$

$$Y_1 = \overline{\overline{A_3}\, \overline{A_2}\, \overline{A_1}\, A_0}$$

$$Y_2 = \overline{\overline{A_3}\, \overline{A_2}\, A_1\, \overline{A_0}}$$

$$Y_3 = \overline{\overline{A_3}\, \overline{A_2}\, A_1\, A_0}$$

$$Y_4 = \overline{\overline{A_3}\, A_2\, \overline{A_1}\, \overline{A_0}}$$

$$Y_5 = \overline{\overline{A_3}\, A_2\, \overline{A_1}\, A_0}$$

$$Y_6 = \overline{\overline{A_3}\, A_2\, A_1\, \overline{A_0}}$$

$$Y_7 = \overline{\overline{A_3}\, A_2\, A_1\, A_0}$$

$$Y_8 = \overline{A_3\, \overline{A_2}\, \overline{A_1}\, \overline{A_0}}$$

$$Y_9 = \overline{A_3\, \overline{A_2}\, \overline{A_1}\, A_0}$$

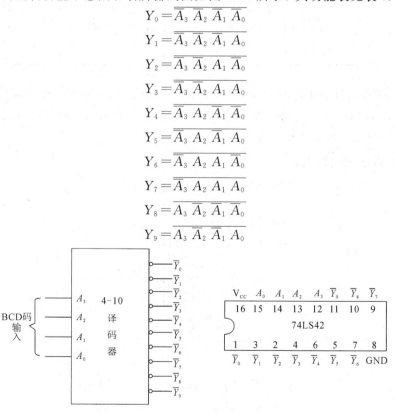

图 6.18 74LS42 逻辑功能示意图和引脚图
(a) 74LS42 逻辑功能示意图；(b) 引脚图

表 6.14　74LS42 的逻辑功能表

十进制数	输入				输出									
	A_3	A_2	A_1	A_0	$\overline{Y}_9$	$\overline{Y}_8$	$\overline{Y}_7$	$\overline{Y}_6$	$\overline{Y}_5$	$\overline{Y}_4$	$\overline{Y}_3$	$\overline{Y}_2$	$\overline{Y}_1$	$\overline{Y}_0$
0	0	0	0	0	1	1	1	1	1	1	1	1	1	0
1	0	0	0	1	1	1	1	1	1	1	1	1	0	1
2	0	0	1	0	1	1	1	1	1	1	1	0	1	1
3	0	0	1	1	1	1	1	1	1	1	0	1	1	1
4	0	1	0	0	1	1	1	1	1	0	1	1	1	1
5	0	1	0	1	1	1	1	1	0	1	1	1	1	1
6	0	1	1	0	1	1	1	0	1	1	1	1	1	1
7	0	1	1	1	1	1	0	1	1	1	1	1	1	1
8	1	0	0	0	1	0	1	1	1	1	1	1	1	1
9	1	0	0	1	0	1	1	1	1	1	1	1	1	1
伪码	1	0	1	0	1	1	1	1	1	1	1	1	1	1
伪码	1	0	1	1	1	1	1	1	1	1	1	1	1	1
伪码	1	1	0	0	1	1	1	1	1	1	1	1	1	1
伪码	1	1	0	1	1	1	1	1	1	1	1	1	1	1
伪码	1	1	1	0	1	1	1	1	1	1	1	1	1	1
伪码	1	1	1	1	1	1	1	1	1	1	1	1	1	1

从表 6.14 中可以看出，译码器 74LS42 的输入是 8421BCD 码，输出端译中时为低电平。对 8421BCD 码以外的代码称为伪码，当译码器输入伪码时，所有输出端均为高电平，可见这个译码器具有拒绝伪码的功能。

2. 74LS42 的应用举例

例 6.11　写出图 6.19 中 Z_1、Z_2、Z_3 的逻辑函数式。

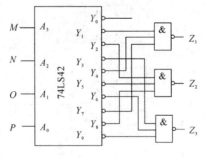

图 6.19　例 6.11 图

解
$$Z_1 = \overline{\overline{Y}_1 \overline{Y}_4 \overline{Y}_7} = \overline{M}\,\overline{N}\,\overline{O}P + \overline{M}N\overline{O}\,\overline{P} + \overline{M}NOP$$

$$Z_2 = \overline{\overline{Y}_2 \overline{Y}_5 \overline{Y}_8} = \overline{M}\,\overline{N}O\overline{P} + \overline{M}N\overline{O}P + M\overline{N}\,\overline{O}\,\overline{P}$$

$$Z_3 = \overline{\overline{Y}_3 \overline{Y}_6 \overline{Y}_9} = \overline{M}\,\overline{N}OP + \overline{M}NO\overline{P} + M\overline{N}\,\overline{O}P$$

6.3.3　数码显示译码器

在数字测量仪表和各种数字系统中，都需要将数字量直观地显示出来，一方面供人们直接读取测量和运算的结果，另一方面用于监视数字系统的工作情况。数字显示电路是数字设备不可缺少的部分。显示译码器主要由译码器和驱动器两部分组成，通常这两者集成在一块芯片中。显示译码器的输入一般为二—十进制代码，其输出的信号用以驱动显示器件，显示出十进制数字来。

1. 七段半导体数码显示器

七段发光二极管组成的数码显示器，利用字段的不同组合，可分别显示 0～9 十个数字。七段数码管电路结构如图 6.20 所示，表 6.15 为共阳极数码管段选码表，十进制的显示效果如图 6.21 所示。

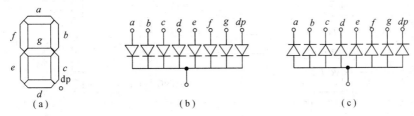

图 6.20　七段数码管电路结构

(a) 数码显示器；(b) 共阴极数码管；(c) 共阳极数码管

表 6.15　共阳极数码管段选码表

显示字符	dp	g	f	e	d	c	b	a	段选码
0	0	1	1	0	0	0	0	0	C0H
1	1	1	1	1	1	0	0	1	F9H
2	1	0	1	0	0	1	0	0	A4H
3	1	0	1	1	0	0	0	0	B0H
4	1	0	0	1	1	0	0	1	99H
5	1	0	0	0	0	0	1	0	92H
6	1	0	0	0	0	0	1	0	82H
7	1	1	1	1	1	0	0	0	F8H
8	1	0	0	0	0	0	0	0	80H
9	1	0	0	0	1	0	0	0	90H
A	1	0	0	0	1	0	0	0	88H
B	1	0	0	0	0	0	1	1	83H
C	1	1	0	0	0	1	1	0	C6H
D	1	0	1	0	0	0	0	1	A1H
E	1	0	0	0	0	1	1	0	86H
F	1	0	0	0	1	1	1	0	8EH

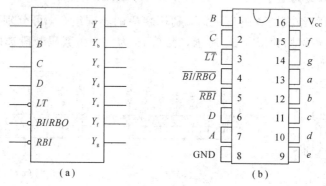

图 6.21　十进制数的显示效果

2. 七段显示译码器

七段显示译码器把输入的 BCD 码翻译成驱动七段 LED 数码管各对应段所需的电平。74LS48 是一种七段显示译码器,图 6.22 是七段显示译码器 74LS48 的逻辑功能示意图和引脚排列图。表 6.16 是 74LS48 的真值表。

图 6.22　74LS48 的逻辑功能示意图和引脚图

(a) 74LS48 的逻辑功能示意图;(b) 引脚图

表 6.16　74LS48 真值表

十进制数	输　入						$\overline{BI}/\overline{RBO}$	输出
	$\overline{LT}$	$\overline{RBI}$	D	C	B	A		a b c d e f g
0	1	1	0	0	0	0	1	1 1 1 1 1 1 0
1	1	×	0	0	0	1	1	0 1 1 0 0 0 0
2	1	×	0	0	1	0	1	1 1 0 1 1 0 1
3	1	×	0	0	1	1	1	1 1 1 1 0 0 1
4	1	×	0	1	0	0	1	0 1 1 0 0 1 1
5	1	×	0	1	0	1	1	1 0 1 1 0 1 1
6	1	×	0	1	1	0	1	0 0 1 1 1 1 1
7	1	×	0	1	1	1	1	1 1 1 0 0 0 0
8	1	×	1	0	0	0	1	1 1 1 1 1 1 1
9	1	×	1	0	0	1	1	1 1 1 1 0 1 1
消隐	×	×	×	×	×	×	0	0 0 0 0 0 0 0
脉冲消隐	1	0	0	0	0	0	0	0 0 0 0 0 0 0
灯测试	0	×	×	×	×	×	1	1 1 1 1 1 1 1

从真值表中可以看出,74LS48 电路有 4 个译码输入端 D、C、B、A,七个输出端 a~g,三个辅助控制端,以增强器件的功能。

(1) 灭灯输入 $\overline{BI}/\overline{RBO}$。$\overline{BI}/\overline{RBO}$ 是特殊控制端,有时作为输入,有时作为输出。$\overline{BI}/\overline{RBO}$ 作为输入使用且 $\overline{BI}=0$ 时,无论输入状态如何,$Y_a \sim Y_g$ 均为 0,字形消隐。

(2) 试灯输入 $\overline{LT}$。当 $\overline{LT}=0$ 时,$\overline{BI}/\overline{RBO}$ 是输出端,且 $\overline{RBO}=1$,此时所有显示段都发亮,显示字形"8"。该输入端用于检查 74LS48 本身及显示器的好坏。

（3）动态灭零输入 $\overline{RBI}$。当 $\overline{RBI}=0$、$\overline{LT}=1$ 且输入代码 $DCBA=0000$ 时，$Y_a \sim Y_g$ 均输出 0，数码管无任何显示，把数码管显示的数字"0"熄灭。此时 $\overline{BI}/\overline{RBO}$ 是输出端，且 $\overline{RBO}=0$，表示该位的"0"被消隐。

6.4　数据选择器

数据选择器又称多路开关，指能依据地址信号，从多路输入数据中选择对应的一路输出的逻辑器件。若地址输入端为 n，则可选择的输入数据通道数为 2^n，又称"2^n"选 1 数据选择器，如图 6.23 所示。常见的数据选择器有 4 选 1、8 选 1、16 选 1 电路。

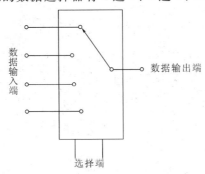

图 6.23　2^n 选 1 数据选择器示意图

6.4.1　4 选 1 数据选择器

图 6.24 是 4 选 1 数据选择器的逻辑示意图。其中，Y 是输出端，$D_0 \sim D_3$ 是数据输入端，$A_1 A_0$ 是地址端。由 $A_1 A_0$ 的 4 种状态 00、01、10、11 分别控制对应的那一路输入数据通过，从 Y 端输出。其逻辑功能可以用如下表达式表示：

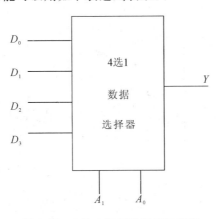

图 6.24　4 选 1 数据选择器示意图

$$Y = D_0\,\overline{A_1}\,\overline{A_0} + D_1\,\overline{A_1}A_0 + D_2 A_1\,\overline{A_0} + D_3 A_1 A_0 = \sum_{i=0}^{3} D_i m_i$$

74LS153 是一种典型的双 4 选 1 数据选择器。所谓双 4 选 1 数据选择器，就是在一块集成芯片上有两个 4 选 1 数据选择器。图 6.25 是 74LS153 的逻辑功能示意图和引脚图。

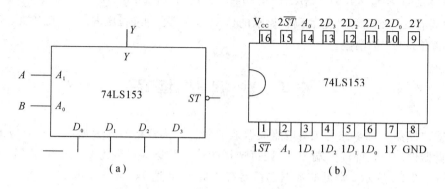

图 6.25　双 4 选 1 选择器 74LS153 逻辑功能示意图及引脚图

(a) 74LS153 逻辑功能示意图；(b) 引脚图

$1\overline{ST}$、$2\overline{ST}$ 为两个独立的使能端；A_1A_0 为公用的地址输入端；$1D_0 \sim 1D_3$ 和 $2D_0 \sim 2D_3$ 分别为两个 4 选 1 数据选择器的数据输入端；$1Y$、$2Y$ 为两个输出端。

① 当使能端 $1\overline{ST}$（$2\overline{ST}$）$=1$ 时，多路开关被禁止，无输出，$Y=0$。

② 当使能端 $1\overline{ST}$（$2\overline{ST}$）$=0$ 时，多路开关正常工作，根据地址码 A_1A_0 的状态，将相应的数据 $D_0 \sim D_3$ 送到输出端 Y。

如：$A_1A_0=00$，则选择 D_0 数据到输出端，即 $Y=D_0$；$A_1A_0=01$，则选择 D_1 数据到输出端，即 $Y=D_1$；其余类推。

6.4.2　8 选 1 数据选择器

74LS151 是一种典型的 8 选 1 数据选择器，它有 3 个地址输入端 $A_2 A_1 A_0$，8 个数据输入端 $D_0 \sim D_7$，两个互补输出的数据输出端 Q 和 $\overline{Q}$，还有一个控制输入端 $\overline{S}$。8 选 1 数据选择器 74LS151 的逻辑功能示意图和引脚图如图 6.26 所示，真值表见表 6.17 所示。

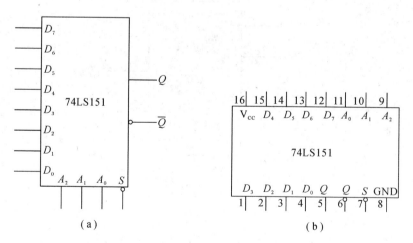

图 6.26　74LS151 逻辑功能示意图及引脚图

(a) 74LS151 逻辑功能示意图；(b) 引脚图

表 6.17　74LS151 真值表

输入				输出	
$\overline{S}$	A_2	A_1	A_0	Q	$\overline{Q}$
1	×	×	×	0	1
0	0	0	0	D_0	$\overline{D_0}$
0	0	0	1	D_1	$\overline{D_1}$
0	0	1	0	D_2	$\overline{D_2}$
0	0	1	1	D_3	$\overline{D_3}$
0	1	0	0	D_4	$\overline{D_4}$
0	1	0	1	D_5	$\overline{D_5}$
0	1	1	0	D_6	$\overline{D_6}$
0	1	1	1	D_7	$\overline{D_7}$

从表 6.17 可以看出，当控制输入端 $\overline{S}=1$ 时，电路处于禁止状态，Y 始终为 0；当 $\overline{S}=0$ 时，电路处于工作状态，由地址输入端 $A_2 A_1 A_0$ 的状态决定哪一路信号送到 Q 和 $\overline{Q}$ 输出。

6.4.3　数据选择器的应用

例 6.12　试用 4 选 1 数据选择器 74LS153 产生逻辑函数 $Y=A\overline{B}\,\overline{C}+\overline{A}\,\overline{C}+BC$。

解　4 选 1 数据选择器表达式为
$$Y=\overline{A_1}\,\overline{A_0}D_0+\overline{A_1}A_0D_1+A_1\overline{A_0}D_2+A_1A_0D_3$$
而所需的函数为
$$\begin{aligned}Y&=A\overline{B}\,\overline{C}+\overline{A}\,\overline{C}+BC\\&=A\overline{B}\,\overline{C}+\overline{A}\,\overline{B}\,\overline{C}+\overline{A}B\overline{C}+\overline{A}BC+ABC\\&=\overline{A}\,\overline{B}\cdot\overline{C}+\overline{A}B\cdot1+AB\cdot\overline{C}+AB\cdot C\end{aligned}$$
与 4 选 1 数据选择器逻辑表达式比较后，令
$$A=A_1,\ B=A_0,\ D_0=\overline{C},\ D_1=1,\ D_2=\overline{C},\ D_3=C$$
则接线图如图 6.27 所示。

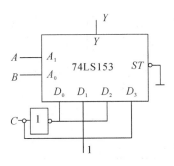

图 6.27　例 6.12 图

例 6.13 试用 8 选 1 数据选择器 74LS151 实现逻辑函数：

$$L = \overline{A}\,\overline{B}C + \overline{A}B\,\overline{C} + AB$$

解

$$L = \overline{A}\,\overline{B}C + \overline{A}B\,\overline{C} + AB = \overline{A}\,\overline{B}C + \overline{A}B\,\overline{C} + AB\,\overline{C} + ABC$$

$$Y = m_0 D_0 + m_1 D_1 + m_2 D_2 + m_3 D_3 + m_4 D_4 + m_5 D_5 + m_6 D_6 + m_7 D_7$$

$$D_0 = 0、D_1 = 1、D_2 = 1、D_3 = 0$$

$$D_4 = 0、D_5 = 0、D_6 = 1、D_7 = 1$$

综上所述，接线图如图 6.28 所示。

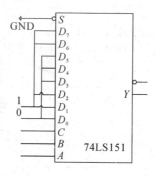

图 6.28　例 6.13 图

例 6.14 设计用 3 个开关控制一个电灯的逻辑电路，要求改变任何一个开关的状态都控制电灯由亮变灭或由灭变亮。要求用数据选择器来实现。

解 以 A、B、C 表示三个双位开关，并用 0 和 1 分别表示开关的两个状态。以 Y 表示灯的状态：用 1 表示亮，用 0 表示灭。设 $ABC = 000$ 时 $Y = 0$，从这个状态开始，单独改变任何一个开关的状态，Y 的状态随之变化。据此列出 Y 与 A、B、C 之间逻辑关系的真值表，如表 6.18 所示。

表 6.18　例 6.14 真值表

输　入　端			输出端
A	B	C	Y
0	0	0	0
0	0	1	1
0	1	0	1
0	1	1	0
1	0	0	1
1	0	1	0
1	1	0	0
1	1	1	1

从真值表写出逻辑式：

$$Y=\overline{A}\,\overline{B}C+\overline{A}B\,\overline{C}+A\,\overline{B}\,\overline{C}+ABC$$

取 4 选 1 数据选择器，令 $A_1=A$，$A_0=B$，$D_0=D_3=C$，$D_1=D_2=\overline{C}$，即得图 6.29。

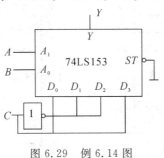

图 6.29　例 6.14 图

6.5　数　据　分　配　器

根据地址信号的要求，将一路输入的数据分配到指定输出通道上去的逻辑电路，称为数据分配器，又称多路分配器，其逻辑功能框图如图 6.30 所示。据输出的个数不同，数据分配器可分为 4 路分配器、8 路分配器等。表 6.19 是 4 路数据分配器的功能表。

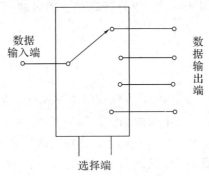

图 6.30　数据分配器逻辑功能示意框图

表 6.19　4 路分配器功能表

输　入		输　出			
A_1	A_0	Y_3	Y_2	Y_1	Y_0
0	0	1	1	1	D
0	1	1	1	D	1
1	0	1	D	1	1
1	1	D	1	1	1

数据分配器是数据选择的逆过程。它是根据输入地址信号的要求，将一路数据分配到指定输出通道上去的电路。数据分配器可以用译码器实现，将译码器的使能端作为数据输入端，二进制代码输入端作为地址信号输入端，译码器即成为一个数据分配器。用译码器 74LS138 作为 8 路数据分配器的逻辑原理图如图 6.31 所示。

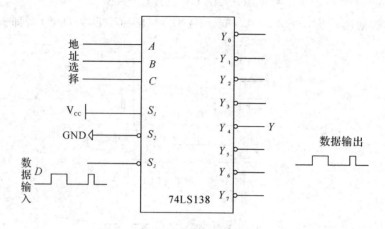

图 6.31　74LS138 作为 8 路数据分配器

6.6　加　法　器

算术运算是数字系统的基本功能，更是计算机中不可缺少的组成单元。实现加法运算的电路称为加法器。

6.6.1　半加器

两个 1 位二进制数 A_i 和 B_i 相加时，若仅仅考虑本位的加数 A_i 和被加数 B_i，而不考虑来自低位的进位，称为半加，实现半加的加法器称为半加器。

设计 1 位二进制半加器，输入变量有两个，分别为加数 A 和被加数 B；输出也有两个，分别为和数 S 和进位 C，列真值表，见表 6.20 所示。

由真值表写逻辑表达式：

$$S=\overline{A}B+A\overline{B}=A\oplus B$$

画电路图，如图 6.32(a)所示，图 6.32(b)是半加器的逻辑符号。

表 6.20　半加器真值表

输　　入		输　　出	
A	B	S	C
0	0	0	0
0	1	1	0
1	0	1	0
1	1	0	1

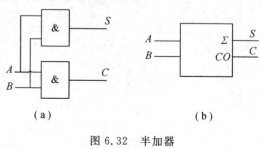

图 6.32　半加器

(a)电路图；(b)逻辑符号

6.6.2　全加器

实际中两个多位二进制数相加时不仅要考虑本位的加数 A_i 和被加数 B_i，还要考虑低位的进位 C_{i-1}，这样其中任 1 位（第 i 位）相加时，就有 A_i、B_i、C_{i-1} 三个 1 位二进制数相加，输出有本位和 S_i 及向高位的进位 C_i。完成这样两个 1 位二进制数相加的加法器，称为 1 位二进制全加器。根据全加器的逻辑功能，可以列出全加器的真值表，见表 6.21。

表 6.21　全加器真值表

输入端			输出端	
A_i	B_i	C_{i-1}	S_i	C_i
0	0	0	0	0
0	0	1	1	0
0	1	0	1	0
0	1	1	0	1
1	0	0	1	0
1	0	1	0	1
1	1	0	0	1
1	1	1	1	1

根据真值表，分析得到 S_i 和 C_i 的逻辑表达式：

$$S_i = A_i \oplus B_i \oplus C_{i-1}$$
$$C_i = (A_i \oplus B_i)C_{i-1} + A_i B_i$$

由 S_i 和 C_i 的逻辑表达式画出如图 6.33(a)所示的全加器的逻辑电路图。图 6.31(b)是全加器的逻辑符号。

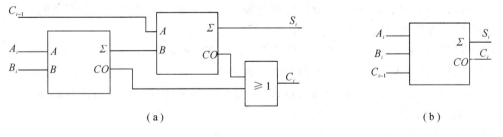

（a）　　　　　　　　　　　　　　　　　　　　（b）

图 6.33　全加器

（a）逻辑电路图；（b）逻辑符号

6.6.3　多位加法器

全加器可以实现两个 1 位二进制数的相加，要实现多位二进制数的相加，可选用多位

185

电子技术基础

加法器电路。74LS283 电路是一个 4 位加法器电路，可实现两个 4 位二进制数的相加，其逻辑功能示意图和引脚图如图 6.34 所示。

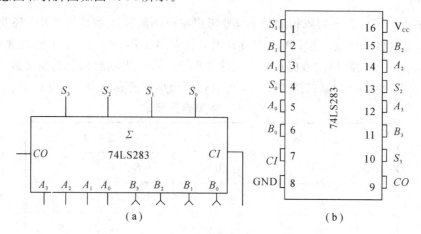

图 6.34 74LS283 逻辑功能示意图及引脚图

(a) 74LS283 逻辑功能示意图；(b) 引脚图

图中，CI 是低位的进位，CO 是向高位的进位。该电路可以实现 $A_3A_2A_1A_0$ 和 $B_3B_2B_1B_0$ 两个二进制数的相加，而且可以考虑低位的进位以及向高位的进位，S_3、S_2、S_1、S_0 是对应各位的和。

本 章 小 结

(1) 组合逻辑电路是一种应用很广的逻辑电路。在结构上全部由门电路组成，它的特点是没有记忆功能。在功能上，任一时刻电路的输出状态仅取决于同一时刻的输入状态，与电路的原有状态无关。

(2) 组合逻辑电路分析的步骤大体分为两步：

① 由输入到输出（或由输出到输入）逐级写出电路的输出逻辑函数表达式，并进行化简。

② 列出逻辑函数的真值表，分析输出与输入间的逻辑关系，确定其逻辑功能。

(3) 组合逻辑电路设计的一般步骤：

① 根据逻辑事件，选定输入、输出逻辑变量，进行逻辑赋值。

② 依据设计要求，列出逻辑函数功能真值表。

③ 根据真值表，写出逻辑函数表达式，并依据将要采用的集成块输出逻辑函数表达式形式进行化简和变换。

④ 画出逻辑电路图。

⑤ 进行功能检测。

⑥ 进行过程分析、设计改进和总结。

(4) 常用的组合逻辑功能器件有编码器、译码器、数据选择器、数据分配器、加法器等。对于这些逻辑器件，尤其是在组合逻辑电路设计中广泛使用的译码器和数据选择器，不但要了解其基本功能，还要熟练掌握其基本应用方法。

知 识 拓 展

一、组合逻辑电路的竞争和冒险

1. 竞争冒险现象及其产生原因

前面在分析和设计组合逻辑电路时，考虑的都是稳态工作情况，把所有信号看成理想脉冲，所有逻辑门看成理想的开关器件。实际上信号变化时都有上升和下降时间，门电路也存在传输延迟时间。因此输入同一门的一组信号，由于信号在传输过程中经过门的数量不同，且不同门的延迟时间也有差异，还有导线长短不一等因素，它们到达同一门的时间就有先后。这种现象叫做竞争。逻辑门因输入端的竞争而导致输出产生不应有的尖峰干扰脉冲（又称过渡干扰脉冲）的现象，称为冒险。

2. 消除冒险现象的方法

（1）加封锁脉冲。在输入信号产生竞争冒险的时间内，引入一个脉冲将可能产生尖峰干扰脉冲，从而将门封锁住。封锁脉冲应在输入信号转换前到来，转换结束后消失。

（2）加选通脉冲。对输出可能产生尖峰干扰脉冲的门电路增加一个接选通信号的输入端，只有在输入信号转换完成并稳定后，才引入选通脉冲将它打开，此时才允许有输出。在转换过程中，由于没有加选通脉冲，因此，输出不会出现尖峰干扰脉冲。

（3）接入滤波电容。由于尖峰干扰脉冲的宽度一般都很窄，在可能产生尖峰干扰脉冲的门电路输出端与地之间接入一个容量为几十皮法的电容就可吸收掉尖峰干扰脉冲。

（4）修改逻辑设计。

二、数字系统一般故障的检查和排除

数字系统的故障是指一个或多个电子元器件的损坏、接触不良、导线断裂与短路、虚焊等原因造成功能错误的现象。对于组合逻辑电路，如不能按真值表的要求工作，就可认为电路有故障。对于时序逻辑电路，如不能按状态转换真值表工作，就认为存在故障。

1. 常见逻辑故障

1）固定电平故障

这是一种常见故障。它是指某一点的逻辑电平为一固定电平值的故障。例如接地故障，该故障点的逻辑电平固定在 0。又如电路的某一点和电源短路，这时故障点的电平固定在 1。这一类故障在没有排除以前，故障点的逻辑电平不会恢复到正常值。

2）桥接故障

桥接故障是由两根或多根信号线相互短路造成的，主要有两种类型：一种为输入信号线之间桥接造成的故障，如同或门两条输入信号线的桥接会造成失去同或功能；另一种为反馈桥接造成故障。如输入线和输出线间的桥接、两个独立电路的输入线间桥接或两个独立电路的输出线间桥接等造成的故障。这类故障的检查比固定电平故障困难。

此外，数字系统有时还会出现间歇故障。在出现故障的瞬间会造成功能错误，故障消失后，电路工作又恢复正常，它的表现形式为故障时有时无。如竞争冒险现象产生的故障，电子元器件的衰老、特性的变化，电磁信号的干扰等都会造成间歇性故障。这类故障的检查是十分困难的，这里不做赘述。

2. 故障产生的主要原因

1）安装布线不合理

安装中断线、桥接（相近导线连在一起造成的短路）、漏线、插错电子元器件（特别是集成电路芯片的方向容易插错）、闲置输入端处理不当（如 CMOS 集成电路闲置输入端悬空）等，都会造成电路故障。

2）安装工艺不合格

安装时，存在接触不良问题，这也是常见而容易发生的故障。如电子元器件的接触不良、接插件的松动、焊接不良（如虚）、接点氧化等。这类故障的表现为信号时有时无，带有一定的偶发性。减少这类故障的办法是选用质量好的接插件，从工艺上保证焊点质量。

3）设计电路不恰当

设计数字系统时，忽视电子元器件的参数和工作条件引起的故障是常见的。如电源过高或过低，轻则造成功能错误，重则造成电子元器件的损坏；不同类型集成电路之间的电平配合，如 TTL 电路直接驱动 CMOS 电路等；电路动作边沿选择的错误等都会造成故障。此外，大功率器件、电解电容、集成电路芯片质量不好造成的故障也不在少数，使用时应选用产品质量好的电子元器件。

3. 查找故障的常用方法

1）直观检查法

直观检查法是一种常规检查。它主要检查电路的功能是否符合要求、能否正常使用。首先应仔细观察导线有无断线或短路、电子元器件有无变色或脱落、器件的型号与参数是否符合设计要求，此外还要检查接插件是否松动、电解电容是否漏液、焊点是否脱落、集成芯片插的方向是否正确等，这些都是查找故障的重点线索。电路通电后应仔细观察有无异常现象，如有无因电流过大烧毁电子元器件产生的异味或冒烟等，集成电路芯片、晶体管等外壳有无过热情况等。用仪表测试电路逻辑功能是否正常，并将检查的结果作详细记录，以供分析故障时使用。如发现有故障，必须重复测试，直至找到故障并排除。直观检查是查找故障的重要步骤，很大一部分故障可在直观检查中发现并消除。

2）顺序检查法

顺序检查法即由输入级向输出级逐级检查。用这个方法检查时，通常需在输入端加入信号，而后用示波器沿着信号的流向逐级进行检测。如发现某一级电路输出信号不正常，则故障就出现在该级或下级电路，可将级间连线或耦合电路断开，进行单独测试，以判断故障是出在该级还是出在下级电路。直到找出故障为止。

顺序检查法还可以由输出级向输入级逐级检查，方法类似。

3）对半分隔检查法

当数字系统是大量模块级联成的系统时，采用对半分隔法检查故障是最合适的。比如，某数字系统由 8 个模块级联而成，可把它分隔成两个部分，每个部分由 4 个模块组成。通过检测可判断故障出在哪一部分，然后再用对半分隔法来检查有可能出错的模块，直到找出故障为止。

4）比较检查法

比较检查法也是查寻故障经常用的方法。为了尽快找出故障，常将故障电路主要测试点的电压波形、电流和电压值等参数和一个工作正常的相同电路对应测试点的参数进行对比，从而查出故障。

5）替换检查法

采用替换检查法的优点是方便易行，在查找故障的同时，也排除了故障。具体做法是，怀疑数字系统某一插件板的电路或元器件有故障时，先切断电源，然后用完全相同的电路插件板或元器件进行替换使用，以判断被替换的电路插件板或元器件是否有故障，从而达到排除故障的目的。如替换后故障消除了，则说明原来的电路插件板或元器件有故障。应当指出，它的缺点是替换上的电路插件板或元器件有可能被损坏。因此使用替换法时应慎重。只有在判断原电路插件板和元器件确有故障或插件板元器件替换后不会损坏时才可使用此法。当数字系统同时出现多个故障时，应首先查找对系统工作影响最严重的故障，排除后再检查其他一些次要的故障。

自 我 检 测 题

一、填空题

1. 组合逻辑电路的特点是输出状态只与_____有关，与电路原有状态_____，其基本单元电路是_____。

2. 4 选 1 数据选择器在所有输入数据都为 1 时，其输出标准与或表达式共有_____个最小项，8 选 1 数据选择器在所有输入数据都为 1 时，其输出标准与或表达式共有_____个最小项。

3. 译码器按功能的不同分为_____、_____、_____三种。

4. 半加器有_____、_____两个输入端，_____、_____输出端。

5. 全加器有三个输入端，它们分别为_____、_____和_____；输出端有两个，分别是_____和_____。

6. 二一十制编码器的输入编码信号应有_____。

7. 若要从多个输入信号中选择一个输出，可用_____实现。

二、判断题

1. 组合逻辑电路全部由门电路组成。 （ ）

2. 对于 108 键的键盘，因为 $108 < 2^7$，故需要 7 位二进制代码才能实现编码的要求。

（ ）

3. 数据选择器是用以将一个输入数据分配到多个指定输出端上的电路。　　　（　　）

4. 要用 3 - 8 线译码器 74LS138 实现 5 - 32 线译码器，需要用 4 片 74LS138 及辅助门电路。　　　（　　）

5. 共阴型 LED 数码管应采用低电平有效输出（即"译中"为 0）的七段显示译码器。

（　　）

6. 利用控制输入端和适当辅助门电路，可用两片 8 选 1 数据选择器实现 16 选 1。

（　　）

7. 优先编码器只对多个输入编码信号中优先权最高的信号进行编码。　　　（　　）

8. 半加器不考虑低位的进位，而全加器则要考虑来自低位的进位，因此一位全加器有 3 个输入信号和 2 个输出信号。　　　（　　）

三、选择题

1. 若编码器有 50 个编码对象，则所编二进制代码为（　　）位。

A. 5　　　　　　　　B. 6　　　　　　　　C. 10　　　　　　　　D. 50

2. N 位完全译码的译码器，应有（　　）个输出端。

A. $N-1$　　　　　　B. N　　　　　　　C. N^2　　　　　　　D. 2^N

3. 输出低电平有效的二—十进制译码器输出 $\overline{Y}_5=0$ 时，它的输入代码为（　　）。

A. 0101　　　　　　B. 0011　　　　　　C. 1001　　　　　　D. 0111

4. 101 键盘的编码器输出应为（　　）位二进制代码。

A. 2　　　　　　　　B. 6　　　　　　　　C. 7　　　　　　　　D. 8

5. 能够作为单刀多掷电子开关使用的逻辑电路是（　　）。

A. 译码器　　　　　　　　　　　　B. 比较器

C. 数据选择器　　　　　　　　　　D. 编码器

练 习 题

1. 已知某电路的真值表如表 6.22 所示，写出该电路的逻辑表达式。

表 6.22　练习题 1 表

A	B	C	Y	A	B	C	Y
0	0	0	0	1	0	0	0
0	0	1	1	1	0	1	1
0	1	0	0	1	1	0	1
0	1	1	1	1	1	1	1

2. 写出图 6.35 所示电路的逻辑功能。

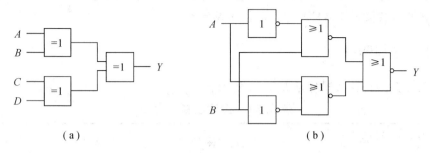

图 6.35 练习题 2 图

3. 用四输入数据选择器实现函数 $F(A, B, C, D) = BD + AB + A\overline{B}\overline{C}$，写出分析过程，并在如图 6.36 所示的给定集成电路逻辑图上完成全部电路。

4. 用 74LS138 和门电路实现下列逻辑函数：
$$Y = \overline{A}\,\overline{B}\,\overline{C} + AB\overline{C} + BC$$

5. 图 6.37 所示为由 8 选 1 数据选择器构成的组合逻辑电路，图中，$a_1 a_0 b_1 b_0$ 为两个 2 位二进制数，试列出电路的真值表，并说明其逻辑功能。

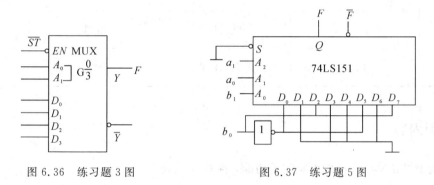

图 6.36 练习题 3 图   图 6.37 练习题 5 图

6. 用集成二进制译码器 74LS138 和与非门构成全加器。

7. 试设计一个码检验电路，当输入的 4 位二进制数 A、B、C、D 为 8421BCD 码时，输出 Y 为 1，否则 Y 为 0。

8. 设 8421BCD 码对应的十进制数为 X，当 $X \leqslant 2$ 或 $X \geqslant 7$ 时电路输出 F 为高电平，否则为低电平。试设计该电路，并用与非门实现之。要求列出真值表，写表达式，画出电路图。

做 一 做

项目一 三人表决器电路的设计与安装

一、实训目的

(1) 能够掌握 74LS00、74LS10 引脚位置判别方法。

(2) 掌握组合逻辑电路的设计方法。

（3）能够掌握简单数字电路的安装操作步骤，安装所选定的电路。

（4）掌握测试仪表仪器检测原件的使用及调整方法。

二、实训设备与器材

本项目用到的设备及器材见表6.23所示。

表 6.23　实训设备及器材

序 号	种 类	名 称	规格型号	数 量
1	U_1	芯片	74LS00	1
2	U_2	芯片	74LS10	1
3	R_1、R_2、R_3	电阻	1 kΩ	3
4	R_4	电阻	300 Ω	1
5	S_1、S_2、S_3	按钮	普通	3
6	LED	发光二极管	单色发光二极管	1

三、实训内容

1. 检测74LS00、74LS10的逻辑功能，并形成记录

74LS00芯片是常用的具有四组2输入端的与非门集成电路，74LS10芯片是常用的具有三组3输入端的与非门集成电路。它们的作用都是实现一个与非门，其引脚排列分别如图6.38、图6.39所示。

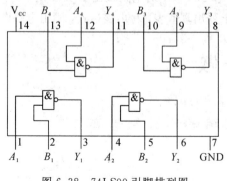

图 6.38　74LS00引脚排列图

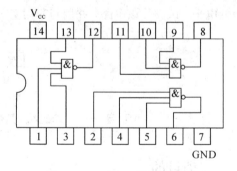

图 6.39　74LS10引脚排列图

检测两个芯片的功能，并将检测值记录于表6.24和表6.25中。

表 6.24 74LS00 的功能表

输 入 端		输 出 端
A	B	Y
0	0	
0	1	
1	0	
1	1	

表 6.25 74LS10 的功能表

输 入 端			输 出 端
A	B	C	Y
0	0	0	
0	0	1	
0	1	0	
0	1	1	
1	0	0	
1	0	1	
1	1	0	
1	1	1	

2. 设计三人表决器逻辑电路

设计要求：当 A、B、C 三人表决某个提案时，两人或两人以上同意，提案通过，否则提案不通过。用与非门实现电路。

3. 三人表决器电路的安装与调试

1）安装要求

用发光二极管的状态来表示表决结果通过与否，当发光二极管点亮时表示表决结果通过，熄灭表示表决结果不通过。三人 A、B、C 的表决情况用按钮来实现，按下按钮表示同意，不按表示不同意。

2）三人表决器电路的调试

按安装电路图完成电路的组装后，通上 +5 V 电源，按下输入端 A、B、C 的按钮进行不同的组合，观察发光二极管的亮灭，验证电路的逻辑功能。如果输出结果与输入中的多数一致,则表明电路功能正确,即多数人同意(电路中用"1"表示),表决结果为同意;多数人不同意(电路中用"0"表示),表决结果为不同意。按要求设置输入端电平,测出相应的输出逻辑电平,并将结果记录于表 6.26 中。

表 6.26　表决电路结果记录表

三　裁　判			裁判结果
A	B	C	Y

项目二　利用 3-8 线译码器集成芯片设计 1 位全加器

一、实训目的

(1) 掌握组合逻辑电路的设计与测试方法。
(2) 掌握中规模集成译码器的逻辑功能和使用方法。

二、实训设备与器材

数字电子实验操作台一台、中规模集成块 74LS00 和 74LS138 各一、连接导线若干。

三、实训内容

(1) 检测 74LS00 的逻辑功能,并将结果记录于表中(可参考表 6.24)。
(2) 检测 74LS138 的逻辑功能,并将结果记录于表 6.27 中。

表 6.27　74LS138 的功能表

输　入					输　出							
S_1	$\overline{S_2}+\overline{S_3}$	A_2	A_1	A_0	$\overline{Y}_0$	$\overline{Y}_1$	$\overline{Y}_2$	$\overline{Y}_3$	$\overline{Y}_4$	$\overline{Y}_5$	$\overline{Y}_6$	$\overline{Y}_7$
1	0	0	0	0								
1	0	0	0	1								
1	0	0	1	0								
1	0	0	1	1								
1	0	1	0	0								
1	0	1	0	1								
1	0	1	1	0								
1	0	1	1	1								
0	×	×	×	×								
×	1	×	×	×								

（3）用 3-8 译码器实现全加器，画出其逻辑图并连接测试，将结果填入表 6.28 中。

表 6.28　全加器逻辑功能表

A_i	B_i	C_i	S_i	C_{i+1}

第7章 触 发 器

在组合逻辑电路中，电路由各种类型的门电路组成，其共同的特点是：任何时刻的输出逻辑状态与该时刻的逻辑输入有关。组合逻辑电路的输出没有反馈到输入端，电路不具备存储功能，逻辑功能较为简单。在数字系统中，为了实现更加复杂的功能，通常需要存储输出结果，作为下一步运算的输入，能够完成这一功能的基本器件就是触发器，其输出与输入之间具有反馈电路，输出的逻辑值不仅取决于该时刻的输入还取决于电路以前的状态。

前面讨论了没有记忆功能的组合逻辑电路。本章讨论的是如何用逻辑门电路来组成具有记忆二进制信息的触发器。作为构成数字逻辑系统的基本单元的触发器，具有以下两个基本特性：

（1）具有两个自行保持的稳定状态，可以用来存储二进制信息 0 和 1。

（2）在输入信号作用下，两个稳定状态可相互转换。

触发器根据逻辑功能可以分为 RS 触发器、D 触发器（数据触发器）、JK 触发器、T 触发器和 T′触发器等。根据电路结构和动作特点的不同，可将它们分为基本触发器、同步触发器（钟控触发器）、主从触发器、维持阻塞触发器和边沿触发器等。触发器接收信号之前的状态称为初态（现态），用 Q^n 表示；在触发器信号触发之后触发器的状态称为次态，用 Q^{n+1} 表示。初态和次态是同一个触发器在触发器信号作用前后的输出状态。分析触发器用到的方法是状态表、状态图、特性方程和时序图（电压波形图）。

基本 RS 触发器又称为锁存器，主要用于临时存储数据。边沿触发器是组成时序逻辑电路的基础。触发器广泛用于各类数字系统之中。本章主要讨论 RS 触发器、D 触发器（数据触发器）、JK 触发器和 T 触发器的逻辑功能和应用。

教学内容：

（1）RS 触发器的结构和特性。

（2）D 触发器的结构和特性。

（3）JK 触发器的结构和特性。

学习目标：

（1）掌握基本 RS 触发器的逻辑功能，了解其电路组成和工作原理。

（2）熟悉同步 RS 的逻辑功能，熟悉同步 D 触发器和同步 JK 触发器的逻辑功能、特性方程；了解它们的电路结构和工作原理。

（3）掌握边沿 D 触发器和边沿 JK 触发器的逻辑功能、特性方程和逻辑符号，熟悉其一般应用。

（4）熟悉小型数字系统的制作与调试。

7.1 RS 触 发 器

7.1.1 基本 RS 触发器

1. 与非门基本 RS 触发器的电路结构和逻辑符号

与非门基本 RS 触发器的结构如图 7.1(a)所示，它由两个与非门的输入和输出交叉耦合而成，图 7.1(b)为其逻辑符号。$\overline{R}$ 和 $\overline{S}$ 为触发器信号输入端，上面的非号表示低电平有效，在逻辑符号中用小圆圈表示；Q 和 $\overline{Q}$ 为触发器输出端，在稳定状态时，它们的输出状态为相反。

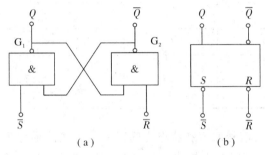

图 7.1 两个与非门组成的基本 RS 触发器和逻辑符号

(a) 结构图；(b) 逻辑符号

1）工作原理

信号输出端，$Q=0$ 和 $\overline{Q}=1$ 的状态称为 0 状态，$Q=1$ 和 $\overline{Q}=0$ 的状态称为 1 状态；信号输入端，低电平有效。

（1）$\overline{R}=0$ 和 $\overline{S}=1$ 时，触发器置 0。

由于 $\overline{R}=0$，不论原来 $\overline{Q}^n$ 为 0 还是为 1，都有 $\overline{Q}^{n+1}=1$；再由 $\overline{S}=1$、$\overline{Q}=1$ 可得 $Q^{n+1}=0$。即不论触发器原来处于什么状态都将变成 0 状态，这种情况称将触发器置 0 或复位。$\overline{R}$ 端称为触发器的置 0 端或复位端。

（2）$\overline{R}=1$ 和 $\overline{S}=0$ 时，触发器置 1。

由于 $\overline{S}=0$，不论原来 Q^n 为 0 还是为 1，都有 $Q^{n+1}=1$；再由 $\overline{R}=1$、$Q=1$ 可得 $\overline{Q}^{n+1}=0$。即不论触发器原来处于什么状态都将变成 1 状态，这种情况称将触发器置 1 或置位。$\overline{S}$ 端称为触发器的置 1 端或置位端。

（3）$\overline{R}=1$ 和 $\overline{S}=1$ 时，触发器保持不变。

当触发器原处于 $Q^n=0$ 和 $\overline{Q}^n=1$ 的 0 状态时，则 $Q^n=0$ 反馈到 G_2 的输入端，G_2 因输入低电平 0，输出 $\overline{Q}^{n+1}=1$，$\overline{Q}^{n+1}=1$ 又反馈到 G_1 的输入端，G_1 的输入端都为高电平 1，输出 $Q^{n+1}=0$。电路保持 0 状态。

当触发器原处于 $Q^n=1$ 和 $\overline{Q}^n=0$ 的 0 状态时，则 $\overline{Q}^n=0$ 反馈到 G_1 的输入端，G_1 因输入低电平 0，输出 $Q^{n+1}=1$，$Q^{n+1}=1$ 又反馈到 G_2 的输入端，G_2 的输入端都为高电平 1，输出

$\overline{Q}^{n+1}=0$。电路保持 1 状态。

根据与非门的逻辑功能推知，触发器保持原有状态不变，即原来的状态被触发器存储起来，这体现了触发器具有记忆能力。

（4）$\overline{R}=0$ 和 $\overline{S}=0$ 时，$Q^n=\overline{Q}^n=1$ 不符合触发器的逻辑关系。

由于与非门延迟时间不可能完全相等，在两输入端的 0 同时撤除后，将不能确定触发器是处于 1 状态还是 0 状态。所以触发器不允许出现这种情况，这就是基本 RS 触发器的约束条件。

2）特性表（真值表）

与非门基本 RS 触发器的上述逻辑功能可用表 7.1 来表示。

表 7.1 与非门基本 RS 触发器的特性表

$\overline{R}$	$\overline{S}$	Q^{n+1}	$\overline{Q}^{n+1}$	功能说明
0	0	1	1	禁用
0	1	0	1	置 0
1	0	1	0	置 1
1	1	Q^n	$\overline{Q}^n$	保持原来状态

能够反映触发器输入信号取值和状态之间对应关系的图形称为波形图。由表 7.1 与非基本 RS 触发器的特性表可以画出与非门基本 RS 触发器的时序波形图，如图 7.2 所示。

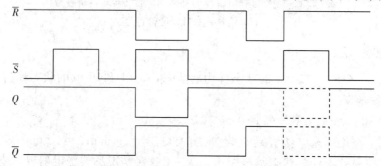

图 7.2 与非门基本 RS 触发器的时序波形图

2. 或非门基本 RS 触发器的电路结构和逻辑符号

由两个或非门组成的基本 RS 触发器的电路结构和逻辑符号如图 7.3 所示。

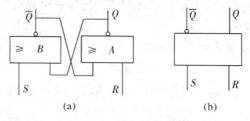

图 7.3 两个或非门组成的基本 RS 触发器电路结构和逻辑符号
（a）电路结构；（b）逻辑符号

分析过程和与非门基本 RS 触发器相似，不难得到它的特性表，如表 7.2 所示。

表 7.2　或非门基本 RS 触发器的特性表

R	S	Q^n	Q^{n+1}	功能说明
0	0	1 0	1 0	保持
0	1	0 1	1	置 1
1	0	0 1	0	置 0
1	1	1	1	禁用

用卡诺图表示如图 7.4 所示，由此可得或非门基本 RS 触发器的特性方程为

$$\begin{cases} Q^{n+1}=S+\bar{R}Q^n \\ RS=0 \qquad 约束条件 \end{cases} \tag{7.1}$$

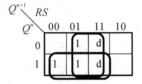

图 7.4　或非门基本 RS 触发器的特性卡诺图

同理，与非门基本 RS 触发器的特性方程为

$$\begin{cases} Q^{n+1}=\overline{(\bar{S})}+\bar{R}Q^n=S+\bar{R}Q^n \\ \bar{R}+\bar{S}=1 \qquad 约束条件 \end{cases} \tag{7.2}$$

基本 RS 触发器的特点：

(1) 触发器的次态不仅与输入信号状态有关，而且与触发器的现态有关。

(2) 电路具有两个稳定状态，在无外来触发信号作用时，电路将保持原状态不变。

(3) 在外加触发信号有效时，电路可以触发翻转，实现置 0 或置 1。

(4) 在稳定状态下两个输出端的状态和必须是互补关系，即有约束条件。

在数字电路中，凡根据输入信号 R、S 情况的不同，具有置 0、置 1 和保持功能的电路，都称为 RS 触发器。

例如，防机械开关抖动电路如图 7.5 所示。由图 7.5(a)可知，开关打在位置 1 时，F 点输出低电平。当开关从位置 1 打到位置 2 时的瞬间会在闭合和断开之间来回振动，在数十毫秒时间内产生多个脉冲后才能稳定下来，它会给后级电路造成错误的动作，这是不允许的。图 7.5(b)所示为由基本 RS 触发器组成的消除机械开关抖动影响的电路，图 7.5(d)显示了防抖动的过程。当开关在位置 1 时，$\bar{R}=0$ 和 $\bar{S}=1$ 时，触发器输出为 $Q=0$ 和 $\bar{Q}=1$，当开关从位置 1 达到位置 2 时 $\bar{R}=1$，由于开关的振动，$\bar{S}$ 端会在高低电平之间多次振动数十毫秒，其对 Q 端的高电平没有影响。当开关固定在位置 2 时 $\bar{S}=0$，触发器输出端 $Q=1$。同

理，开关由位置 2 打到位置 1 时，$\bar{S}=1$，$\bar{R}$端在高低电平之间多次振动，其对 Q 端的低电平同样没有影响。

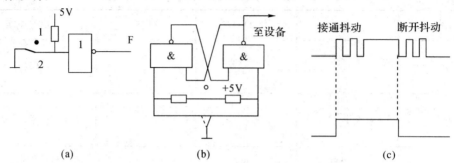

图 7.5　利用基本 RS 触发器消除机械开关抖动影响

（a）机械开关电路；（b）防抖动电路；（c）防抖动开关电压波形

7.1.2　同步 RS 触发器

1. 电路结构和逻辑符号

同步 RS 触发器是在基本 RS 触发器的基础上增加了两个由时钟脉冲 CP 控制的与非门 G_3、G_4 组成的，如图 7.6(a)所示。图中，CP 为时钟脉冲输入端，简称钟控端或 CP 端，R 和 S 为信号输入端。图 7.6(b)为曾用逻辑符号，图 7.6(c)为国标逻辑符号，框中的 C1 为控制关联标记，1 为标志序号，说明 1R 和 1S 受 C1 控制，表示在 $CP=1$ 时，C1 为高电平，此时 R 或 S 输入为 1 时，同步 RS 触发器被置 0 或 1。这种关联标注法在本书中将一直沿用。

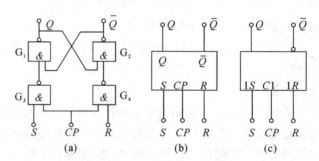

图 7.6　同步 RS 触发器的结构和逻辑符号

（a）逻辑图；（b）曾用逻辑符号；（c）国标逻辑符号

2. 逻辑功能

当 $CP=0$ 时，G_3、G_4 被封锁，不论 R、S 的输入信号如何变化，触发器保持原来状态不变，$Q^{n+1}=Q^n$。

当 $CP=1$ 时，G_3、G_4 解除封锁，R、S 的输入信号经 G_3、G_4 被翻转，其输出状态仍由 R、S 的输入信号和电路的原来状态 Q^n 决定，其工作情况与基本 RS 触发器相同。当 $CP=1$ 时，同步 RS 触发器的逻辑功能如表 7.3 所示。

表 7.3　同步 RS 触发器的特性表（$CP=1$ 有效）

CP	R	S	Q^n	Q^{n+1}	功能说明
0	×	×	×	Q^n	$Q^{n+1}=Q^n$ 保持
1	0	0	0	0	$Q^{n+1}=Q^n$ 保持
1	0	0	1	1	
1	0	1	0	1	$Q^{n+1}=1$ 置 1（输出状态和 S 相同）
1	0	1	1	1	
1	1	0	0	0	$Q^{n+1}=0$ 置 0（输出状态和 S 相同）
1	1	0	1	0	
1	0	0	0	×	不允许（输出状态不确定）
1	0	0	1	×	

从表 7.3 可以看出，在 $R=S=1$ 时，G_3、G_4 都输出 0，这时 $Q^n=\overline{Q^n}=1$；当 R、S 的输入信号同时从 1 变为 0 时，输出 Q^{n+1} 的状态是任意的，所以在特性表中填入"×"。

由于同步 RS 触发器与基本 RS 触发器的特性表相同，因而特性方程也相同，可以写为

$$\begin{cases} Q^{n+1}=S+\overline{R}Q^n \\ RS=0 \end{cases} \quad CP=1 \text{ 期间有效} \tag{7.3}$$

同步 RS 触发器的主要特点：

（1）时钟电平控制。在 $CP=1$ 期间接收输入信号，$CP=0$ 时状态保持不变，与基本 RS 触发器相比，对触发器状态的转变增加了时间控制。

（2）R、S 之间有约束。不能允许出现 R 和 S 同时为 1 的情况，否则会使触发器处于不确定的状态。

7.2　D 触 发 器

7.2.1　同步 D 触发器

1. 电路结构和逻辑符号

为了避免同步 RS 触发器同时出现 R、S 都为 1 的情况，可在 R 和 S 之间接入一个非门 G_5，如图 7.7(a) 所示。这种单输入的触发器叫做 D 触发器，又称之为数据触发器。它是数据存入或取出的基本单元电路。图 7.7(b) 是简化电路图，图 7.7(c) 是逻辑符号图，D 为信号输入端。框内 1D 和 C1 表示输入 D 和时钟脉冲关联，标明在 $CP=1$，C1 为高电平 1 时，输入的数据 D 才能控制触发器的状态。

2. 逻辑功能

当 $CP=0$ 时，G_3、G_4 被封锁，都输出 1，触发器保持原来状态，不受输入信号 D 控制。

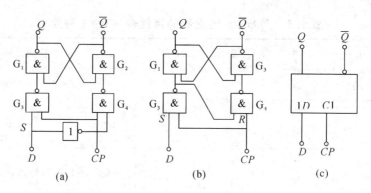

图 7.7 同步 D 触发器

(a) D 触发器的构成；(b) D 触发器的简化电路；(c) 逻辑符号

当 $CP=1$ 时，G_3、G_4 解除封锁，可接受 D 的输入信号。如 $D=1$，$\overline{D}=0$，触发器翻转到 1 状态，$Q^{n+1}=1$；如 $D=0$，$\overline{D}=1$，触发器翻转到 1 状态，$Q^{n+1}=0$。

由此可得在 $CP=1$ 时同步 D 触发器的特性表，如表 7.4 所示。

表 7.4 同步 D 触发器的特性表（$CP=1$ 有效）

CP	D	Q^n	Q^{n+1}	功能说明
0	$\times$	$\times$	Q^n	$Q^{n+1}=Q^n$ 保持
1	0	0	0	置 0（输出状态和 D 相同）
1	0	1	0	
1	1	0	1	置 1（输出状态和 D 相同）
1	1	1	1	

由上述分析可得，当 $CP=1$ 时，触发器的状态翻转到和 D 相同的状态；当 $CP=0$ 时，触发器保持原状态不变。将 $S=D$、$R=\overline{D}$ 代入同步 RS 触发器的特性方程，得同步 D 触发器的特性方程：

$$Q^{n+1}=S+\overline{R}Q^n=D+\overline{D}Q^n=D \quad （CP=1 \text{ 期间有效}）\tag{7.4}$$

在数字电路中，凡在 CP 时钟脉冲控制下，根据输入信号 D 情况的不同，具有置 0、置 1 功能的电路，都称为 D 触发器。由此我们可以得出同步 D 触发器的状态图和波形图，如图 7.8 和图 7.9 所示。

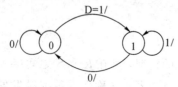

图 7.8 同步 D 触发器的状态图

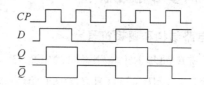

图 7.9 同步 D 触发器的波形图

7.2.2 边沿 D 触发器

1. 边沿触发

同步 D 触发器在 $CP=1$ 期间输出状态总是跟随 D 输入信号变化，因此电路存在空翻现象，无法保证输出状态在一个周期内跟随 D 输入信号只变化一次。而边沿触发器可以克服空翻现象，其原因是边沿触发器使用的是边沿触发方式。边沿触发方式即利用时钟脉冲 CP 的上升沿或下降沿到达的时刻接收输入信号，使电路的输出状态跟随输入信号变化，在 CP 其他时间内，触发器的状态不会发生改变，克服了空翻现象，提高了电路的可靠性和抗干扰能力。边沿触发有上升沿和下降沿。上升沿是时钟脉冲 CP 由低电平变化到高电平瞬间电压的变化（↑）；下降沿是时钟脉冲 CP 由高电平变化到低电平瞬间电压的变化（↓）。边沿触发器主要有 D 触发器和 JK 触发器。

2. 逻辑符号

图 7.10 所示为上升沿 D 触发器的逻辑符号，图 7.10(a)为曾用逻辑符号；图 7.10(b)为国标逻辑符号。图 7.11 所示为下降沿 D 触发器的逻辑符号，图 7.11(a)为曾用逻辑符号；图 7.11(b)为国标逻辑符号。图 7.10 中的"＞"表示触发器按时钟脉冲 CP 上升沿或正跃变触发，即以上升沿触发方式工作；图 7.11 中的 C1 框外加了一个小圆圈，表示触发器按时钟脉冲 CP 下降沿或负跃变触发，即以下降沿触发方式工作。

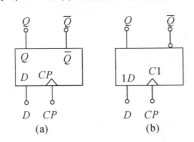

图 7.10　上升沿 D 触发器
(a) 曾用逻辑符号；(b) 国标逻辑符号

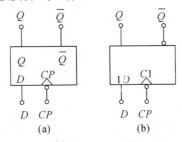

图 7.11　下降沿 D 触发器
(a) 曾用逻辑符号；(b) 国标逻辑符号

3. 工作原理及特性方程

(1) CP＝0 时，触发器没有触发，输入信号 D 不起作用。

(2) CP＝1 时，触发器没有触发，输入信号 D 不起作用。

(3) CP 下降/上升沿到来时，触发器被触发，CP 边沿时刻 D 的值被输入，输出为 D 输入的信号。

边延 D 触发器的特性如表 7.5 所示。

表 7.5　边沿 D 触发器特性表

CP	D	Q^n	Q^{n+1}	功能说明
0	×	×	Q^n	$Q^{n+1}=Q^n$ 保持
1	0	0	0	$Q^{n+1}=Q^n$ 保持
1	0	1	0	
↑ / ↓	0	×	0	$Q^{n+1}=D$（输出状态和 D 相同）
	1		1	

综上所述，边沿 D 触发器的特性方程为

$$Q^{n+1}=D（下降/上升沿时刻有效）\tag{7.5}$$

例7.1 图7.12(a)所示为上升沿 D 触发器的时钟脉冲 CP 和输入的电压波形，试画出触发器输出 Q 和 $\overline{Q}$ 的电压波形。设触发器的初始状态为 $Q^{n+1}=0$。

解 输入第1个时钟脉冲 CP 上升沿时，D 端输入信号为1，所以触发器由0状态翻转到1状态，$Q^{n+1}=1$；在第2个时钟脉冲 CP 上升沿时，D 端输入信号为0，触发器由1状态翻转到0状态，$Q^{n+1}=0$；第3个时钟脉冲 CP 上升沿时，D 端输入信号为0，触发器保持0状态，$Q^{n+1}=0$；第4个时钟脉冲 CP 上升沿时，D 端输入信号为1，触发器由0状态翻转到1状态，$Q^{n+1}=1$；在第5个时钟脉冲 CP 上升沿时，D 端输入信号为0，触发器由1状态翻转到0状态，$Q^{n+1}=0$。

根据上述分析可得图7.12(b)所示的上升沿 D 触发器输入和输出电压波形图，其中输出 Q 和 $\overline{Q}$ 的电压波形互为反相波形。

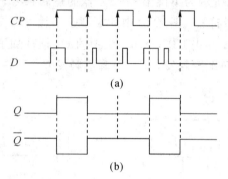

图7.12 上升沿 D 触发器的输入和输出电压波形图

边沿 D 触发器的主要特点：

(1) 只有在 CP 上升沿到达时刻触发器才会接收 D 端的输入信号，从而翻转到与 D 相同的状态，因此，Q 端输出波形与 CP 上升沿到达发生在同一时刻，见图7.12中的虚线。

(2) 在 CP 一个周期内，只有一个上升沿，触发器只能改变一次，因此 D 触发器没有空翻问题。

例7.2 利用边沿 D 触发器设计分频电路。

解 在数字电路中，常采用分频电路将频率较高的脉冲信号变为频率较低的脉冲信号。分频要求实现 $f_Q=\dfrac{1}{2}f_{CP}$，也就是说其周期关系满足 $T_Q=2T_{CP}$。从图7.13(a)可以看出，每当 CP 下降沿来临时，输出 Q 就会翻转。由此可得表达式为 $Q^{n+1}=\overline{Q}=D$，电路图如图7.13(b)所示，输入端 D 直接连接到 $\overline{Q}$ 上。

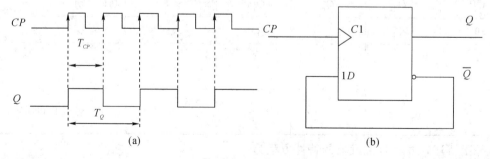

图7.13 二分频电路

(a) 电压波形；(b) 电路图

4. 集成上升沿 D 触发器 74LS74

集成上升沿 D 触发器 74LS74 芯片由两个独立的、功能相同的上升沿 D 触发器组成，它的引脚队列和内部结构示意图如图 7.14(a) 所示，芯片封装如图 7.14(b) 所示，每个触发器都带有直接置 0 端 $\overline{R}$ 和置 1 端 $\overline{S}$，低电平有效，CP 上升沿触发。

(a)　　　　　　　　　　　　　　　　(b)

图 7.14　集成上升沿 D 触发器 74LS74 芯片

(a) 引脚队列图；(b) 集成芯片图

1）异步置 0

当 $\overline{R}=0$ 和 $\overline{S}=1$ 时，触发器置 0，$Q^{n+1}=0$。它与时钟脉冲 CP 及 D 端的输入信号没有关系，称为异步置 0 端或直接置 0 端。

2）异步置 1

当 $\overline{R}=1$ 和 $\overline{S}=0$ 时，触发器置 1，$Q^{n+1}=1$。它与时钟脉冲 CP 及 D 端的输入信号没有关系，称为异步置 1 端或直接置 1 端。

可知，$\overline{R}$ 和 $\overline{S}$ 端的信号对触发器的控制作用优先于时钟脉冲 CP 及 D 端的输入信号。

3）置 0

若 $\overline{R}=\overline{S}=1$，$D=0$，则在 CP 由 0 翻转到 1 时，触发器置 0，$Q^{n+1}=0$。由于触发器的置 0 与 CP 脉冲的到来同步，因此又称为同步置 0。

4）置 1

若 $\overline{R}=\overline{S}=1$，$D=1$，则在 CP 由 0 翻转到 1 时，触发器置 1，$Q^{n+1}=1$。由于触发器的置 1 与 CP 脉冲的到来同步，因此又称为同步置 1。

5）保持

当 $\overline{R}=\overline{S}=1$，$CP=0$ 时，不论触发器的输入是 0 还是 1，触发器都保持原来的状态不变，$Q^{n+1}=Q^n$。

综上，74LS74 的功能表如表 7.6 所示。

表 7.6　74LS74 的功能表

输　入				输　出		功能说明
$\overline{R}$	$\overline{S}$	CP	D	Q^{n+1}	$\overline{Q}^{n+1}$	
0	1	×	×	0	1	异步置 0
1	0	×	×	1	0	异步置 1
1	1	↑	0	0	1	置 0
1	1	↑	1	1	0	置 1
1	1	0	×	Q^n	$\overline{Q}^n$	保持
0	0	×	×	1	1	不允许

例 7.3　图 7.15 所示为 D 触发器 74LS74 的 CP、D、$\overline{R}$ 和 $\overline{S}$ 的电压波形，试画出输出端 Q 的电压波形图。设触发器的初始状态为 $Q^n=0$。

解　输入第 1 个时钟脉冲 CP 上升沿时，由于 $\overline{R}=\overline{S}=1$ 和 $D=1$，所以触发器由 0 状态翻转到 1 状态；

输入第 2 个时钟脉冲 CP 上升沿时，虽然 $D=1$，但由于 $\overline{R}=0$、$\overline{S}=1$，触发器被强迫置 0；

输入第 3 个时钟脉冲 CP 上升沿时，由于 $\overline{R}=\overline{S}=1$ 和 $D=0$，所以触发器仍为 0 状态，接着 $\overline{R}=1$、$\overline{S}=0$，所以触发器被强迫置为 1 状态；

输入第 4 个时钟脉冲 CP 上升沿时，由于 $\overline{R}=\overline{S}=1$ 和 $D=0$，所以触发器又由 1 状态翻转为 0 状态；

输入第 5 个时钟脉冲 CP 上升沿时，由于 $\overline{R}=\overline{S}=1$ 和 $D=1$，所以触发器又由 0 状态翻转为 1 状态；

输入第 6 个时钟脉冲 CP 上升沿时，由于 $\overline{R}=\overline{S}=1$ 和 $D=0$，所以触发器又由 1 状态翻转为 0 状态。

从以上分析可得图 7.15 所示的输出端 Q 的电压波形。

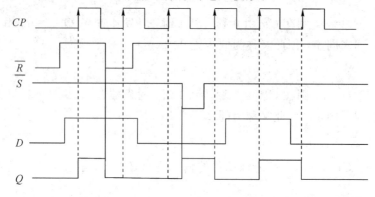

图 7.15　具有异步置 0 和置 1 输入端 D 触发器输出端 Q 的电压波形

例 7.4　在数字电路中，通常要求开机置数电路在接通电源后电路的初始状态是确定的。如图 7.16 为使用集成 D 触发器 75LS74 组成的开机置数电路和开机清零电路。

解 图 7.16(a)电路接通电源前，电容 C 上没有电压，在开关 S 闭合的瞬间，由于电容电压不能突变，结果 $\overline{R}=0$，触发器清零。接着 5 V 电源经 R 给电容充电到高电平 1，从而 $\overline{R}=5\,V$，触发器开始处于工作状态。图 7.16(b)电路中，在开关 S 闭合的瞬间，由于电容电压不能突变，使得反相器输入为高电平 1，输出为 0，结果 $\overline{S}=0$，触发器置 1。接着 5 V 电源给电容充电到高电平，反相器的输入电压下降到低电平，反相器的输出为高电平 1，使得结果 $\overline{S}=1$，触发器处于工作状态。

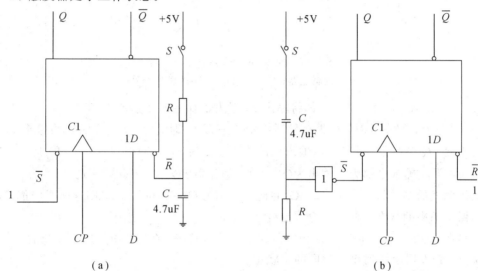

图 7.16　开机置数电路

（a）开机清零电路；（b）开机置 1 电路

7.3　JK 触 发 器

7.3.1　同步 JK 触发器

1. 电路结构及逻辑符号

能够克服同步 RS 触发器在 $R=S=1$ 时出现不定状态的另一种方法，就是将触发器的输出 Q 和 $\overline{Q}$ 的反馈接到输入端，这样 G_3 和 G_4 的输出不会同时出现低电平 0，从而避免了不定状态的出现，电路如图 7.17 所示。其中，图 7.17(b)为曾用符号，图 7.17(c)为国标符号，J、K 为信号输入端。

2. 特性方程

从图 7.17 中可得，$S=J\overline{Q^n}$、$R=KQ^n$。将之代入同步 RS 触发器的特性方程，得同步 JK 触发器的特性方程为

$$Q^{n+1}=S+\overline{R}Q^n=J\overline{Q^n}+\overline{KQ^n}Q^n=J\overline{Q^n}+\overline{K}Q^n \quad (CP=1\,\text{期间有效}) \tag{7.6}$$

3. 逻辑功能

如图 7.17 所示，当 $CP=0$ 时，G_3、G_4 被封锁，都将输出 1，触发器保持不变。当 $CP=1$ 时，G_3、G_4 被解除封锁，J、K 信号输入和 Q 和 $\overline{Q}$ 输出的反馈可控制触发器的状态。

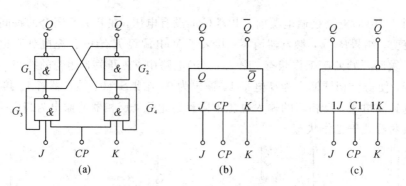

图 7.17　同步 JK 触发器和逻辑符号

（a）逻辑电路；（b）曾用符号；（c）国标符号

（1）当 $J=K=0$ 时，G_3、G_4 都将输出 1，触发器保持不变，$Q^{n+1}=Q^n$。

（2）当 $J=1$、$K=0$ 时，如果触发器初始状态为 0，即 $Q^n=0$，G_3、G_4 都将输出 1，触发器保持不变，$Q^{n+1}=Q^n$。此时，G_3 输入全部为 1 输出为 0，G_1 输出 $Q^{n+1}=1$。由于 $K=0$，G_4 输出 1，此时 G_2 输入全部为 1 输出为 $\overline{Q}^{n+1}=0$，触发器翻转到 1，$Q^{n+1}=1$。

如果触发器初始状态为 1，G_3、G_4 的输入分别为 $Q^n=0$ 和 $K=0$，则这两个门都输出 1，触发器保持原来的状态不变，即 $Q^{n+1}=Q^n$。

可知在 $J=1$、$K=0$ 时，不论触发器原来是什么状态，在 CP 由 0 到 1 变化后，即上升沿到来时，触发器翻转到和 J 相同的 1 状态。

（3）在 $J=0$、$K=1$ 时，不论触发器原来是什么状态，在 CP 由 0 到 1 变化后，即上升沿到来时，触发器翻转到和 J 相同的 0 状态。

（4）在 $J=K=1$ 时，在 CP 由 0 到 1 变化后，即上升沿到来时，触发器的状态由输出 Q 和 $\overline{Q}$ 决定。

如果触发器的初始状态为 $Q^n=0$，$\overline{Q}^n=1$，G_4 输入 $Q^n=0$，则输出为 1；G_3 输入 $\overline{Q}^n=1$，$J=1$，即全输入 1，输出为 0，可得 G_1 输出 $Q^{n+1}=1$，G_2 输出 $\overline{Q}^{n+1}=0$，触发器翻转到 1 状态，和原来的状态相反。

如果触发器的初始状态为 $Q^n=1$，$\overline{Q}^n=0$，G_4 输入全 1，输出 0；G_3 输入 $\overline{Q}^n=0$，输出 1，可得 G_2 输出 $\overline{Q}^{n+1}=1$，得 G_1 输出 $Q^{n+1}=0$，触发器翻转到 0 状态。

因此，在 $J=K=1$ 时，触发器处于翻转状态，即触发器的状态总是和原来的相反，$Q^{n+1}=\overline{Q}^n$。同步 JK 触发器在 $CP=1$ 时的逻辑功能可总结为表 7.7。

表 7.7　同步 JK 触发器的特性表（$CP=1$ 有效）

J	K	Q^n	Q^{n+1}	功能说明
0	0	0	0	$Q^{n+1}=Q^n$ 保持
0	0	1	1	
0	1	0	0	置 0（输出状态和 J 相同）
0	1	1	0	
1	0	0	1	置 1（输出状态和 J 相同）
1	0	1	1	
1	1	0	1	翻转
1	1	1	0	

同步 JK 触发器的主要特点：

(1) $CP=0$ 期间，触发器不随 J、K 输入信号的变化而变化，保持不变。

(2) $CP=1$ 期间，随 J、K 输入信号的多次变化，输出也多次变化，存在空翻现象。

7.3.2 边沿 JK 触发器

1. 逻辑符号

边沿 JK 触发器的逻辑符号如图 7.18 所示，图 7.18(a)为上升沿国标符号，图 7.18(b)为下降沿国标符号，J、K 为输入信号端。

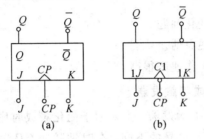

图 7.18 边沿 JK 触发器的逻辑符号

(a) 上升沿国标符号；(b) 下降沿国标符号

2. 逻辑功能

边沿 JK 触发器的逻辑功能和同步 JK 触发器的功能相同，其特性表和特性方程也相同。以下降沿 JK 触发器为例，只有在时钟脉冲 CP 下降沿来临时才会接收 J、K 输入的信号，它的特性方程如下：

$$Q^{n+1}=J\bar{Q}^n+\bar{K}Q^n \quad (CP \text{ 下降沿来临时刻有效}) \tag{7.7}$$

例 7.5 已知下降沿 JK 触发器的 J、K 输入信号的波形(见图 7.19)，试画出输出电压波形。设初始状态为 0。

解 输入第 1 个时钟脉冲 CP 下降沿时，由于 $J=0$、$K=1$，触发器置 0，触发器和原来的 0 状态一致，$Q^{n+1}=0$。CP 下降沿时，由于 $J=1$、$K=0$，触发器置 1，由 0 状态翻转到 1 状态，$Q^{n+1}=1$。CP 下降沿时，由于 $J=K=1$，触发器翻转，由 1 状态翻转到 0 状态，$Q^{n+1}=\bar{Q}^n=0$。CP 下降沿时，由于 $J=0$、$K=0$，触发器保持原来的 0 状态，$Q^{n+1}=Q^n=0$。CP 下降沿时，由于 $J=1$、$K=0$，触发器置 1，由 0 状态翻转到 1 状态，$Q^{n+1}=1$。

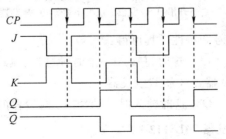

图 7.19 JK 触发器的在已知 J、K 时的输出电压波形

由此可得 JK 触发器的状态图，如图 7.20 所示。

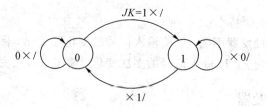

图 7.20　JK 触发器的状态图

在数字电路中，凡在 CP 时钟脉冲控制下，根据输入信号 J、K 情况的不同，具有置 0、置 1、保持和翻转功能的电路，都称为 JK 触发器。

边沿 JK 触发器的特点：

(1) 边沿触发，无一次变化问题。

(2) 功能齐全，使用方便灵活。

(3) 抗干扰能力极强，工作速度很高。

3. 用边沿 JK 触发器构成 T 触发器

在时序电路中经常用到 T 触发器，主要用于简化集成时序逻辑电路，特别是集成计数器。T 触发器是根据输入端 T 信号的不同，在时钟脉冲 CP 边沿的控制下，具有翻转和保持功能的电路。而边沿 JK 触发器同样具备这两种功能，只要将 J、K 相连作为输入端 T，就构成了 T 触发器，如图 7.21 所示。将 T 带入边沿 JK 触发器的特性方程，可得 T 触发器的特性方程：

$$Q^{n+1} = J\overline{Q}^n + \overline{K}Q^n = T\overline{Q}^n + \overline{T}Q^n \tag{7.8}$$

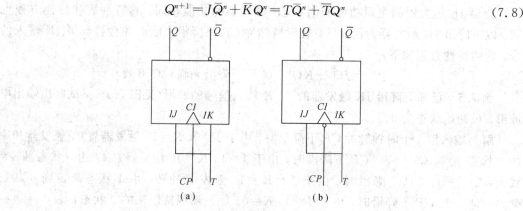

图 7.21　JK 触发器构成的 T 触发器

(a) 上升沿 T 触发器；(b) 下降沿 T 触发器

由 T 触发器的逻辑符号和特性方程可得：

(1) 当 $T=1$ 时，$Q^{n+1}=\overline{Q}^n$，这时每输入一个时钟脉冲，触发器的状态发生一次变化，具有翻转功能，为计数触发器，称为 T′ 触发器。

(2) 当 $T=0$ 时，$Q^{n+1}=Q^n$，这时输入时钟脉冲时，触发器的状态不变，具有保持功能。

4. 集成下降沿 JK 触发器 74LS112

74LS112 芯片由两个独立下降沿 JK 触发器组成，其逻辑符号如图 7.22(a) 所示，图 7.22(b) 为其引脚阵列图。

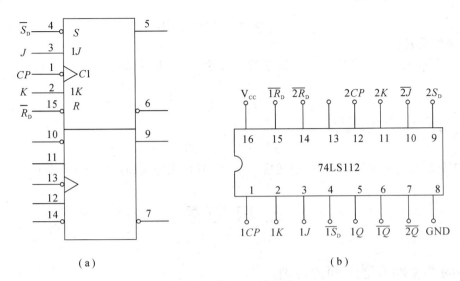

图 7.22 集成下降沿 JK 触发器 74LS112

（a）逻辑符号；（b）引脚阵列图

1）异步置 0

当 $\overline{R}_D = 0$、$\overline{S}_D = 1$ 时，触发器置 0，其与时钟脉冲 CP 及输入信号 J、K 无关。

2）异步置 1

当 $\overline{R}_D = 1$、$\overline{S}_D = 0$ 时，触发器置 1，其与时钟脉冲 CP 及输入信号 J、K 无关。

3）保持

当 $\overline{R}_D = 1$、$\overline{S}_D = 1$ 时，$J = K = 0$ 触发器保持原来的状态不变。

4）置 0

当 $\overline{R}_D = 1$、$\overline{S}_D = 1$ 时，$J = 0$、$K = 1$，在时钟脉冲 CP 下降沿，触发器翻转到 0 状态，触发器置 0，$Q^{n+1} = 0$。

5）置 1

当 $\overline{R}_D = 1$、$\overline{S}_D = 1$ 时，$J = 1$、$K = 0$，在时钟脉冲 CP 下降沿，触发器翻转到 1 状态，触发器置 1，$Q^{n+1} = 1$。

6）计数

当 $\overline{R}_D = 1$、$\overline{S}_D = 1$ 时，$J = K = 1$，每输入一个时钟脉冲 CP 的下降沿，触发器的状态变化一次，$Q^{n+1} = \overline{Q}^n$。这种情况通常用来进行计数。

本 章 小 结

（1）触发器是构成时序逻辑电路的基本单元，基本 RS 触发器是构成其他触发器的基础，描述方法有：特性方程、真值表、状态转换图、时序波形图等。

（2）由与非门构成的基本 RS 触发器的特性方程为

$$Q^{n+1} = \overline{(\overline{S})} + \overline{R}Q^n = S + \overline{R}Q^n$$

其约束条件是 $\overline{R} + \overline{S} = 1$。

（3）常用的边沿触发器有边沿 D 触发器和边沿 JK 触发器。边沿 D 触发器的特性方程是

$$Q^{n+1} = D$$

边沿 JK 触发器的特性方程是

$$Q^{n+1} = J\overline{Q}^n + \overline{K}Q^n$$

（4）D 触发器和 JK 触发器可以构成二分频、异步四分频和八分频等电路计数器。

知 识 拓 展

一、不同类型触发器之间的转换

触发器的市售产品主要是 JK 触发器和 D 触发器。但是在实际应用中，经常要用具有各种逻辑功能的触发器，这就需要进行不同类型触发器之间的相互转换。转换方法有公式法和图形法。这里仅举几个例子就公式法作简单介绍。

1. D 触发器转换成 JK 触发器

由 D 触发器特性方程 $Q^{n+1} = D$ 和 JK 触发器特性方程 $Q^{n+1} = J\overline{Q}^n + \overline{K}Q^n$ 可得

$$D = J\overline{Q}^n + \overline{K}Q^n$$

即，D 为 J、K 的函数。

根据上述过程，可得出 D 触发器→JK 触发器的电路，如图 7.23 所示。

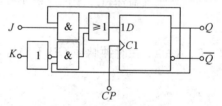

图 7.23　D 触发器→JK 触发器的电路

2. D 触发器转换成 T 和 T′ 触发器

由 D 触发器的特性方程 $Q^{n+1} = D$ 和 T 触发器的特性方程 $Q^{n+1} = T\overline{Q}^n + \overline{T}Q^n$，可得

$$D = T\overline{Q}^n + \overline{T}Q^n = T \oplus Q^n$$

根据上式可画出由 D 触发器→T 触发器的电路，如图 7.24 所示。

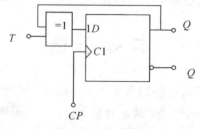

图 7.24　D 触发器→T 触发器的电路

当 $T=1$ 时，$D=\overline{Q^n}$，可得 T' 触发器。

3. JK 触发器转换成 D 触发器

由 JK 触发器的特性方程 $Q^{n+1}=J\overline{Q^n}+\overline{K}Q^n$ 和 D 触发器的特性方程 $Q^{n+1}=D$，可得

$$J\overline{Q^n}+\overline{K}Q^n=D$$

于是有

$$J=D,\ \overline{K}=D$$

由上式可画出 JK 触发器→D 触发器的电路，如图 7.25 所示。

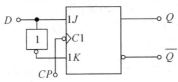

图 7.25　JK 触发器→D 触发器的电路

4. JK 触发器转换成 RS 触发器

已知 JK 触发器特性方程 $Q^{n+1}=J\overline{Q^n}+\overline{K}Q^n$ 和 RS 触发器的特性方程 $\begin{cases}Q^{n+1}=S+\overline{R}Q^n\\RS=0\end{cases}$，

可变换为

$$
\begin{aligned}
Q^{n+1}=S+\overline{R}Q^n&=S(\overline{Q^n}+Q^n)+\overline{R}Q^n\\
&=S\overline{Q^n}+SQ^n+\overline{R}Q^n\\
&=S\overline{Q^n}+\overline{R}Q^n+SQ^n(\overline{R}+R)\\
&=S\overline{Q^n}+\overline{R}Q^n+\overline{R}SQ^n+RSQ^n\\
&=S\overline{Q^n}+\overline{R}Q^n
\end{aligned}
$$

上式和 JK 触发器特性方程相比较，可得

$$J=S,\ K=R$$

从而可画出 JK 触发器→RS 触发器的电路，如图 7.26 所示。

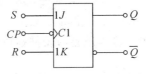

图 7.26　JK 触发器→RS 触发器的电路

思考：JK 触发器没有约束条件，那么变换 JK 触发器得到的 RS 触发器有约束条件吗？

二、VHDL 简介

1. VHDL 概述

VHDL 的英文全名是 VHSIC Hardware Description Language（VHSIC 硬件描述语言）。VHSIC 是 Very High Speed Integrated Circuit 的缩写，是 20 世纪 80 年代在美国国防部的资助下始建的，并最终发展为 VHDL。1987 年底，VHDL 被 IEEE 和美国国防部确认为标准硬件描述语言。VHDL 主要用于描述数字系统的结构、行为、功能和接口。除了含有许多具有硬件特征的语句外，VHDL 的语言形式和描述风格与句法十分类似于一般的计

算机高级语言。VHDL 的程序结构特点是将一项工程设计，或称设计实体（可以是一个元件、一个电路模块或一个系统）分成外部（或称可视部分及端口）和内部（或称不可视部分）。在对一个设计实体定义了外部界面后，一旦其内部开发完成后，其他的设计就可以直接调用这个实体。这种将设计实体分成内外部分的概念是 VHDL 系统设计的基本点。

VHDL 的主要作用可简单概括为

（1）描述：在这个语言首次开发出来时，其目标仅是一个使电路文本化的一种标准，为了使人们采用文本方式描述的设计能够被其他人没有二意性地所理解。因为用自然语言描述电路会产生二意性。这个模型是让人来阅读的。

（2）模拟的模型：作为模型语言，用于采用模拟软件进行模拟。这个模型是让仿真软件来阅读的。

（3）综合的模型：在自动设计系统中，作为设计输入。这个模型是让综合软件来阅读的。

2. VHDL 的特点

VHDL 能够成为标准化的硬件描述语言并获得广泛应用，它自身必然具有很多其他硬件描述语言所不具备的优点。归纳起来，VHDL 主要具有以下优点：

（1）功能强大，设计方式多样。

VHDL 具有强大的语言结构，只需采用简单明确的 VHDL 程序就可以描述十分复杂的硬件电路。同时，它还具有多层次的电路设计描述功能。此外，VHDL 能够同时支持同步电路、异步电路和随机电路的设计实现，这是其他硬件描述语言所不能比拟的。VHDL 设计方法灵活多样，既支持自顶向下的设计方式，也支持自底向上的设计方法；既支持模块化设计方法，也支持层次化设计方法。

（2）具有强大的硬件描述能力。

VHDL 具有多层次的电路设计描述功能，既可描述系统级电路，也可以描述门级电路；描述方式既可以采用行为描述、寄存器传输描述或者结构描述，也可以采用三者的混合描述。同时，VHDL 也支持惯性延迟和传输延迟，这样可以准确地建立硬件电路的模型。VHDL 的强大描述能力还体现在它具有丰富的数据类型。VHDL 既支持标准定义的数据类型，也支持用户定义的数据类型，这样便会给硬件描述带来较大的自由度。

（3）具有很强的移植能力。

VHDL 很强的移植能力主要体现在：对于同一个硬件电路的 VHDL 描述，它可以从一个模拟器移植到另一个模拟器上，从一个综合器移植到另一个综合器上或者从一个工作平台移植到另一个工作平台上。

（4）设计描述与器件无关。

采用 VHDL 描述硬件电路时，设计人员并不需要首先考虑选择进行设计的器件。这样做的好处是可以使设计人员集中精力进行电路设计的优化，而不需要考虑其他的问题。当硬件电路的设计描述完成以后，VHDL 允许采用多种不同的器件结构来实现。

（5）程序易于共享和复用。

VHDL 采用基于库（library）的设计方法。在设计过程中，设计人员可以建立各种可再次利用的模块。一个大规模的硬件电路的设计不可能从门级电路开始一步步地进行设计，而是一些模块的累加。这些模块可以预先设计或者使用以前设计中的存档模块，将这些模块存放在库中，就可以在以后的设计中复用了。

由于 VHDL 是一种描述、模拟、综合、优化和布线的标准硬件描述语言，因此它可以使设计成果在设计人员之间方便地进行交流和共享，从而减小硬件电路设计的工作量，缩短开发周期。

3. 学习 VHDL 应注意的几个问题

（1）了解 VHDL 模拟器如何模拟代码的过程，有助于弄清一些 VHDL 语句的语义，而对语义有一个清楚地理解可使你能够精练准确地进行 VHDL 代码编写。目前常用的 VHDL 模拟软件有 ActiveHDL 和 Modelsim。

（2）VHDL 的有些构造，较多的是专用于模拟和验证而不是综合，综合软件也许会忽略掉这样的构造和规则。VHDL 是基于模拟的语言，它所提供的行为描述的一切方便手段实际上都是以建立模拟模型为目的的。

（3）用于模拟的模型和用于综合的模型有差别。

（4）为综合而写的代码可以进行模拟，但不是所有为模拟而写的代码都可以用来综合。

（5）应大致了解综合软件的工作原理。目前常用的综合软件有 Synplicity 公司的 Synplify 和 SynplifyPro 软件，Synopsys 公司的 FPGAExpress 软件，Mentor 公司的 LeonardoSpectrum软件，Xilinx 公司的 XST(XilinxSynthesisTechnology)软件等。

（6）应将 VHDL 和 CPLD、FPGA 的学习结合起来。

（7）应基本熟悉 CPLD、FPGA 器件的逻辑资源。

4. 利用 VHDL 描述触发器

1）带异步复位边沿(下降沿)JK 触发器的 VHDL 程序

```
LIBRARY IEEE;
USE IEEE. STD_LOGIC_1164. ALL;
ENTITY jk1 is
PORT (clk,R,S : IN STD_LOGIC;
j,k: IN STD_LOGIC;
q,qn : OUT STD_LOGIC);
END jk1;
ARCHITECTURE one OF jk1 IS
  SIGNAL q_s : STD_LOGIC;
    BEGIN
        PROCESS (R,S,clk,j,k)
        BEGIN
        IF (R='1' AND S='0')THEN        q_s<='0';
        ELSIF(R='0' AND S='1')THEN      q_s<='1';
        ELSIF clk'E VENT AND clk='0'    THEN
        IF (J='0' AND k='0')THEN        q_s<=q_s;
        ELSIF (J='0' AND k='1') THEN    q_s<='0';
        ELSIF (J='1' AND k='0') THEN    q_s<='1';
        ELSIF (J='1' AND k='1') THEN    q_s<=NOT q_s;
        END IF;
```

```
                    END IF;
                END PROCESS;
                q<=q_s;
                qn<=not q_s;
            END one;
```

2）RS 触发器的 VHDL 程序

```
library ieee;
use ieee. std_logic_1164. all;
entity rsff is
    port(r,s: in std_logic;
        q,qb: out std_logic);
end rsff;
architecture rtl of rsff is
signal q_temp,qb_temp : std_logic;
begin
process(r,s)
begin
    if(s='1'and r='0')then
    q_temp<='0';
qb_temp<='1';
elsif(s='0'and r='1')then
q_temp<='1';
    qb_temp<='0';
else
q_temp<=q_temp;
qb_temp<=qb_temp;
end if;
end process;
q<=q_temp;
```

3）JK 触发器的 VHDL 程序

```
library ieee;
use ieee. std_logic_1164. all;
entity jk is
port(pset,clr,clk,j,k: in std_logic;
q,qb: out std_logic);
end entity jk;
architecture rtl of jk is
    signal q_s,qb_s: std_logic;
    begin
        process(pset,clr,clk,j,k)is
        begin
        if(pset='0')then
```

```
q_s<='1';
qb_s<='0';
    elsif(clr='0')then
q_s<='0';
qb_s<='1';
    elsif(clk'event and clk='1')then
    if(j='0')and(k='1')then
q_s<='0';
qb_s<='1';
    elsif(j='1')and (k='0')then
q_s<='1';
qb_s<='0';
    elsif(j='1')and (k='1')then
q_s<=not q_s;
qb_s<=not qb_s;
    end if;
    end if;
q<=q_s;
qb<=qb_s;
    end process;
end architecture;
```

自 我 检 测 题

一、填空题

1. 两个与非门构成的基本 RS 触发器的功能有_____、_____和_____。电路中不允许两个输入端同时为_____，否则将出现逻辑混乱。

2. 通常把一个 CP 脉冲引起触发器多次翻转的现象称为_____，有这种现象的触发器_____是触发器，此类触发器的工作属于_____触发方式。

3. 为有效地抑制"空翻"，人们研制出了_____触发方式的_____触发器和_____触发器。

4. JK 触发器具有_____、_____、_____和_____四种功能。欲使 JK 触发器实现 $Q^{n+1}=\overline{Q^n}$ 的功能，则输入端 J 应接_____，K 应接_____。

5. D 触发器的输入端子有_____个，具有_____和_____的功能。

6. 触发器的逻辑功能通常可用_____、_____、_____和等多种方法进行描述。

7. 组合逻辑电路的基本单元是_____，时序逻辑电路的基本单元是_____。

8. JK 触发器的次态方程为_____；D 触发器的次态方程为_____。

9. 把 JK 触发器_____就构成了 T 触发器，T 触发器具有的逻辑功能是_____和_____。

10. 让触发器恒输入"1"就构成了 T′触发器，这种触发器仅具有_____功能。

11. JK 触发器具有 _____、_____、_____和_____四项逻辑功能。

12. D 触发器有_____个稳态，存储 8 位二进制信息要_____个触发器。

二、判断题

1. 仅具有保持和翻转功能的触发器是 RS 触发器。　　　　　　　　　（　　）

2. 基本的 RS 触发器具有"空翻"现象。　　　　　　　　　　　　　（　　）

3. 钟控的 RS 触发器的约束条件是：$R+S=0$。　　　　　　　　　（　　）

4. D 触发器的输出总是跟随其输入的变化而变化。　　　　　　　　　（　　）

5. $CP=0$ 时，由于 JK 触发器的导引门被封锁而触发器状态不变。　（　　）

6. 主从型 JK 触发器的从触发器开启时刻在 CP 下降沿到来时。　　（　　）

7. 触发器和逻辑门一样，输出取决于输入现态。　　　　　　　　　　（　　）

8. 维持阻塞 D 触发器状态变化在 CP 下降沿到来时。　　　　　　　（　　）

9. 凡采用电位触发方式的触发器，都存在"空翻"现象。　　　　　　（　　）

10. D 触发器的特性方程为 $Q^{n+1}=D$，与 Q^n 无关，所以它没有记忆功能。（　　）

11. 时序逻辑电路的基本组成单元是触发器。　　　　　　　　　　　　（　　）

三、选择题

1. 仅具有置"0"和置"1"功能的触发器是（　　）。

A. 基本 RS 触发器　　　　　　　　B. 钟控 RS 触发器

C. D 触发器　　　　　　　　　　　D. JK 触发器

2. 由与非门组成的基本 RS 触发器不允许输入的变量组合为（　　）。

A. 00　　　　　　　B. 01　　　　　　　C. 10　　　　　　　D. 11

3. 仅具有保持和翻转功能的触发器是（　　）。

A. JK 触发器　　　　B. T 触发器　　　　C. D 触发器　　　　D. T' 触发器

4. 触发器由门电路构成，但它不同门电路功能，主要特点是（　　）。

A. 具有翻转功能　　　B. 具有保持功能　　　C. 具有记忆功能

5. 按触发器触发方式的不同，双稳态触发器可分为（　　）。

A. 高电平触发和低电平触发　　　　B. 上升沿触发和下降沿触发

C. 电平触发或边沿触发　　　　　　D. 输入触发或时钟触发

6. 按逻辑功能的不同，双稳态触发器可分为（　　）。

A. RS、JK、D、T 等　　　　　　　B. 主从型和维持阻塞型

C. TTL 型和 MOS 型　　　　　　　D. 上述均包括

7. 为避免"空翻"现象，应采用（　　）方式的触发器。

A. 主从触发　　　　　B. 边沿触发　　　　C. 电平触发

8. 为实现将 JK 触发器转换为 D 触发器，应使（　　）。

A. $J=D，K=\overline{D}$　　　　　　　　B. $K=D，J=\overline{D}$

C. $J=K=D$　　　　　　　　　　　D. $J=K=\overline{D}$

9. 对于 D 触发器，欲使 $Q^{n+1}=Q^n$，应使输入 $D=$（　　）。

A. 0　　　　　　　　B. 1　　　　　　　C. Q　　　　　　　D. $\overline{Q}$

四、简述题

1. 时序逻辑电路的基本单元是什么？组合逻辑电路的基本单元又是什么？

2. 何谓"空翻"现象？抑制"空翻"可采取什么措施？

3. 触发器有哪几种常见的电路结构形式？它们各有什么样的动作特点？

4. 试分别写出钟控 RS 触发器、JK 触发器和 D 触发器的特征方程。

练　习　题

1. 已知同步 JK 触发器的输入控制端 J 和 K 及 CP 脉冲波形如图 7.27 所示，试根据它们的波形画出相应输出端 Q 的波形。

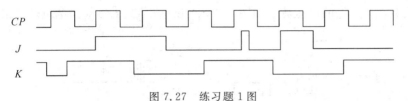

图 7.27　练习题 1 图

2. 写出图 7.28 所示各逻辑电路的次态方程。

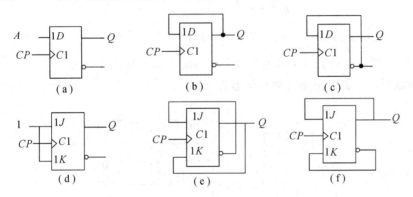

图 7.28　练习题 2 图

3. 图 7.29 所示为维持阻塞 D 触发器构成的电路，试画出在 CP 脉冲下 Q_0 和 Q_1 的波形。

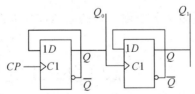

图 7.29　练习题 3 图

4. 画出图 7.30 所示由与非门组成的基本 RS 触发器输出端 Q、$\overline{Q}$ 的电压波形。输入端 $\overline{S}$、$\overline{R}$ 的电压波形如图中所示。

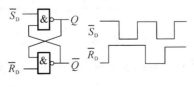

图 7.30　练习题 4 图

5. 画出图 7.31 所示由或非门组成的基本 RS 触发器输出端 Q、$\overline{Q}$ 的电压波形。输入端 S_D、R_D 的电压波形如图中所示。

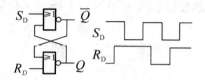

图 7.31　练习题 5 图

6. 图 7.32 所示为一个防抖动输出的开关电路。当拨动开关 S 时，由于开关触点接触瞬间发生振颤，$\overline{S}_D$、$\overline{R}_D$ 的电压波形如图中所示，试画出 Q、$\overline{Q}$ 端对应的电压波形。

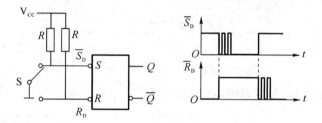

图 7.32　练习题 6 图

7. 在图 7.33 所示电路中，若 CP、S、R 的电压波形如图中所示，试画出 Q、$\overline{Q}$ 端与之对应的电压波形。假定触发器的初始状态为 $Q=0$。

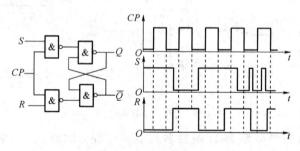

图 7.33　练习题 7 图

8. 已知边沿触发结构 JK 触发器各输入端的电压波形如图 7.34 所示，试画出 Q、$\overline{Q}$ 端对应的电压波形。

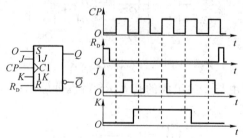

图 7.34　练习题 8 图

9. 设图 7.35 中各触发器的初始状态皆为 $Q=0$，试画出在 CP 信号连续作用下各触发器输出端的电压波形。

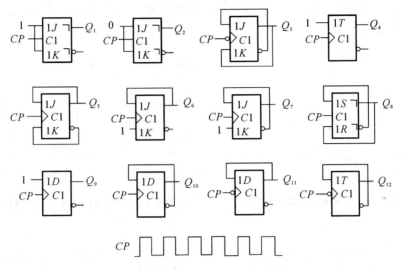

图 7.35　练习题 9 图

10. 图 7.36 所示是用 CMOS 边沿触发器和或非门组成的脉冲分频电路。试画出在一系列 CP 脉冲作用下，Q_1、Q_2 和 Z 端对应的输出电压波形。设触发器的初始状态皆为 $Q=0$。

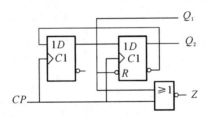

图 7.36　练习题 10 图

11. 试画出图 7.37 所示电路在一系列 CP 信号作用下 Q_1、Q_2、Q_3 端输出电压的波形。触发器为边沿触发结构，初始状态为 $Q=0$。

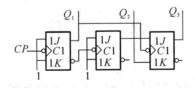

图 7.37　练习题 11 图

12. 画出图 7.38 所示电路中的输出波形图。Q 初始状态均为零。

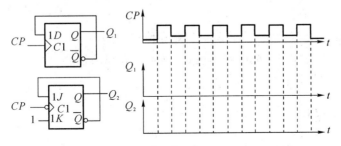

图 7.38　练习题 12 图

13. 设下降沿触发的边沿 JK 触发器的初始状态为 0，CP、J、K 信号波形如图 7.39 所示，试画出 Q 端的波形。

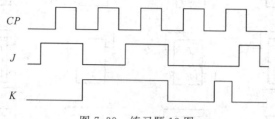

图 7.39　练习题 13 图

14. 设图 7.40 中各触发器初始状态为 0，试画出在 CP 作用下触发器的输出波形。

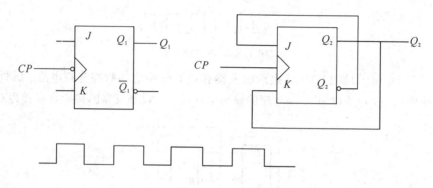

Q_1 ____0____

Q_2 ____0____

图 7.40　练习题 14 图

做 — 做

项目一　利用 **JK** 触发器设计四人抢答器

一、实训目的

（1）掌握集成边沿 JK 触发器的逻辑功能和使用方法。

（2）掌握中等规模数字集成电路的设计、布线、调试方法。

（3）熟悉相关仪器设备的使用。

二、实训设备与器材

万用表、直流电源、电烙铁套装、面包板、导线、芯片包。

三、实训内容

1．电路功能

电路设计如图 7.41 所示，其用以判断四个选手中哪一个最先按下抢答开关，而后其他选手再按抢答开关均不起作用。

（1）开始工作前，按下主持人控制开关使触发器复位，4 个 Q 端都输出高电平，发光二极管均不发光。此时，四个触发器输入端 $J=K=1$，等待接收信号。

（2）假设 S_3 按下，则 FF_3（74LS112 芯片）首先由 0 状态翻到 1 状态，这时 $Q_3=0$，发光二极管 LED_3 发光，同时使所有触发器 $J=K=0$，都执行保持功能，故后续抢答无效。

（3）进行第二轮抢答时，需再按一次开关 S_R，回到初始状态，可以进行新的抢答。

2．实验过程

（1）确认选用器件及其数量正确。

（2）设计电路原理图，样例如图 7.41 所示。

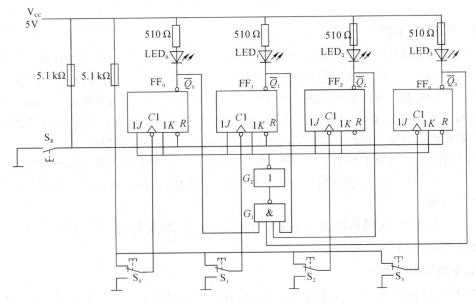

图 7.41 电路设计原理推荐图

（3）根据原理图，对整个电路进行布局，设计布线。整体要求做到尽量不交叉，整洁。

（4）利用面包板进行插装。

（5）利用万用表测试各芯片布线有无短路情况。

3．调试步骤

（1）检查电路接线，进行上电前检查，并填表 7.8。

（2）通电测试各芯片供电和各管脚电压，并填表 7.9。

（3）检查抢答器开始状态。按下开关 S_R，$LED_0 \sim LED_3$ 均熄灭，$Q_3 \sim Q_0$ 都输出高电平。

（4）检查抢答器功能。按下开关 $S_0 \sim S_3$ 中任一个，相应 LED 发光，此后按其他开关均不起作用。

（5）启动下一轮抢答。按开关 S_R，$LED_0 \sim LED_3$ 均熄灭，电路复原。

表 7.8 直流静态测试

	直流电源	74LS112 芯片 1	74LS112 芯片 2	74LS20	74LS00
测量各芯片直流电压					
测量各芯片接地	×				

表 7.9 电路功能测试

S_R	S_0	S_1	S_2	S_3	LED_0	LED_1	LED_2	LED_3	$\overline{Q}_0$	$\overline{Q}_1$	$\overline{Q}_2$	$\overline{Q}_3$

四、故障诊断

1. 短路故障的判断

短路是指电路中的某个器件或一部分电路由于某种原因导致其电阻相对于正常值严重偏小（甚至趋近于 0）的故障，包括电源短路和局部短路（即单个器件短路）两种情况。

（1）电源短路，即存在一短路器件（相当于一根导线）将电源的两极直接连接，这会使电源过载从而导致其毁坏，对电路危害极大，必须杜绝发生。因此在对被检测电路通电之前，应首先检测电源之后的负载电路的总电阻，判断是否存在整体短路。

（2）断电测量电路中两个节点间的电阻，若接近于 0，则表明两节点间并联的多个支路中存在一个或多个（本实验中限为一个）支路短路。这时需用其他方法进一步判断，或逐一隔离测量排查。

（3）通电电路中器件的短路会导致其两端电压为 0，电流异常剧增（本实验中不能将仪表串接入电路中，因此不能测量器件电流）。

2. 断路故障的判断

断路是指电路中的器件或连接点断开，导致器件电阻趋于无穷大的故障。判断断路最直观准确的方式是在断电时隔离测量被怀疑器件的电阻，但由于器件一般不能从电路中隔离出来，这时需断电和通电测量相结合，通过多次测量断定短路器件。断路故障的诊断一般需注意以下几点：

（1）断电测量多个器件串联的电路两端的总电阻，若趋于无穷大，则表明其中可能存在器件断路，或连接点断路，再逐一测量排查即可判断具体断路位置。

（2）通电电路中器件的断路会导致其两端电阻异常显著增大，电流为 0。

五、小结

（1）总结电路故障现象及其排除过程。

（2）总结触发器及发光二极管等元件使用的注意事项。

项目二　多路控制公共照明灯电路

一、实训目的

（1）掌握集成边沿 JK 触发器的逻辑功能和使用方法。

（2）掌握中等规模数字集成电路的设计、布线、调试方法。

（3）熟悉相关仪器设备的使用。

二、实训设备与器材

万用表、直流电源、电烙铁套装、面包板、导线、芯片包。

三、实训内容

1. 电路功能

多路控制公共照明电路的使用人可在多处不同的开关位置根据需要进行独立控制（控制灯泡的点亮与熄灭）。

（1）电路如图 7.42 所示，开始工作前照明灯灭，按下第一个开关后，照明灯被点亮。

（2）按下第二个开关，照明灯熄灭……具体描述为：触发器处于 0 状态时，三极管 VT 截止，继电器 K 的触点断开，灯 L 熄灭；当按下 S_0 时，触发器从 0 状态翻转到 1 状态，三极管 VT 导通，灯 L 点亮；再按下 S_1 时，触发器又翻转到 0 状态，灯 L 熄灭。

2. 实训过程

（1）确认选用器件及其数量正确。

（2）设计电路原理图，样例如图 7.42 所示。

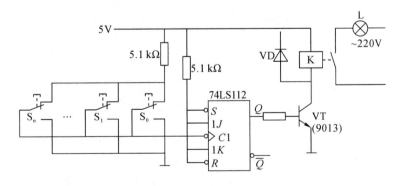

图 7.42　多路控制公共照明灯电路

（3）根据原理图，对整个电路进行布局，设计布线。整体要求做到尽量不交叉，整洁。

（4）利用面包板进行插装。

（5）利用万用表测试各芯片布线有无短路情况，并对电路进行静态测试，将测试结果记录于表 7.10 中。

（6）测试电路功能，将结果填入表 7.11 中。

表 7.10　直流静态测试

	直流电源	74LS112 芯片	9013	74LS00	JZC－32F－005－HS3
测量各芯片直流电压					
测量各芯片接地	×				

表 7.11　电路功能测试

S_0	S_1	S_2	S_3	LED	Q	K	L

四、故障诊断

故障诊断同项目一。

五、实训小结

总结继电器的原理和使用注意事项。

第8章　时序逻辑电路

本章导引

组合逻辑电路主要由门电路构成，时序逻辑电路则主要由触发器和门电路组成。触发器的主要作用是用来记忆和表示逻辑电路的状态，由此可见，在时序逻辑电路中，触发器是主要组成部分，门电路则可以没有。

时序逻辑电路又称时序电路，是数字逻辑电路的重要组成部分。时序逻辑电路与组合逻辑电路相比具有不同的特点：时序逻辑电路在任何时刻的输出状态（次态）不仅取决于该时刻的输入状态，而且还取决于电路的原有状态（现态）。时序逻辑电路的内部存在反馈电路，其输出状态由输入信号状态和触发器原有状态共同决定。同时由于时序逻辑电路在结构以及功能上的特殊性，相较其他种类的数字逻辑电路而言，它往往具有难度大、电路复杂并且应用范围广的特点。

根据触发器状态的变化和时钟脉冲 CP 信号是否同步，时序逻辑电路又分为同步时序逻辑电路和异步时序逻辑电路。在同步时序逻辑电路中，所有的触发器同时连在一个时钟控制脉冲 CP 上，所有具备发生翻转条件的触发器在同一个时钟脉冲控制下同时翻转。在异步时序逻辑电路中，只有部分触发器与时钟脉冲 CP 相连接，其余触发器的时钟由电路内部控制，具备翻转条件的触发器在时钟脉冲 CP 控制下，其状态翻转有先后之分。本章后面所讲到的计数脉冲、移位脉冲实际上就是时钟脉冲 CP。

时序逻辑电路在数字电路中占有十分重要的地位，本章主要是对时序逻辑电路的逻辑功能及其描述方法、电路结构、分析方法及其设计方法作了简单的介绍，最后通过介绍几种典型的时序逻辑电路，即计数器、寄存器、移位寄存器、顺序脉冲发生器等，总结了时序逻辑电路在未来的应用方向。

教学内容：

（1）同步时序逻辑电路的分析方法。

（2）寄存器、计数器。

（3）同步时序逻辑电路的设计方法。

学习目标：

（1）掌握同步时序逻辑电路的分析方法。

（2）掌握二进制计数器和十进制计数器的工作原理及常用集成计数器的逻辑功能与使用方法。

（3）理解寄存器和移位寄存器的逻辑功能与使用方法，了解利用移位寄存器组成顺序脉冲电路的方法。

（4）借助集成电路手册，能正确使用集成计数器和移位寄存器，完成中等时序逻辑电路的设计、组装和调试。

8.1 同步时序逻辑电路的分析方法

时序逻辑电路根据时钟不同可分为同步时序逻辑电路和异步时序逻辑电路。

（1）同步时序逻辑电路：各个触发器的时钟脉冲相同，即电路中有一个统一的时钟脉冲，每来一个时钟脉冲，电路的状态只改变一次。

（2）异步时序逻辑电路：各个触发器的时钟脉冲不同，即电路中没有统一的时钟脉冲来控制电路状态的变化，电路状态改变时，电路中要更新状态的触发器的翻转有先有后，是异步进行的。

由于同步时序逻辑电路的触发器同时动作，所以同步时序逻辑电路的速度比异步时序逻辑电路快，其应用也比异步时序逻辑电路更加广泛。

1. 基本分析方法

数字电路的分析方法和设计方法是数字电路这门课程的主要学习内容。在组合逻辑电路中我们已经学习了组合逻辑电路的分析方法和设计方法，同样的在时序电路中，也要学习时序逻辑电路的分析方法和设计方法。其中，时序逻辑电路的分析方法是主要学习内容，时序逻辑电路的设计方法只做简单了解。

分析同步时序逻辑电路，就是在给定的同步时序逻辑电路基础之上找到它的逻辑功能。具体方法就是通过分析同步时序逻辑电路，找到在输入变量和时钟信号作用下同步时序逻辑电路现态和次态之间的变化规律。

分析同步时序电路的步骤如下：

（1）列写时钟方程。时钟方程即电路中各个触发器的时钟脉冲方程。对于同步时序逻辑电路而言，电路中所有的时钟都是连接在一起的，因此比较简单。

（2）列写驱动方程。从给定的同步时序逻辑电路图中找出每个触发器的输入方程即驱动方程，也是每个触发器输入端的逻辑表达式。

（3）列写状态方程。将得到的驱动方程带入每个触发器的特性方程之中，可得到每个触发器的状态方程。这些状态方程就组成了整个同步时序逻辑电路的状态方程组。

（4）列写输出方程。根据同步时序逻辑电路写出电路的输出方程。

（5）列出状态表。根据整个电路的状态方程组、输入方程、输出方程列出各触发器时钟、现态、次态、输入、输出的功能真值表。

（6）绘出状态转换图。根据状态表，可画出状态转换图和时序波形图。

（7）判断逻辑功能。根据状态转换图，判断逻辑功能。

（8）自启动判断。根据状态转换图，判断电路能否自启动。

将以上步骤总结，如图 8.1 所示。

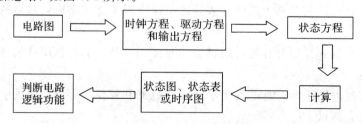

图 8.1 同步时序逻辑电路的分析步骤

2. 分析举例

例 8.1　针对如图 8.2 所示电路，分析其逻辑功能。

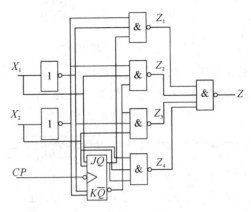

图 8.2

解　（1）写出电路的驱动方程和输出方程：

$$J = X_1 \cdot X_2, \quad K = \overline{X_1} \cdot \overline{X_2}$$

$$Z_1 = \overline{\overline{X_1} \cdot \overline{X_2} \cdot Q}, \quad Z_2 = \overline{X_1 \cdot \overline{X_2} \cdot \overline{Q}}$$

$$Z_3 = \overline{\overline{X_1} \cdot X_2 \cdot \overline{Q}}, \quad Z_4 = \overline{X_1 \cdot X_2 \cdot Q}$$

$$Z = \overline{Z_1 \cdot Z_2 \cdot Z_3 \cdot Z_4} = \overline{(X_1 \oplus X_2)} \cdot Q + (X_1 \oplus X_2) \cdot \overline{Q}$$

（2）列出状态方程：

$$Q^{n+1} = J\overline{Q}^n + \overline{K}Q^n$$
$$= X_1 \cdot X_2 \cdot \overline{Q}^n + \overline{\overline{X_1} \cdot \overline{X_2}} \cdot Q^n$$
$$= X_1 \cdot X_2 \cdot \overline{Q}^n + (X_1 + X_2) \cdot Q^n$$

（3）列出状态转换表，如表 8.1 所示。

表 8.1　例 8.1 状态转换表

X_1	X_2	Q^n	Z	Q^{n+1}
0	0	0	0	0
		1	1	0
0	1	0	1	0
		1	0	1
1	0	0	1	0
		1	0	1
1	1	0	0	1
		1	1	1

（4）绘出状态转换图，如图 8.3 所示。

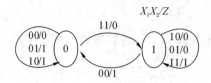

图 8.3　例 8.1 状态转换图

（5）分析逻辑功能。此电路的逻辑功能是完成串行 1 位二进制加法功能，X_1、X_2 为加数和被加数，Z 为和，触发器 Q 上为存储的两数加产生的进位。

例 8.2　分析图 8.4 所示同步时序逻辑电路的逻辑功能。

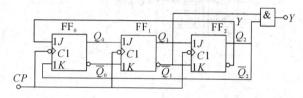

图 8.4　例 8.2 图

解　（1）时钟方程。

$$CP_2 = CP_1 = CP_0 = CP$$

（2）输出方程。

$$Y = \overline{Q}_1^n Q_2^n$$

（3）驱动方程。

$$\begin{cases} J_2 = Q_1^n, \ K_2 = \overline{Q}_1^n \\ J_1 = Q_0^n, \ K_1 = \overline{Q}_0^n \\ J_0 = \overline{Q}_2^n, \ K_0 = Q_2^n \end{cases}$$

（4）状态方程。将各触发器的驱动方程代入，即得电路的状态方程：

$$\begin{cases} Q_2^{n+1} = J_2 \, \overline{Q}_2^n + \overline{K}_2 Q_2^n = Q_1^n \, \overline{Q}_2^n + Q_1^n Q_2^n = Q_1^n \\ Q_1^{n+1} = J_1 \, \overline{Q}_1^n + \overline{K}_1 Q_1^n = Q_0^n \, \overline{Q}_1^n + Q_0^n Q_1^n = Q_0^n \\ Q_0^{n+1} = J_0 \, \overline{Q}_0^n + \overline{K}_0 Q_0^n = \overline{Q}_2^n \, \overline{Q}_0^n + \overline{Q}_2^n Q_0^n = \overline{Q}_2^n \end{cases}$$

（5）状态真值表如表 8.2 所示。

表 8.2　例 8.2 状态转换表

现　态			次　态			输　出
Q_2^n	Q_1^n	Q_0^n	Q_2^{n+1}	Q_1^{n+1}	Q_0^{n+1}	Y
0	0	0	0	0	1	0
0	0	1	0	1	1	0
0	1	0	1	0	1	0
0	1	1	1	1	1	0
1	0	0	0	0	0	1
1	0	1	0	1	0	1
1	1	0	1	0	0	0
1	1	1	1	1	0	0

（6）状态转换图如图 8.5 所示，时序图如图 8.6 所示。

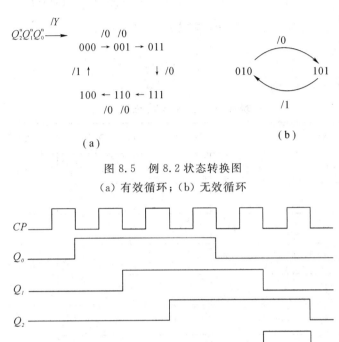

图 8.5　例 8.2 状态转换图

（a）有效循环；（b）无效循环

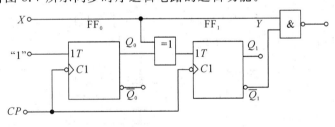

图 8.6　例 8.2 时序波形图

（7）电路功能。有效循环的 6 个状态分别是 $0\sim5$ 这 6 个十进制数字的格雷码，并且在时钟脉冲 CP 的作用下，这 6 个状态是按递增规律变化的，即：$000\to001\to011\to111\to110\to100\to000\to\cdots$所以这是一个用格雷码表示的六进制同步加法计数器。当对第 6 个脉冲计数时，计数器又重新从 000 开始计数，并产生输出 $Y=1$。

例 8.3　分析图 8.7 所示同步时序逻辑电路的逻辑功能。

图 8.7　例 8.3 图

解　（1）时钟方程。

$$CP_1=CP_0=CP$$

（2）驱动方程。

$$T_0=1,\ T_1=X\oplus Q_0$$

（3）状态方程。T 触发器的特性为 $Q^{n+1}=T\overline{Q^n}+\overline{T}Q^n$，将驱动方程带入可得 FF_0、FF_1 的状态方程：

$$Q_0^{n+1}=\overline{Q_0^n}$$

231

$$Q_1^{n+1} = (X \oplus Q_0^n)\overline{Q_1^n} + \overline{(X \oplus Q_0^n)}Q_1^n$$
$$= (\overline{X}Q_0^n + X\overline{Q_0^n})\overline{Q_1^n} + \overline{(\overline{X}Q_0^n + X\overline{Q_0^n})}Q_1^n$$
$$= X \oplus Q_0^n \oplus Q_1^n$$

（5）输出方程。

$$Y = \overline{X \cdot \overline{Q_1^n}}$$

（6）状态表如表 8.3 所示。

表 8.3　例 8.3 状态转换表

CP	X	Q_0^n	Q_1^n	Q_0^{n+1}	Q_1^{n+1}	Y
↓	0	0	0	1	0	1
↓	0	1	0	0	1	1
↓	0	0	1	1	1	1
↓	0	1	1	0	0	1
↓	1	0	0	1	1	1
↓	1	1	0	0	1	1
↓	1	0	1	1	0	0
↓	1	1	0	0	0	0

（7）状图转换图。根据状态表 8.2，画出状态转换图和时序波形图，如图 8.8 所示。

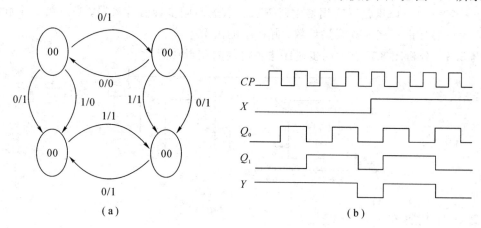

图 8.8　状态转换图和时序波形图

（a）状态转换图；（b）时序波形图

（8）逻辑功能。根据状态转换图，判断逻辑功能，其电路功能为：由状态图可以看出，当输入 $X=0$ 时，在时钟脉冲 CP 的作用下，电路的 4 个状态按递增规律循环变化，即：$00 \rightarrow 01 \rightarrow 10 \rightarrow 11 \rightarrow 00 \rightarrow \cdots$ 当 $X=1$ 时，在时钟脉冲 CP 的作用下，电路的 4 个状态按递减规律循环变化，即：$00 \rightarrow 11 \rightarrow 10 \rightarrow 01 \rightarrow 00 \rightarrow \cdots$ 可见，该电路既具有递增计数功能，又具有递减

计数功能，是一个 2 位二进制同步可逆计数器。

（9）自启动。电路能够自启动。

例 8.4　分析图 8.9 时序电路的逻辑功能，写出电路的驱动方程、状态方程和输出方程，画出电路的状态转换图，说明电路能否自启动。

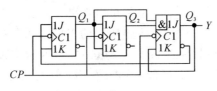

图 8.9　例 8.4 图

解　驱动方程：

$$J_1 = K_1 = \overline{Q_3}$$
$$J_2 = K_2 = Q_1$$
$$J_3 = Q_1 Q_2, \quad K_3 = Q_3$$

状态方程：

$$Q_1^{n+1} = \overline{Q_3^n}\ \overline{Q_1^n} + Q_3^n\ Q_1^n = \overline{Q_3^n \oplus Q_1^n}$$
$$Q_2^{n+1} = Q_1^n\ Q_2^n + \overline{Q_1^n}\ Q_2^n = Q_2^n \oplus Q_1^n$$
$$Q_3^{n+1} = \overline{Q_3^n}\ Q_2^n\ Q_1^n$$

输出方程：

$$Y = Q_3$$

由状态方程可得状态转换表，如表 8.4 所示；由状态转换表可得状态转换图，如图 8.10 所示。电路可以自启动。

表 8.4　例 8.4 状态转换表

Q_3^n	Q_2^n	Q_1^n	Q_3^{n+1}	Q_2^{n+1}	Q_1^{n+1}	Y	Q_3^n	Q_2^n	Q_1^n	Q_3^{n+1}	Q_2^{n+1}	Q_1^{n+1}	Y
0	0	0	0	0	1	0	1	0	0	0	0	0	1
0	0	1	0	1	0	0	1	0	1	0	1	1	1
0	1	0	0	1	1	0	1	1	0	0	1	0	1
0	1	1	1	0	0	0	1	1	1	0	0	1	1

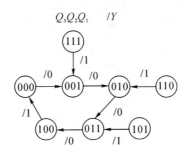

图 8.10　例 8.4 状态转换图

电路的逻辑功能：该电路是一个五进制计数器，计数顺序是从 0 到 4 循环。

8.2 寄存器

在数字电路中，用来存放二进制数据或代码的电路称为寄存器。寄存器是由具有存储功能的触发器组合起来构成的。一个触发器可以存储1位二进制代码；存放 n 位二进制代码的寄存器，需用 n 个触发器来构成。按照功能的不同，可将寄存器分为基本寄存器和移位寄存器两大类。基本寄存器只能并行送入数据，需要时也只能并行输出。移位寄存器中的数据可以在移位脉冲作用下依次逐位右移或左移，数据既可以并行输入、并行输出，也可以串行输入、串行输出，还可以并行输入、串行输出，串行输入、并行输出，十分灵活，用途也很广。

寄存器与存储器的区别：

（1）寄存器一般只用来暂存中间运算结果，存储时间短，存储容量小，一般只有几位。

（2）存储器一般用于存储运算结果，存储时间长，容量大。

寄存器分为数据寄存器和移位寄存器，其区别在于有无移位的功能。

8.2.1 数据寄存器

在数字系统中，用来暂存数码的数字部件称为数码寄存器。这种寄存器只有寄存数码和清除原有数码的功能。图 8.11 是由 D 触发器（上升沿触发）组成的 4 位数码寄存器 74LS175 的逻辑图。

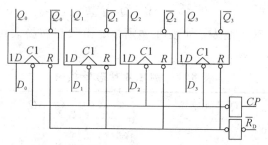

图 8.11　数据寄存器 74LS175 逻辑图

从图 8.13 可以看出，无论寄存器中原来的内容是什么，只要送数控制时钟脉冲 CP 上升沿到来，加在并行数据输入端的数据 $D_0 \sim D_3$ 就立即被送入寄存器中；当时钟脉冲 CP 消失后，寄存器就保持 $D_3 D_2 D_1 D_0$ 的状态不变。其功能表可总结为表 8.5。

表 8.5　74LS175 的功能表

$\overline{R}_D$	CP	D	Q^{n+1}	$\overline{Q^{n+1}}$
0	$\times$	$\times$	0	1
1	$\uparrow$	1	1	0
1	$\uparrow$	0	0	1
1	$\uparrow$	$\times$	Q^n	$\overline{Q^n}$

74LS175 的功能如下：

1）异步清零

在 $\overline{R}_D$ 加负脉冲，触发器全部清零。完成清零后，为了不影响数据的寄存，$\overline{R}_D$ 端应接高电平。

2）并行输入

$\overline{R}_D=1$ 时，所要存入的数据 D 依次输入，在 CP 脉冲上升沿的作用下，数据完成并行输入。

3）记忆功能

$\overline{R}_D=1$，CP 无上升沿时（通常接入低电平），各触发器保持不变，处于记忆保持状态。

4）并行输出

此功能使触发器可以同时输出已经存入的数据及其反码。

8.2.2　移位寄存器

移位寄存器不仅有存放数码的功能，而且有移位的功能。所谓移位，是指每当一个正脉冲（时钟脉冲）到来时，触发器的状态便向右或向左移一位，也就是指寄存的数码可以在移位脉冲的控制下依次进行移位。所以，移位寄存器不仅可以存储数据代码，同时还可以用来实现数据的串行与并行的转换，如图 8.12 所示。

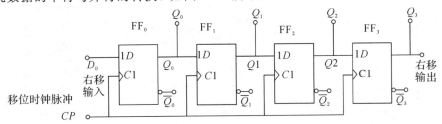

图 8.12　用 D 触发器组成移位寄存器

移位寄存器的功能表如表 8.6 所示。

表 8.6　移位寄存器功能表

D	CP	Q_0^n	Q_1^n	Q_2^n	Q_3^n	Q_0^{n+1}	Q_1^{n+1}	Q_2^{n+1}	Q_3^{n+1}	说　明
1	↑	0	0	0	0	1	0	0	0	
1	↑	1	0	0	0	1	1	0	0	
1	↑	1	1	0	0	1	1	1	0	连续输入 4 个 1
1	↑	1	1	1	0	1	1	1	1	

8.2.3　集成寄存器芯片

集成寄存器又称为锁存器，通常用来存储中间结果，如仪器设备中的数据存储等。下面介绍常用的三种寄存器芯片。

1. 74LS373

图 8.13 所示为 8 位锁存器 74LS373 的逻辑图。8 个 D 触发器组成寄存器单元；具有三态输出。G_1 为输出控制门；G_2 为锁存允许控制门；$1D \sim 8D$ 是数据输入端；$1Q \sim 8Q$ 是数据输出端。

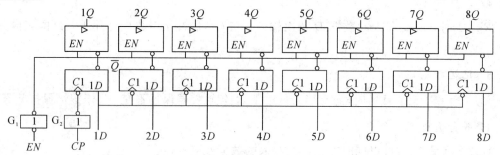

图 8.13　74LS373 逻辑图

其工作过程为：先将要锁存的数据输入到各 D 端，在 $CP=1$ 时，D 端数据就会被存入各个触发器中；在 $CP=0$ 时，数据就被锁存在各个触发器中。如需将被锁存的数据输出，只要 $\overline{EN}=0$，数据将通过三态门输出；在 $\overline{EN}=1$ 时，三态门处于高阻态。总结其功能，如表 8.7 所示。

表 8.7　74LS373 锁存器功能表

$\overline{EN}$	D	CP	Q^{n+1}	说明
1	×	×	Z	高阻
0	×	0	Q^n	保持
0	D	1	D	寄存

2. 74LS164 移位寄存器

图 8.14 所示为 74LS164 的逻辑图。8 个 D 触发器是 8 位移位寄存器的存储单元；$Q_1 \sim Q_7$ 是 8 位并行输出端；G_1 是清零控制；G_2 是脉冲控制；G_3 是串行数据输入端。

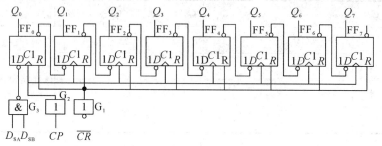

图 8.14　74LS164 逻辑图

其工作过程总结为：

（1）清零。当 $\overline{CR}=0$ 时，$Q_1 \sim Q_7$ 都为零。清零后只有在 $\overline{CR}=1$ 时，寄存器才能正常

工作。

（2）寄存和移位。D_{SA} 和 D_{SB} 是两个数据输入端，它们是与非的关系，在时钟 CP 上升沿时将数据存入 FF_0，FF_0 中的数据存入 FF_1，FF_1 中的数据存入 FF_2，依次类推，实现移位寄存。

3. 74LS194 双向移位寄存器

1）结构及功能

移位寄存器按移位的方式可分为左移、右移和双向移位寄存器。74LS194 为 4 位双向移位寄存器，它具有左移、右移、并行输入数据、保持及清除等五种功能，其逻辑电路如图 8.15 所示。其中，$\overline{R_D}$ 为异步清零端，S_0 和 S_1 的组合控制芯片的功能控制端，D_{IL} 和 D_{IR} 分别为左、右移动串行输入端，$D_0 \sim D_3$ 是 4 位并行输入端，$Q_0 \sim Q_3$ 是 4 位并行输出端。74LS194 的功能表如表 8.8 所示。

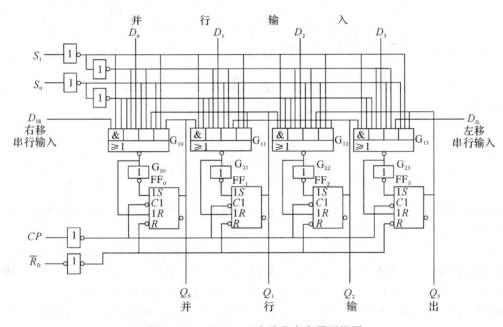

图 8.15　74LS194 双向移位寄存器逻辑图

表 8.8　**74LS194 双向移位寄存器功能表**

$\overline{R_D}$	S_0	S_1	工作状态
0	×	×	置零
1	1	0	保持
1	0	1	右移
1	1	0	左移
1	1	1	并行输入

74LS194 的逻辑符号如图 8.16 所示，其并行数码输出端从高位到低位依次为 $Q_3 \sim Q_0$。

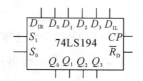

图 8.16　74LS194 的逻辑符号

2) 74LS194 的拓展

两片 74LS194 可以拓展为 8 位移位寄存器，其逻辑图如图 8.17 所示。

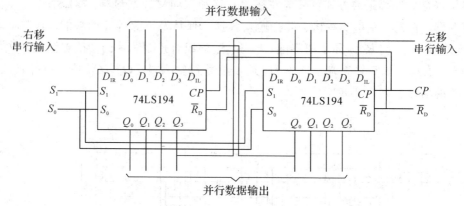

图 8.17　8 位移位寄存器

8.3　计　数　器

在数字电路中，能够记忆输入脉冲个数的电路称为计数器。根据其变化的特点不同可以将计数器电路进行以下分类：

(1) 按照时钟脉冲信号 CP 的特点分为同步计数器和异步计数器。其中，同步计数器中所有的触发器受同一个时钟脉冲控制，并在同一时刻进行翻转，通常情况下其所有的时钟输入全部连在一起；异步计数器中所有的触发器的时钟输入脉冲 CP 没有连接在一起，各个触发器不在同一时刻翻转。一般情况下，同步计数器的速度要高于异步计数器。

(2) 按照计数器的数码升降变化可以分为加法计数器和减法计数器。也有既可实现加法也可实现减法的计数器，这类计数器称为可逆计数器。

(3) 按照输出的编码形式可分为二进制计数器、二—十进制计数器、循环码计数器等。

(4) 按照计数器的模数或容量分为十进制计数器(其模为 10)、十六进制计数器(其模为 16)、六十进制计数器(其模为 60)、N 进制计数器(其模为 N)。

计数器不仅可以用来计数，还可用来分频、定时，是时序逻辑电路中应用最广泛的一种。

8.3.1　由触发器组成的计数器

1. 同步计数器

1) 同步加法计数器

图 8.18 所示为 4 位同步加法计数器逻辑电路。整个电路由 4 个 JK 触发器组成，将其

中的 J、K 输入端连接在一起构成了 T 触发器，CP 为时钟脉冲输入端，$Q_0 \sim Q_3$ 是计数状态输出端，C_o 为进位输出端。

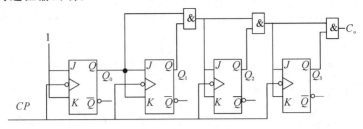

图 8.18　同步加法计数器

根据电路中各个触发器的输入端连接情况，可以写出 JK 触发器的驱动方程：

$$J_0 = K_0 = 1, \quad J_1 = K_1 = Q_0^n, \quad J_2 = K_2 = Q_1^n Q_0^n, \quad J_3 = K_3 = Q_2^n Q_1^n Q_0^n$$

代入 JK 触发器的特性方程：

$$Q^{n+1} = J \overline{Q^n} + \overline{K} Q^n$$

可得电路的状态转换方程为

$$Q_0^{n+1} = \overline{Q_0^n}$$
$$Q_1^{n+1} = Q_0^n \overline{Q_1^n} + \overline{Q_0^n} Q_1^n$$
$$Q_2^{n+1} = Q_0^n Q_1^n \overline{Q_2^n} + \overline{Q_0^n Q_1^n} Q_2^n$$
$$Q_3^{n+1} = Q_0^n Q_1^n Q_2^n \overline{Q_3^n} + \overline{Q_0^n Q_1^n Q_2^n} Q_3^n$$

输出端的表达式为

$$C_o = Q_3^n Q_2^n Q_1^n Q_0^n$$

写出状态转换表，如表 8.9 所示。假设初始状态触发器的输出全部为 0，表中给出了在计数脉冲的作用下，逻辑电路的现态和次态之间的转换关系和进位输出端的值。从表 8.9 中可以得出：触发器的输出端 $Q_0 \sim Q_3$ 的逻辑值按照二进制编码方式循环，共有 16 个状态，其循环方向属于上升的加法计数器，进位输出端 C_o 在 $Q_3^n Q_2^n Q_1^n Q_0^n = 1111$ 时才为 1，其余时刻为 0。

表 8.9　4 位同步加法计数器状态转换表

序号	CP	Q_3^n	Q_2^n	Q_1^n	Q_0^n	Q_3^{n+1}	Q_2^{n+1}	Q_1^{n+1}	Q_0^{n+1}	C_o
1	↓	0	0	0	0	0	0	0	1	0
2	↓	0	0	0	1	0	0	1	0	0
3	↓	0	0	1	0	0	0	1	1	0
4	↓	0	0	1	1	0	1	0	0	0
5	↓	0	1	0	0	0	1	0	1	0
6	↓	0	1	0	1	0	1	1	0	0
7	↓	0	1	1	0	0	1	1	1	0
8	↓	0	1	1	1	1	0	0	0	0

序号	CP	Q_3^n	Q_2^n	Q_1^n	Q_0^n	Q_3^{n+1}	Q_2^{n+1}	Q_1^{n+1}	Q_0^{n+1}	C_o
9	↓	1	0	0	0	1	0	0	1	0
10	↓	1	0	0	1	1	0	1	0	0
11	↓	1	0	1	0	1	0	1	1	0
12	↓	1	0	1	1	1	1	0	0	0
13	↓	1	1	0	0	1	1	0	1	0
14	↓	1	1	0	1	1	1	1	0	0
15	↓	1	1	1	0	1	1	1	1	0
16	↓	1	1	1	1	0	0	0	0	1

根据状态转换表同样可以画出状态转换图，如图 8.19 所示，由于电路中没有其他的输入信号，只有时钟脉冲信号，因此其状态转换条件只写了线下方的输出逻辑值。整个电路 4 个触发器输出端的全部组合共有 16 种，如表 8.9 所示，将其画在状态转换图中，如图 8.19 所示，其中包括了全部的 16 种组合，没有偏离状态，所以该电路是可以自启的。

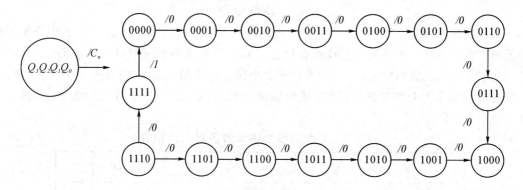

图 8.19　4 位同步加法计数器状态转换图

图 8.20 所示为 4 位同步加法计数器的电压波形图，从图中可以发现各个触发器的输出状态和输入状态在时钟脉冲作用下的电压波形变换关系。每个时钟脉冲下降沿到来时，Q_0 就翻转到相反的状态，每 2 个时钟脉冲下降沿到来时，Q_1 就翻转到相反的状态，每 4 个时钟脉冲下降沿到来时，Q_2 就翻转到相反的状态，每 8 个时钟脉冲下降沿到来时，Q_3 就翻转到相反的状态。所以输出端 Q_0 就是计数脉冲的 2 分频，输出端 Q_1 就是计数脉冲的 4 分频，输出端 Q_2 就是计数脉冲的 8 分频，输出端 Q_3 就是计数脉冲的 16 分频。由此可得，计数器具有对输入计数脉冲的分频作用。假设输入的时钟频率为 32 kHz，则 Q_0 的频率为 16 kHz，Q_1 的频率为 8 kHz，Q_2 的频率为 4 kHz，Q_3 的频率为 2 kHz。

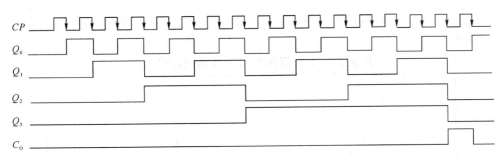

图 8.20　4 位同步加法计数器电压波形图

从图 8.18 中可以看出，所有的 JK 触发器都以 T 触发器的方式接入电路，第 n 个触发器的输入接入的是前面所有的触发器 $(n-1)$ 的输出相与运算的结果，这种计数器可以实现分频的功能。若是要实现 $1/2^n$ 的分频，则需要 n 个触发器。

2）同步减法计数器

4 位减法计数器如图 8.21 所示，电路由 4 个 JK 触发器组成，触发器输出端为 $Q_0 \sim Q_3$，电路输出端为 B_o。与图 8.18 的加法计数器比较，电路只是将前一级的 $\overline{Q}$ 输出相与运算后送到后级触发器的 J、K 输入端，输出端 B_o 是将各级的 $\overline{Q}$ 进行相与运算得到的。

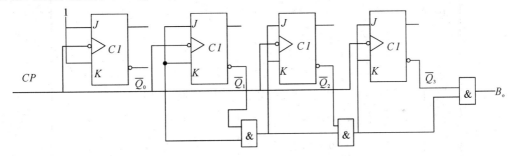

图 8.21　同步减法计数器

根据电路中各个触发器的输入端连接情况可以写出 JK 触发器的驱动方程：

$$J_0 = K_0 = 1,\ J_1 = K_1 = \overline{Q_0^n},\ J_2 = K_2 = \overline{Q_1^n}\ \overline{Q_0^n},\ J_3 = K_3 = \overline{Q_2^n}\ \overline{Q_1^n}\ \overline{Q_0^n}$$

代入 JK 触发器的特性方程：

$$Q^{n+1} = J\overline{Q^n} + \overline{K}Q^n$$

可得电路的状态转换方程为

$$Q_0^{n+1} = \overline{Q_0^n}$$

$$Q_1^{n+1} = \overline{Q_0^n Q_1^n} + Q_0^n Q_1^n$$

$$Q_2^{n+1} = \overline{Q_0^n Q_1^n Q_2^n} + \overline{\overline{Q_0^n Q_1^n}}\ Q_2^n$$

$$Q_3^{n+1} = \overline{Q_0^n Q_1^n Q_2^n Q_3^n} + \overline{\overline{Q_0^n Q_1^n Q_2^n}}\ Q_3^n$$

输出端的表达式为

$$B_o = \overline{Q_3^n Q_2^n Q_1^n Q_0^n}$$

写出状态转换表，如表 8.10 所示。假设初始状态触发器的输出全部为 0，表中给出了在计数脉冲的作用下，逻辑电路的现态和次态之间的转换关系和进位输出端的值。从表 8.10 中可以得出：触发器的输出端 $Q_0 \sim Q_3$ 的逻辑值按照二进制编码方式循环，共有 16 个状态，其循环方向属于下降的减法计数器，进位输出端 B_o 在 $Q_3^n Q_2^n Q_1^n Q_0^n = 0000$ 时才为 1，其余时刻为 0。

表 8.10　4 位同步减法计数器状态转换表

序号	CP	Q_3^n	Q_2^n	Q_1^n	Q_0^n	Q_3^{n+1}	Q_2^{n+1}	Q_1^{n+1}	Q_0^{n+1}	C_o
1	↓	0	0	0	0	1	1	1	1	1
2	↓	1	1	1	1	1	1	1	0	0
3	↓	1	1	1	0	1	1	0	1	0
4	↓	1	1	0	1	1	1	0	0	0
5	↓	1	1	0	0	1	0	1	1	0
6	↓	1	0	1	1	1	0	1	0	0
7	↓	1	0	1	0	1	0	0	1	0
8	↓	1	0	0	1	1	0	0	0	0
9	↓	1	0	0	0	0	1	1	1	0
10	↓	0	1	1	1	0	1	1	0	0
11	↓	0	1	1	0	0	1	0	1	0
12	↓	0	1	0	1	0	1	0	0	0
13	↓	0	1	0	0	0	0	1	1	0
14	↓	0	0	1	1	0	0	1	0	0
15	↓	0	0	1	0	0	0	0	1	0
16	↓	0	0	0	1	0	0	0	0	0

2. 异步计数器

1）异步加法计数器

异步加法计数器如图 8.22 所示，共由 4 个下降沿 JK 触发器作为存储单元构成。从图中可以发现，每个触发器都由 $J = K = 1$ 的连接方式组成了 T 触发器，每一个时钟脉冲 CP 的下降沿来临时，触发器就翻转一次，低位触发器的输出作为高位触发器的 CP 脉冲，这种连接方式称为异步工作方式。各触发器的清零端统一受到清零信号的控制。

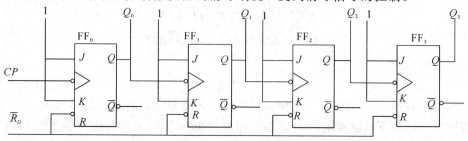

图 8.22　异步加法计数器

当触发器被清零后，由于 CP 脉冲作用于第一个触发器 FF_0 的 CP 端，所以第一个触发器 FF_0 的输出是见到 CP 脉冲下降沿就翻转一次，由此可得 Q_0 的电压波形；然后 Q_0 的波形又作为 FF_1 的时钟脉冲，FF_1 的输出是见到 Q_0 的下降沿就翻转一次，由此可得 Q_1 的电压波形；然后 Q_1 的波形又作为 FF_2 的时钟脉冲，FF_2 的输出是见到 Q_1 的下降沿就翻转一次，由此可得 Q_2 的电压波形；然后 Q_2 的波形又作为 FF_3 的时钟脉冲，FF_3 的输出是见到 Q_2 的下降沿就翻转一次，由此可得 Q_3 的电压波形。由此可得此 4 位异步二进制加法计数器的工作波形如图 8.23 所示，每个触发器都是每输入两个脉冲输出一个脉冲，满足"逢二进一"，符合加法计数器的规律。

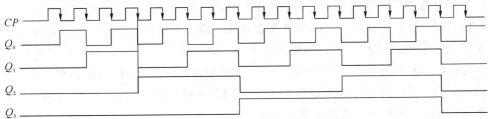

图 8.23　异步加法计数器工作波形图

2）异步减法计数器

4 位异步减法计数器如图 8.24 所示，与图 8.22 相比，只是改成了用 $\overline{Q}$ 作为下一级触发器的 CP 脉冲。其工作波形图如图 8.25 所示，在清零后的第一个 CP 脉冲作用后，各触发器被翻转为 1111，这是一个置位动作，以后每来一个 CP 脉冲，计数器就减 1，直到 0000 为止，符合减法计数器的规律。

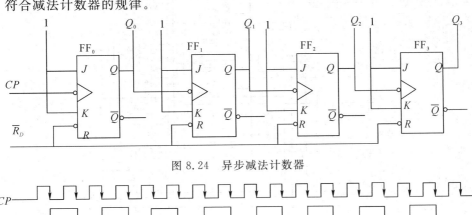

图 8.24　异步减法计数器

图 8.25　异步减法计数器工作波形图

8.3.2　集成计数器及芯片

前面介绍的是由基本触发器组成的计数器，属于小规模集成器件的应用，功能有限。

实际应用中往往需要的功能较强，集成计数器就是属于功能比较完善的中等规模器件。下面介绍常用的集成计数器芯片。

集成计数器按时钟工作方式分为同步和异步两种。同步计数器由于各触发器在同一个时钟 CP 脉冲作用下同时翻转，需要很多门来控制，所以同步计数器的电路复杂，但是速度快，多用于计算机中；而异步计数器电路简单，但计数速度慢，多用于仪器、仪表中。

1. 集成同步计数器

1) 集成同步计数器芯片 74LS161

以同步计数器 74LS161 为例，其内部逻辑电路图如图 8.26 所示。其中，$\overline{R_D}$ 为异步清零端（或复位端），低电平有效；$\overline{LD}$ 为预置数控制端，低电平有效，置数是在同步时钟脉冲信号作用下同步完成的；$D_0 \sim D_3$ 为预置数输入端，$Q_0 \sim Q_3$ 为计数输出端，当 $\overline{R_D}=1$、$\overline{LD}=0$ 时，在时钟信号上升沿作用下，预置数 $D_0 \sim D_3$ 被对应地输送到 $Q_0 \sim Q_3$ 保存下来；C 为进位输出端；EP、ET 为计数器功能控制端。74LS161 的具体功能如表 8.11 所示，其中假设预置数输入端 $D_0 \sim D_3$ 存入的数据为 $d_0 \sim d_3$。

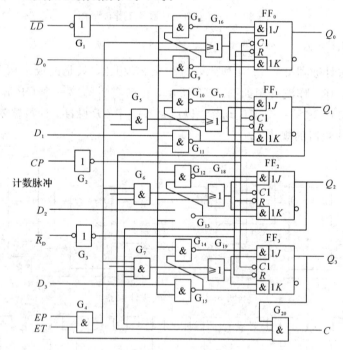

图 8.26　74LS161 内部逻辑电路图

表 8.11　74LS161 逻辑功能表

$\overline{R_D}$	$\overline{LD}$	EP	ET	CP	D_3	D_2	D_1	D_0	Q_3	Q_2	Q_1	Q_0
0	×	×	×	×	×	×	×	×	0	0	0	0
1	0	×	×	↑	d_3	d_2	d_1	d_0	d_3	d_2	d_1	d_0
1	1	1	1	↑	×	×	×	×	加法计数			
1	1	×	0	×	×	×	×	×	保持，$C=0$			
1	1	0	×	×	×	×	×	×	保持			

从表 8.11 中可以看出，EP、ET 的低电平都可以让输出端的值保持不变，只有 ET 的作用可以让进位输出端 C 复位。74LS161 的计数循环是 0000～1111，按照二进制计数，其状态转换表与表 8.9 相同，状态转换图与图 8.19 相同。74LS161 的逻辑符号一般用框图来简化表示，如图 8.27(a) 所示。图 8.27(b) 是其集成芯片管脚阵列图，从中可以看出，16 脚是直流供电引脚，8 脚是接地引脚，1 脚是异步清零引脚，2 脚是时钟脉冲引脚，3～6 脚是 D_0～D_3 预置数输入引脚，7、10 引脚是芯片功能控制端引脚，9 脚是预置数控制端引脚，14～11 引脚是数据输出端 Q_0～Q_3 引脚，15 是进位输出端引脚。

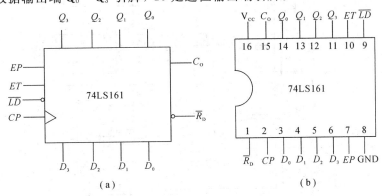

图 8.27　74LS161 逻辑简图
（a）逻辑简图；（b）管脚图

2）集成同步计数器芯片 74LS160

人们最习惯的是十进制，所以在应用中常使用十进制计数器。使用较多的十进制计数器是按照 8421BCD 码进行计数的电路，计数器由"0000"状态开始计数，每 10 个脉冲一个循环，也就是第 10 个脉冲到来时，由"1001"变为"0000"，就实现了"逢十进一"，同时产生一个进位信号。74LS160 是集成同步十进制计数器，它是按 8421BCD 码进行加法计数的。74LS160 的引脚图、逻辑功能与 74LS161 相同，见图 8.27(a)、(b)，只是计数状态是按照十进制加法规律来进行的，其逻辑功能表和内部逻辑图分别如表 8.12 和图 8.28 所示。

表 8.12　74LS160 逻辑功能表

$\overline{R_D}$	$\overline{LD}$	EP	ET	CP	工作状态
0	×	×	×	×	置　零
1	0	×	×	↑	预置数
1	1	0	1	×	保　持
1	1	×	0	×	保持，$C=0$
1	1	1	1	↑	计　数

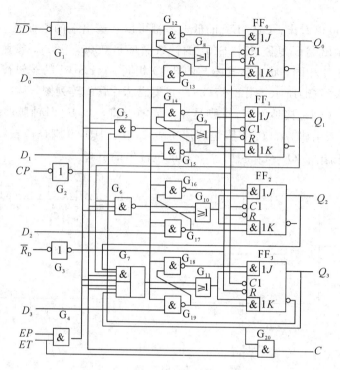

图 8.28　74LS160 的内部逻辑图

2. 集成异步计数器

1）集成异步计数器 74HC393

集成异步计数器 74HC393 是个双 4 位异步计数器，其引脚图如图 8.29 所示，每个管脚前的 1 和 2 分别指的是双 4 位异步计数器之中的第一和第二个计数器。

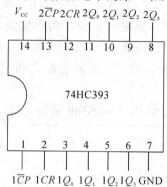

图 8.29　集成异步计数器 74HC393 的引脚图

此计数器的工作原理如下：

（1）清零。使 $CR=1$（高电平），则各触发器置零，使得 $Q_3 \sim Q_0$ 输出为 0000。完成清零后应使 $CR=0$，触发器才能正常计数。

（2）计数。输出端 $Q_3 \sim Q_0$ 的逻辑值按照二进制编码方式循环，共有 16 个状态，其循环方向为 0000～1111，属于上升的加法计数器，如图 8.30 所示。74HC393 的功能表见表 8.13。

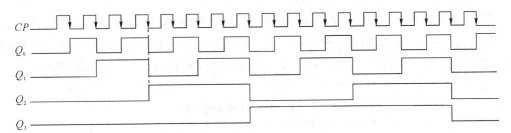

图 8.30　74HC393 的工作波形

表 8.13　74HC393 逻辑功能表

CR	$\overline{CP}$	Q_3	Q_2	Q_1	Q_0
1	$\times$	0	0	0	0
0	$\downarrow$	计数			

2）集成异步计数器 74LS290

集成异步计数器 74LS290 是异步二—五—十进制计数器，其逻辑图如图 8.31 所示。74LS290 共由 4 个 JK 触发器构成，$\overline{CP}_A$ 和 $\overline{CP}_B$ 都是计数输入端，$R_{0(1)}$ 和 $R_{0(2)}$ 为置零控制端，$S_{9(1)}$ 和 $S_{9(2)}$ 为置 9 控制端。其芯片管脚图如图 8.32 所示。

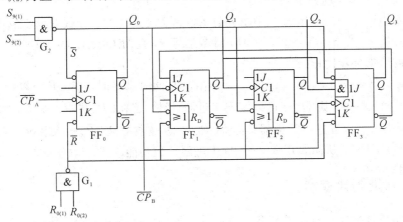

图 8.31　集成异步计数器 74LS290 的逻辑图

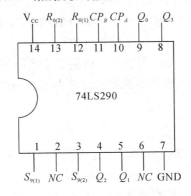

图 8.32　74LS290 芯片管脚图

当信号从 $\overline{CP}_A$ 输入，从 Q_0 输出时，构成一个二分频电路，实现 1 位二进制计数器；当信号从 $\overline{CP}_B$ 输入，从 Q_3 输出时，构成一个五分频电路，实现五进制计数器；当信号从 $\overline{CP}_A$ 输入，并将 $\overline{CP}_B$ 与 Q_0 连接，从 Q_0、Q_1、Q_2、Q_3 输出时，就构成一个 8421BCD 码的十进制计数器，故集成异步计数器 74LS290 也称为异步二—五—十进制计数器，其功能见表 8.14。

表 8.14　74LS290 功能表

输入					输出			
$R_{0(1)}$	$R_{0(2)}$	$S_{9(1)}$	$S_{9(2)}$	$\overline{CP}$	Q_3	Q_2	Q_1	Q_0
1	1	0	$\times$	$\times$	0	0	0	0
1	1	$\times$	0	$\times$	0	0	0	0
$\times$	$\times$	1	1	$\times$	1	0	0	1
$\times$	0	$\times$	0	$\downarrow$	计数			
0	$\times$	0	$\times$	$\downarrow$	计数			
0	$\times$	$\times$	0	$\downarrow$	计数			
$\times$	0	0	$\times$	$\downarrow$	计数			

此计数器的工作原理如下：

(1) 异步清零。当 $S_{9(1)} \cdot S_{9(2)} = 0$，并且 $R_{0(1)} = R_{0(2)} = 1$ 时，计数器异步清零。

(2) 异步置 9。当 $S_{9(1)} = S_{9(2)} = 1$ 时，计数器置 9，此时 $Q_3 Q_2 Q_1 Q_0 = 1001$，此项功能是不需要 CP 配合的异步操作。

(3) 计数。当 $S_{9(1)} \cdot S_{9(2)} = 1$ 和 $R_{0(1)} \cdot R_{0(2)} = 0$ 同时满足时，在 CP 下降沿可以进行计数。若从 $\overline{CP}_A$ 输入脉冲，则 Q_0 端可以实现二进制计数；若在 $\overline{CP}_B$ 端输入脉冲，则 $Q_3 Q_2 Q_1$ 从 000 到 100 计数，构成五进制计数器；若将 $\overline{CP}_B$ 与 Q_0 连接，从 $\overline{CP}_A$ 输入脉冲，则 $Q_3 Q_2 Q_1 Q_0$ 从 0000 到 1001 计数，从而实现 8421BCD 十进制计数功能。

8.3.3　任意进制计数器

通常的集成计数器只有二进制和十进制计数器两大系列，实际工作中往往要用到其他各类进制的计数器，如七进制、十二进制、六十进制和一百进制等。一般将二进制和十进制以外的进制称为任意进制。实现任意进制的一般做法是将二进制或十进制的计数器改成任意进制计数器，采用的方法是反馈归零或反馈置数法。

若要实现任意进制计数器，首先要选择二进制或十进制集成芯片。假设已选 N 进制计数器，而需要得到的是 M 进制计数器。此时，就有 $M < N$ 或 $M > N$ 两种可能的情况，下面就这两种情况进行讨论。

1. $M < N$ 的情况

在 N 进制计数器的顺序计数过程中，通过跳跃 $N - M$ 个状态，就可以得到 M 进制计数器。实现跳跃的方法有两种，分别是置零和置数两种方法，如图 8.33 所示。

置零法的工作原理是：原计数器的进制为 N 进制，当它从全零态 S_0 开始计数并接收了 M 个时钟脉冲后，电路就进入了 S_M 状态。此时，如果 S_M 状态能够译码出一个置零信号并反馈到计数器的异步置零输入端，则计数器立刻返回到 S_0 状态，这样就实现了跳跃 $N-M$ 个状态，得到了 M 进制计数器。由于电路一进入 S_M 状态后立即被置成零态 S_0，所以 S_M 状态仅仅在极短的瞬间出现，不是一个稳定的状态，因此，在稳定的状态循环中不应该包括 S_M 状态，所以 M 进制计数器的状态转换图中有效的只有 $S_0 \sim S_{M-1}$，满足 M 进制计数器计数的规律。

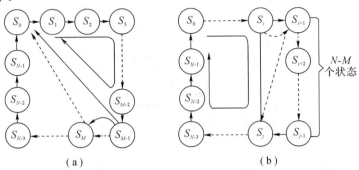

图 8.33 M 进制计数器的两种设计方法
(a) 置零法；(b) 置数法

置数法的工作原理是：它通过给计数器重复输入某个数值的方法来跳跃 $N-M$ 个状态，从而得到 M 进制计数器。置数操作可以在电路的任何一个状态进行，这种方法适合于有预置数的计数器电路。

例 8.5 试利用同步十进制计数器 74LS160 接成同步六进制计数器。

解 芯片 74LS160 具有置零和置数功能，所以这两种方法都可以采用。

图 8.34(a)所示为采用的异步置零法连接的六进制计数器。当计数器状态为 $Q_3Q_2Q_1Q_0=$ 0110 时，由担任译码器的与非门 G 输出低电平信号给 $\overline{R_D}$ 端，计数器直接置零，回到 0000 状态。其中 0110 只是瞬间存在，并不是一个稳态，不计入状态循环。状态转换图如图 8.35(a)所示。

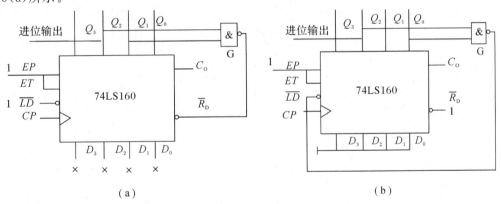

图 8.34 74LS160 设计六进制计数器的两种设计方法
(a) 异步置零法；(b) 同步置数法

图 8.34(b)所示为采用置数法连接的大进制计数器。当计数器状态为 $Q_3Q_2Q_1Q_0=0101$ 时，由担任译码器的与非门 G 输出低电平信号给 $\overline{LD}$ 端，在下一个 CP 信号到达时，计数器从 DS 输入预置数零，回到 0000 状态，从而跳过 0110～1001 这 4 个状态，得到六进制计数

器。其中 0101 存在一个 CP 脉冲周期，是一个稳态，计入状态循环。状态转换图如图 8.35(b)所示。

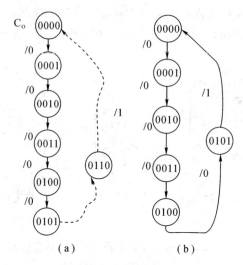

图 8.35　74LS160 设计六进制计数器的两种设计方法的状态转换图

(a) 异步置零法状态转换图；(b) 同步置数法状态转换图

例 8.6　试利用 74LS161 接成同步十进制计数器。

芯片 74LS161 具有置零和置数功能，所以这两种方法都可以采用。清零端和预置端均可用：用清零端则用 1010 接；用预置端则用 1001 接。

图 8.36(a)所示为采用异步置零法连接的十进制计数器。当计数器状态为 $Q_3Q_2Q_1Q_0 =$ 1010 时，由担任译码器的与非门 G 输出低电平信号给 $\overline{R_D}$ 端，计数器直接置零，回到 0000 状态。其中 1010 只是瞬间存在，并不是一个稳态，不计入状态循环。状态转换图如图 8.37(a)所示。

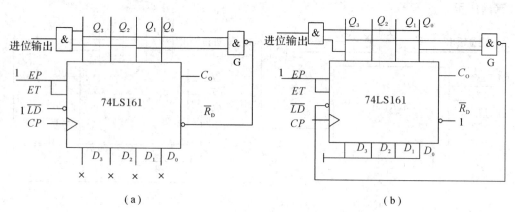

图 8.36　74LS161 设计十进制计数器的两种设计方法

(a) 异步置零法；(b) 同步置数法

图 8.36(b)所示为采用置数法连接的十进制计数器。当计数器状态为 $Q_3Q_2Q_1Q_0 =$ 1001 时，由担任译码器的与非门 G 输出低电平信号给 $\overline{LD}$ 端，在下一个 CP 信号到达时，计数器从 DS 输入预置数零，回到 0000 状态，从而跳过 1010～1111 这 6 个状态，得到十进制计数

器。其中 1001 存在一个 CP 脉冲周期，是一个稳态，计入状态循环。状态转换图如图
8.37(b)所示。

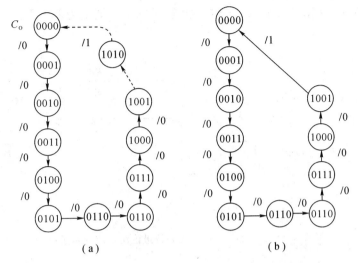

（a）   （b）

图 8.37 74LS161 设计十进制计数器的两种设计方法的状态转换图

（a）异步置零法状态转换图；（b）同步置数法状态转换图

2. $M>N$ 的情况

当 $M>N$ 时，必须要用到多个芯片进行组合，才能构成 M 进制计数器。各芯片之间的
连接方式分为串行进位方式、并行进位方式、整体置零和整体置数方式等几种。下面以两
片相连为例加以说明。

例 8.7 试利用两片同步十进制计数器构成一百进制计数器。

解 方法一：串行进位法。

如图 8.38 所示，两片 74LS160 的 EP、ET 恒为 1，都工作在计数状态，当第 1 片计数
到 1001(9)状态时，C_o 端输出为高电平，经反相器后使得第 2 片的 CP 端为低电平输入，下
一个时钟脉冲来临后，第 1 片计数到 0000(0)状态，C_o 端跳回低电平，经反相器后使得第 2
片的输入端产生一个正跳变，于是第 2 片计入 1。

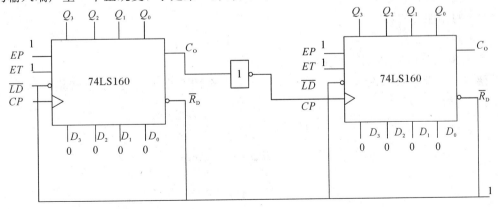

图 8.38 两片 74LS160 用串行进位法接成一百进制

方法二：并行进位法。

如图 8.39 所示，第 1 片的 EP 和 ET 恒为 1，用第 1 片的进位输出 C_o 作为第 2 片的 EP 和 ET 输入，每当第 1 片跳变到 1001(9)状态时 C_o 为 1，下个 CP 到达时第 2 片此时变为计数状态计入 1，而第 1 片变成 0000(0)状态，同时 C_o 端变为低电平。

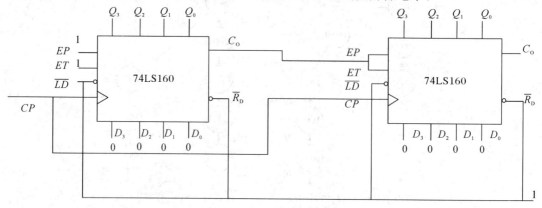

图 8.39　两片 74LS160 用并行进位法接成一百进制

8.4　同步时序逻辑电路的设计方法

本章第一节给出了同步时序逻辑电路的分析方法。同步时序逻辑电路的设计与分析是相反的过程，是已知逻辑功能(给定的逻辑要求)，通过设计，得到满足逻辑要求的时序逻辑电路。本节主要讨论同步时序逻辑电路的设计方法。

同步时序逻辑电路的设计步骤如下：

(1) 设定状态图。根据设计要求，确定原始状态转换图，若电路设计需要 N 个状态，则根据 $2^{n-1} < N \leqslant 2^n$ 来确定所需触发器的个数 n，并得出状态转换图。

(2) 确定触发器类型。

(3) 画出状态卡诺图。

(4) 求出状态方程和输出方程。

(5) 检查能否自启动。

(6) 写出驱动方程。

(7) 画出逻辑图。

例 8.8　设计一个同步五进制计数器。

解　(1) 设定状态图。由题意知 $N=5$，至少选用 3 个触发器，状态转换图如图 8.40 所示。

$$Q_2Q_1Q_0 \xrightarrow{/Y}$$

000 $\xrightarrow{/0}$ 001 $\xrightarrow{/0}$ 010

$\xrightarrow{/0}$

100 $\xleftarrow{/0}$ 011

$/1$

图 8.40　五进制计数器的状态图

(2) 确定触发器类型。可选用 JK 触发器，两个输入端，较灵活。

（3）列出状态卡诺图，并求出状态方程和输出方程。

将图 8.41(a)的卡诺图分解得到图(b)、(c)、(d)和(e)。为了得到最简表达式，将卡诺图中的某些无关项看作 1 或 0，化简得到状态转换方程为

$$Q_2^n = Q_1^n Q_0^n \overline{Q_2^n}$$

$$Q_1^n = Q_0^n \overline{Q_1^n} + \overline{Q_0^n} Q_1^n$$

$$Q_0^n = \overline{Q_2^n}\ \overline{Q_0^n}$$

输出方程为

$$Y = Q_2^n$$

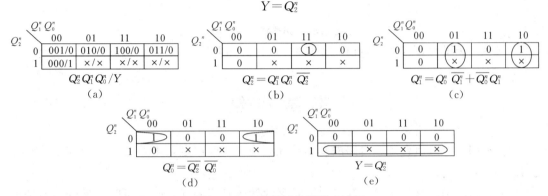

图 8.41　五进制计数器的卡诺图

（4）写出驱动方程。采用 JK 触发器实现逻辑电路设计时，在卡诺图圈圈时必须注意保留相应触发器的 Q^n 或者 $\overline{Q^n}$ 项，以便于写出驱动方程。例如，在化简得到 Q_3^{n+1} 的结果时，如果利用了无关项，将会消去 Q_3^n 项，虽然可以通过在 Q_3^{n+1} 的表达式中乘以 $Q_3^n + \overline{Q_3^n}$ 项得到，但是这样得到的结果会更加复杂，所以在上面的状态转换方程中保留了 Q^n 或者 $\overline{Q^n}$ 项，以便于得到驱动方程。

若采用 JK 触发器来实现电路，则将 JK 触发器的特性方程 $Q^{n+1} = J\overline{Q^n} + \overline{K}Q^n$ 与所得到的状态转换方程进行比较，得到驱动方程为

$$J_0 = \overline{Q_2^n},\ K_0 = 1$$

$$J_1 = Q_0^n,\ K_1 = Q_0^n$$

$$J_2 = Q_2^n Q_1^n,\ K_2 = 1$$

若采用 D 触发器实现电路，则可以不必保留化简结果中的 Q^n 或者 $\overline{Q^n}$ 项。状态转换方程为

$$Q_2^n = Q_1^n Q_0^n$$

$$Q_1^n = Q_0^n \overline{Q_1^n} + \overline{Q_0^n} Q_1^n$$

$$Q_0^n = \overline{Q_2^n}\ \overline{Q_0^n}$$

再将 D 触发器的特性方程 $Q^{n+1} = D$ 与上述状态转换方程进行比较，可得驱动方程为

$$D_0 = \overline{Q_2^n}\ \overline{Q_0^n}$$

$$D_1 = Q_0^n \overline{Q_1^n} + \overline{Q_0^n} Q_1^n$$

$$D_2 = Q_1^n Q_0^n$$

（5）检查能否自启动。在画出逻辑电路图之前，必须检查电路能否自启。将偏离状态带

入采用 JK 触发器的状态方程和 D 触发器的状态方程，分别画出其完整的状态转换图，如图 8.42 所示，图(a)给出了采用 JK 触发器设计时的完整状态转换图，图(b)给出了采用 D 触发器设计时的完整状态转换图。

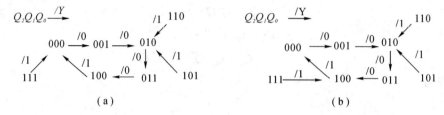

图 8.42　完整状态转换图

(a) 采用 JK 触发器设计时的状态转换图；(b) 采用 D 触发器设计时的状态转换图

本 章 小 结

（1）不同于构成组合逻辑电路的基本单元门电路，时序逻辑电路的基本构成单元是触发器。

（2）任何时刻电路的输出，不仅和该时刻的输入信号有关，而且还取决于电路原来的状态。

（3）电路组成：与时间因素（CP）有关，含有记忆性的元件（触发器）。

（4）时序电路逻辑功能的表示方法有逻辑图、逻辑表达式、状态表、卡诺图、状态转换图（简称状态图）和时序图。

（5）时序电路的基本分析步骤：求出状态方程，列出状态表，根据状态表画出状态图和时序图，由此可分析出时序逻辑电路的功能。

（6）计数器就是记录输入脉冲 CP 个数的电路，是极具典型性和代表性的时序逻辑电路。

① 按计数进制分：二进制计数器、十进制计数器和任意进制计数器；

② 按计数增减分：加法计数器、减法计数器和可逆（加/减）计数器；

③ 按触发器翻转是否同步分：同步计数器和异步计数器。

（7）中规模集成计数器功能完善、使用方便灵活，能很方便地构成 N 进制（任意）计数器。构成 N 进制计数器的主要方法有两种：

① 用同步置 0 端或置数端归零获得 N 进制计数器，根据 $N-1$ 对应的二进制代码写反馈归零函数。

② 用异步置 0 端或置数端归零获得 N 进制计数器，根据 N 对应的二进制代码写反馈归零函数。

当需要扩大计数器的容量时，可将多片集成计数器进行级联。

（8）其他时序逻辑电路。寄存器能够存储二进制数据或者代码。移位寄存器不但可存放数码，还能对数据进行移位操作。移位寄存器有单向移位寄存器和双向移位寄存器之分。集成移位寄存器使用方便、功能全、输入输出方式灵活。

知 识 拓 展

一、异步时序电路的分析方法

1. 基本分析方法

异步时序逻辑电路的分析方法与同步时序逻辑电路的分析方法基本相同，但由于异步时序逻辑电路的各个触发器的时钟脉冲 CP 并不是都与总时钟 CP 相连，所以分析时要注意每一个触发器的时钟脉冲连接方式，需要逐个确定每个触发器的翻转情况。

2. 分析举例

图 8.43 所示的异步时序逻辑电路的时钟方程为

$$CP_2 = Q_1,\ CP_1 = Q_0,\ CP_0 = CP$$

驱动方程为

$$D_2 = \overline{Q_2^n},\ D_1 = \overline{Q_1^n},\ D_0 = \overline{Q_0^n}$$

D 触发器的特性方程为

$$Q^{n+1} = D$$

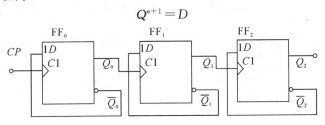

图 8.43　异步时序逻辑电路

状态图及时序图如图 8.44 所示。

<table>
<tr><td>排列顺序：$Q_2^n Q_1^n Q_0^n$ ⟶</td></tr>
<tr><td>000←001←010←011</td></tr>
<tr><td>↓↑</td></tr>
<tr><td>111→110→101→100</td></tr>
</table>

（a）　　　　　　　　（b）

图 8.44　异步时序逻辑电路的状态图及时序图

（a）状态图；（b）时序图

电路功能：由状态图 8.44 可以看出，在时钟脉冲 CP 的作用下，电路的 8 个状态按递减规律循环变化，即：000→111→110→101→100→011→010→001→000→…电路具有递减计数功能，是一个 3 位二进制异步减法计数器。

二、时序逻辑电路的 VHDL 描述

1. 上升沿 D 触发器

D 触发器有一个异步置零端 $\overline{R_D}$ 和一个异步置 1 端 $\overline{S_D}$（只要 $\overline{R_D}$ 或 $\overline{S_D}$ 有效（低电平），D 触

发器就会立即复位或置 1，复位与置 1 操作是与时钟无关的，是异步的），一个输入端 D，一个时钟输入端 CP，有两个互补的输出端 Q 和 $\overline{Q}$。

上升沿 D 触发器的 VHDL 描述如图 8.45 所示。

```
00001: LIBRARY ieee;
00002: USE ieee.std_logic_1164.ALL;
00003: USE ieee.std_logic_arith.ALL;
00004: USE ieee.std_logic_unsigned.ALL;
00005:
00006: ENTITY D_FF IS
00007:     PORT
00008:     (
00009:         D,CP:IN std_logic;--D为数据输入，CP为时钟，上升沿触发
00010:         Rd,Sd:IN std_logic; --Rd为异步复位信号，Sd为异步置位信号
00011:         Q,Qn:OUT std_logic --输出信号，是两个互补输出
00012:     );
00013: END D_FF;
00014:
00015: ARCHITECTURE behave OF D_FF IS
00016: BEGIN
00017:     PROCESS(CP,Rd,Sd)
00018:     BEGIN
00019:         IF (Rd='0' AND Sd='1') THEN--功能表第一条
00020:             Q<='0';
00021:             Qn<='1';
00022:         ELSIF (Rd='1' AND Sd='0') THEN--功能表第二条
00023:             Q<='1';
00024:             Qn<='0';
00025:         ELSIF (Rd='0' AND Sd='0') THEN--功能表没有这条，要注意
00026:             Q<='X';
00027:             Qn<='X';
00028:         ELSE                    --功能表第四和第五条,即 Rd='1' AND Sd='1'
00029:             IF (rising_edge(CP)) THEN
00030:                 Q<=D;
00031:                 Qn<=NOT D;
00032:             END IF;
00033:         END IF;
00034:     END PROCESS;
00035: END behave;
```

图 8.45　上升沿 D 触发器的 VHDL 描述

源代码的逐行解释：

（1）第 19～33 句：是一个有嵌套的 IF 结构。这个 IF 结构就是按照功能表的顺序来写的。

（2）第 25 句：是一条功能表没有的语句，在这种情况下，信号输出不确定，即用 'X' 来表示。这儿要考虑到选择信号的完备性：$\overline{R}_D$ 和 $\overline{S}_D$ 的组合会形成 4 种可能，若没有第 25 句，那么第 28～32 句可在 $\overline{R}_D=0$ 且 $\overline{S}_D=0$ 和 $\overline{R}_D=1$ 且 $\overline{S}_D=1$ 两种情况下运行。这个是不符合功能要求的。这里提醒大家一句：编写程序，不仅仅是 VHDL 程序，心一定要细。

（3）第 29 句：用到了一个内置函数 rising_edge()，即表示信号的上升沿，相对的就是 falling_edge()。该句等同于 if CP'event and CP='1'，意思是 CP 上有事件发生，且事件发生后 CP 是高电平。（事件无非就是上升和下降，若事件后是高电平，那就是上升沿发生了！）这两个函数在以后会经常用到。

注意：因为 $\overline{R}_D$、$\overline{S}_D$ 是异步信号，即该信号不等待时钟的某一状态，而是直接起作用的，所以对这两种信号的判断应该在时钟的判断之前，即放在第 29 句之前判断。

2. 由 D 触发器构成的 8 位寄存器 74LS374

8 位寄存器 74LS374 的逻辑符号如图 8.46 所示，功能表如表 8.15 所示。

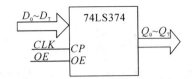

图 8.46　8 位寄存器 74LS374 的逻辑符号

表 8.15　8 位寄存器 74LS374 的功能表

输　入			输　出
OE	CLK	$D_0 \sim D_7$	$Q_0 \sim Q_7$
0	↑	$D_0 \sim D_7$	$D_0 \sim D_7$
0	0	×	保持 $Q_0 \sim Q_7$
1	×	×	高阻 Z

由功能表可知：74LS374 有一个时钟输入端，8 个数据输入端 $D_0 \sim D_7$，一个三态控制端 OE 和 8 个数据输出端 $D_0 \sim D_7$。当 $OE = 0$(有效)且时钟上升沿到来时，数据 $D_0 \sim D_7$ 送到输出端 $Q_0 \sim Q_7$；当 $OE = 0$(有效)但时钟上升沿没有到来时，寄存器输出端维持原来的状态；当 $OE = 1$(无效)时，寄存器输出端维持高阻态。

8 位寄存器 74LS374 的 VHDL 源代码如同 8.47 所示，波形仿真图如图 8.48 所示。

```
1  LIBRARY ieee;
2  USE ieee.std_logic_1164.ALL;
3  USE ieee.std_logic_arith.ALL;
4  USE ieee.std_logic_unsigned.ALL;
5
6  ENTITY D74LS374 IS
7      PORT
8      (
9          D:IN std_logic_vector(7 DOWNTO 0);--D为8位数据输入
10         CLK:IN std_logic;--时钟信号
11         OE:IN std_logic;--使能信号
12         Q:OUT std_logic_vector(7 DOWNTO 0)  --8位数据输出
13     );
14 END D74LS374;
15
16 ARCHITECTURE behave OF D74LS374 IS
17 BEGIN
18     PROCESS(CLK,OE)
19     BEGIN
20         IF (OE='0') THEN
21             IF (rising_edge(CLK)) THEN
22                 Q<=D;
23             END IF;
24         ELSE
25             Q<=(OTHERS=>'Z');
26         END IF;
27     END PROCESS;
28 END behave;
29
```

图 8.47　8 位寄存器 74LS374 的 VHDL 源代码

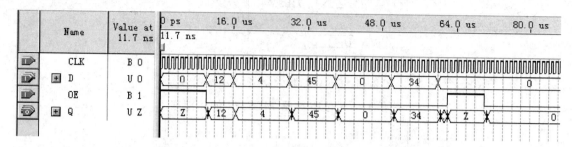

图 8.48　波形仿真图

3. 左循环移位寄存器

根据左循环移位寄存器的移动关系可得到如下的移动计算方法：

（1）若当前数据位的当前序号（0～7）加上移动的次数大于数组长度（这里的数组长度是实际数组长度－1，如 8 位的长度，则减 1 就是 7），则该位将移动到：

$$当前序号＋移动次数－数组长度－1$$

（2）若当前数据位的序号加上移动的次数小于数组长度，则该位移动到：

$$当前序号＋移动次数$$

根据如上的计算方法，就可以编写出循环左移的程序，程序代码如图 8.49 所示。

```
1  --循环左移
2  LIBRARY ieee;
3  USE ieee.std_logic_1164.ALL;
4  USE ieee.std_logic_arith.ALL;
5  USE ieee.std_logic_unsigned.ALL;
6
7  ENTITY left_shifter_loop IS
8      PORT
9      (
10         D:IN std_logic_vector(7 DOWNTO 0);--数据输入端
11         S:IN std_logic_vector(2 DOWNTO 0);--移位次数
12         LOAD,CLK:IN std_logic;--异步装载和时钟输入端
13         Q:OUT std_logic_vector(7 DOWNTO 0)--数据输出端
14      );
15 END left_shifter_loop;
16
17 ARCHITECTURE behave OF left_shifter_loop IS
18 SIGNAL CNT_S:integer range 0 to 7;--移位次数,本移位器只能移位7次
19 BEGIN
20     PROCESS(CLK,LOAD)
21     BEGIN
22         IF LOAD='0' THEN--初始化各个参数
23             CNT_S<=conv_integer(S);
24         ELSE--开始移位
25             IF (rising_edge(CLK)) THEN
26                 FOR i in 0 to D'LEFT LOOP
27                     IF ((i+CNT_S)<=D'LEFT) THEN
28                         Q(i+CNT_S)<=D(i);
29                     ELSE
30                         Q(i+CNT_S-D'LEFT-1)<=D(i);--减一注意
31                     END IF;
32                 END LOOP;
33             END IF;
34         END IF;
35     END PROCESS;
36
37 END behave;
38
```

图 8.49　左循环移位寄存器的 VHDL 描述

自 我 检 测 题

一、填空题

1. 时序逻辑电路按各位触发器接受信号的不同，可分为＿＿＿＿＿＿时序逻辑电路和＿＿＿＿＿＿时序逻辑电路两大类。在＿＿＿＿＿时序逻辑电路中，各位触发器无统一的＿＿＿＿信号，输出状态的变化通常不是＿＿＿＿＿发生的。

2. 根据已知的＿＿＿＿＿，找出电路的＿＿＿＿＿和＿＿＿＿＿及其现态及次态间的关系，最后总结出电路逻辑的一系列步骤，称为时序逻辑电路的＿＿＿＿＿。

3. 当时序逻辑电路的触发器位数为 n，电路状态按数的自然态序循环，经历的独立状态为 2^n 个，这时，我们称此类电路为＿＿＿＿＿计数器。计数器除了按＿＿＿＿、＿＿＿＿＿分类外，按计数的规律还可分为＿＿＿＿＿计数器、＿＿＿＿＿计数器和＿＿＿＿＿计数器。

4. 在计数器中，要表示一位十进制数时，至少要用＿＿＿＿＿位触发器才能实现。十进制计数电路中最常采用的是＿＿＿＿＿代码来表示一位十进制数。

5. 时序逻辑电路中仅有存储记忆电路而没有逻辑门电路时，构成的电路类型通常称为＿＿＿＿＿型时序逻辑电路；如果电路中不但除了有存储记忆电路的输入端子，还有逻辑门电路的输入＿＿＿＿＿时，构成的电路类型称为＿＿＿＿＿型时序逻辑电路。

6. 分析时序逻辑电路时，首先要根据已知逻辑的电路图分别写出相应的＿＿＿＿＿方程、＿＿＿＿＿方程和＿＿＿＿＿方程，若所分析电路属于＿＿＿＿＿步时序逻辑电路，则还要写出各位触发器的＿＿＿＿＿方程。

7. 时序逻辑电路中某计数器中的＿＿＿＿＿码，若在开机时出现，不用人工或其他设备的干预，计数器能够很快自行进入＿＿＿＿＿，使＿＿＿＿＿码不再出现的能力称为＿＿＿＿＿能力。

8. 在＿＿＿＿、＿＿＿＿、＿＿＿＿＿等电路中，计数器应用得非常广泛。构成一个六进制计数器最少要采用＿＿＿＿＿位触发器，这时构成的电路有＿＿＿＿＿个有效状态，＿＿＿＿＿个无效状态。

9. 寄存器可分为＿＿＿＿＿寄存器和＿＿＿＿＿寄存器，集成74LS194属于＿＿＿＿＿移位寄存器。

10. ＿＿＿＿＿器是可用来存放数码、运算结果或指令的电路，通常由具有存储功能的多位＿＿＿＿＿器组合起来构成。一位＿＿＿＿＿器可以存储 1 个二进制代码，存放 n 个二进制代码的＿＿＿＿＿器，需用 n 位＿＿＿＿＿器来构成。

11. 74LS194 是典型的 4 位＿＿＿＿＿型集成双向移位寄存器芯片，具有＿＿＿＿＿、＿＿＿＿＿并行输入＿＿＿＿＿、＿＿＿＿＿和＿＿＿＿＿等功能。

12. 在一个 CP 脉冲作用下，引起触发器两次或多次翻转的现象称为触发器的＿＿＿＿＿。

13. 要构成五进制计数器，至少需要＿＿＿＿＿级触发器。

14. 时序逻辑电路一般由＿＿＿＿＿和＿＿＿＿＿两部分组成。

15. 计数器按内部各触发器的动作步调，可分为＿＿＿＿＿计数器和＿＿＿＿＿计数器。

16. 计数器按计数增减趋势分，有＿＿＿＿＿、＿＿＿＿＿和＿＿＿＿＿计数器。

二、判断题

1. 集成计数器通常都具有自启动能力。 （　　）

2. 使用 3 个触发器构成的计数器最多有 8 个有效状态。 （　　）

3. 同步时序逻辑电路中各触发器的时钟脉冲 CP 不一定相同。 （　　）

4. 利用一个 74LS90 可以构成一个十二进制的计数器。 （　　）

5. 用移位寄存器可以构成 8421BCD 码计数器。 （　　）

6. 莫尔型时序逻辑电路，分析时通常不写输出方程。 （　　）

7. 十进制计数器是用十进制数码 "0～9" 进行计数的。 （　　）

8. 利用集成计数器芯片的预置数功能可获得任意进制的计数器。 （　　）

9. 时序电路不含有记忆功能的器件。 （　　）

10. 计数器除了能对输入脉冲进行计数，还能作为分频器用。 （　　）

三、选择题

1. 描述时序逻辑电路功能的两个必不可少的重要方程式是（　　）。

A. 次态方程和输出方程　　　　　　　　B. 次态方程和驱动方程

C. 驱动方程和时钟方程　　　　　　　　D. 驱动方程和输出方程

2. 用 8421BCD 码作为代码的十进制计数器，至少需要的触发器个数是（　　）。

A. 2　　　　　　　　B. 3　　　　　　　　C. 4　　　　　　　　D. 5

3. 按各触发器的状态转换与时钟输入 CP 的关系分类，计数器可分为（　　）计数器。

A. 同步和异步　　　　B. 加计数和减计数　　　C. 二进制和十进制

4. 能用于脉冲整型的电路是（　　）。

A. 双稳态触发器　　　　B. 单稳态触发器　　　　C. 施密特触发器

5. 四位移位寄存器构成的扭环形计数器是（　　）计数器。

A. 模 4　　　　　　　　B. 模 8　　　　　　　　C. 模 16

6. 下列叙述正确的是（　　）。

A. 译码器属于时序逻辑电路　　　　　　B. 寄存器属于组合逻辑电路

C. 555 定时器属于时序逻辑电路　　　　D. 计数器属于时序逻辑电路

7. 利用中规模集成计数器构成任意进制计数器的方法是（　　）。

A. 复位法　　　　　　B. 预置数法　　　　　　C. 级联复位法

8. 不产生多余状态的计数器是（　　）。

A. 同步预置数计数器　　B. 异步预置数计数器　　C. 复位法构成的计数器

9. 数码可以并行输入、并行输出的寄存器有（　　）。

A. 移位寄存器　　　　B. 数码寄存器　　　　C. 二者皆有

10. 下列电路中，不属于组合逻辑电路的是（　　）。

A. 编码器　　　　　　B. 译码器　　　　　　C. 数据选择器　　　　D. 计数器

11. 一个移位寄存器初态为 0000，若输入始终为 1，则经过 4 个移位脉冲后其状态为
（　　）。

A. 0001　　　　　　　　B. 0111　　　　　　　C. 1110　　　　　　　D. 1111

12. 同步时序逻电路和异步时序逻辑电路比较，其差别在于后者（　　）。

A. 没有触发器　　　　　　　　　　　　B. 没有统一的时钟脉冲控制

C. 没有稳定状态　　　　　　　　　　　D. 输出只与内部状态有关

13. 图 8.50 所示为某计数器的时序图，由此可判定该计数器为（　　）。

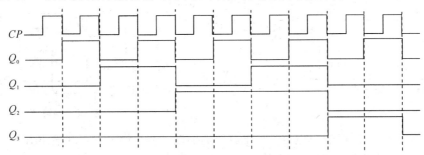

图 8.50　某计数器的时序图

A. 十进制计数器　　　　　　　　　　　B. 九进制计数器

C. 四进制计数器　　　　　　　　　　　D. 八进制计数器

14. 一个 5 位的二进制加计数器，由 00000 状态开始，经过 75 个时钟脉冲后，此计数器的状态为（　　）。

A. 01111　　　　　B. 01100　　　　　C. 01010　　　　　D. 00111

15. 用 n 只触发器组成计数器，其最大计数模为（　　）。

A. n　　　　　　B. $2n$　　　　　　C. n^2　　　　　D. 2^n

16. 设计一个同步十进制计数器，需要（　　）触发器。

A. 3 个　　　　　B. 4 个　　　　　C. 5 个　　　　　D. 10 个

四、简述题

1. 同步时序逻辑电路和异步时序逻辑电路有何不同？

2. 钟控的 RS 触发器能用作移位寄存器吗？为什么？

3. 何谓计数器的自启动能力？

练 习 题

1. 分析图 8.51 时序电路的逻辑功能，写出电路的驱动方程、状态方程和输出方程，画出电路的状态转换图，说明电路能否自启动。

2. 试分析图 8.52 时序电路的逻辑功能，写出电路的驱动方程、状态方程和输出方程，画出电路的状态转换图。A 为输入逻辑变量。

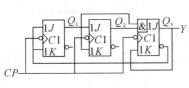

图 8.51　练习题 1 图

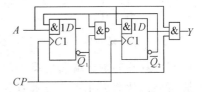

图 8.52　练习题 2 图

3. 试分析图 8.53 时序电路的逻辑功能，写出电路的驱动方程、状态方程和输出方程，画出电路的状态转换图，检查电路能否自启动。

4. 分析图 8.54 给出的时序电路，画出电路的状态转换图，检查电路能否自启动，说明电路实现的功能。A 为输入变量。

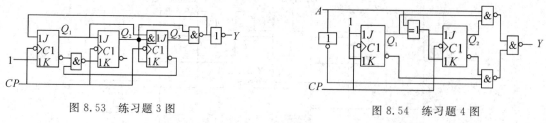

图 8.53　练习题 3 图　　　　　　　　　图 8.54　练习题 4 图

5. 分析图 8.55 时序逻辑电路，写出电路的驱动方程、状态方程和输出方程，画出电路的状态转换图，说明电路能否自启动。

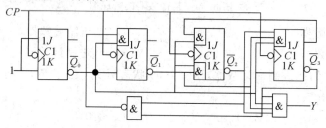

图 8.55　练习题 5 图

6. 试用 74LS161 集成芯片构成十二进制计数器。计数的数字为 0、1、2、3、4、5、6、7、8、9、A、B。

7. 用 74LS161 的清零功能和一些门电路设计一个六进制计数器。六个数为 0、1、2、3、4、5。

8. 74LS161 是同步 4 位二进制加法计数器，试分析图 8.56 所示电路是几进制计数器，并画出其状态图。

9. 电路及时钟脉冲、输入端 D 的波形如图 8.57 所示，设起始状态为"000"。试画出各触发器的输出时序图，并说明电路的功能。

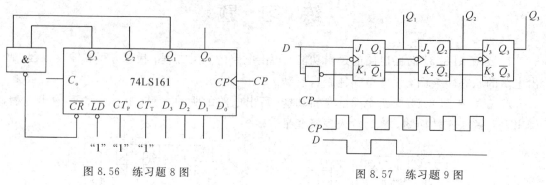

图 8.56　练习题 8 图　　　　　　　　　图 8.57　练习题 9 图

10. 已知计数器的输出端 Q_2、Q_1、Q_0 的输出波形如图 8.58 所示，试画出对应的状态转换图，并分析该计数器为几进制计数器。

11. 试画出用 2 片 74LS194 组成 8 位双向移位寄存器的逻辑图。

12. 分析图 8.59 的计数器电路，说明这是多少进制的计数器。十进制计数器 74LS160 的功能表见表 8.12。

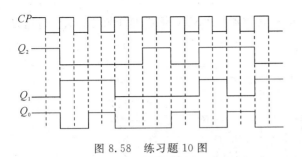

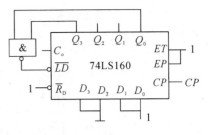

图 8.58　练习题 10 图　　　　　　　　图 8.59　练习题 12 图

13. 分析图 8.60 的计数器电路，画出电路的状态转换图，说明这是多少进制的计数器。

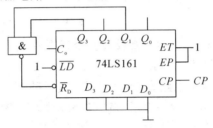

图 8.60　练习题 13 图

14. 试用 4 位同步二进制计数器 74LS161 接成十三进制计数器，标出输入、输出端。可以附加必要的门电路。

15. 试分析图 8.61 的计数器在 $M=1$ 和 $M=0$ 时各为几进制。74LS160 的功能表见表 8.12。

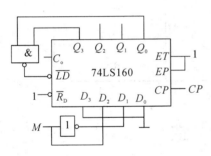

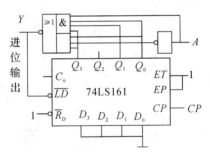

图 8.61　练习题 15 图　　　　　　　　图 8.62　练习题 16 图

16. 图 8.62 所示电路是可变进制计数器。试分析当控制变量 A 为 1 和 0 时电路各为几进制计数器。

17. 试分析图 8.63 所示计数器电路的分频比(即 Y 与 CP 的频率之比)。

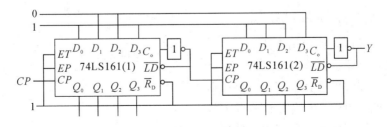

图 8.63　练习题 17 图

18. 图 8.64 所示电路是由两片同步十进制计数器 74LS160 组成的计数器，试分析这是多少进制的计数器，两片之间是几进制。

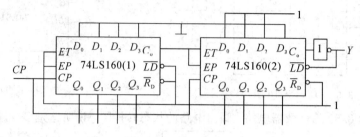

图 8.64　练习题 18 图

19. 用同步十进制计数芯片 74LS160 设计一个三百六十五进制的计数器。要求各位间为十进制关系，允许附加必要的门电路。

20. 设计一个灯光控制逻辑电路。要求红、绿、黄三种颜色的灯在时钟信号作用下按表 8.16 规定的顺序转换状态。表中的 1 表示"亮"，0 表示"灭"。要求电路能自启动，并尽可能采用中规模集成电路芯片。

表 8.16　练习题 20 表

CP	红黄绿	CP	红黄绿
0	000	4	111
1	100	5	001
2	010	6	010
3	001	7	100

做 一 做

项目一　时钟计数器的设计与调试

一、实训目的

（1）掌握数字钟的设计方法。

（2）熟悉集成电路的使用方法。

（3）学会数字系统的设计方法。

（4）学习元器件的选择及集成电路手册查询方法。

（5）掌握电子电路调试及故障排除方法。

（6）熟悉数字实验箱和面包板的使用方法。

二、实训设备与器材

万用表、直流电源、电烙铁套装、面包板、导线、芯片包。

三、实训要求

由图 8.65 可见，数字电子钟由以下几部分组成：石英晶体振荡器和分频器组成的秒脉冲发生器；校时电路；六十进制秒、分计数器及二十四进制（或十二进制）时计数器；秒、分、时的译码显示部分等。

图 8.65 中，利用小规模集成电路设计一台能显示日、时、分、秒的数字电子钟，要求如下：

(1) 由晶振电路产生 1 Hz 标准秒信号。

(2) 秒、分为 00～59 六十进制计数器。

(3) 时为 00～23 二十四进制计数器。

(4) 周显示为周一～周日的七进制计数器。

(5) 可手动校正，即能分别进行秒、分、时、日的校正。只要将开关置于手动位置，可分别对秒、分、时、日进行手动脉冲输入调整或连续脉冲输入的校正。

(6) 整点报时。整点报时电路要求在每个整点前鸣叫五次低音（500 Hz），整点时再鸣叫一次高音（1000 Hz）。

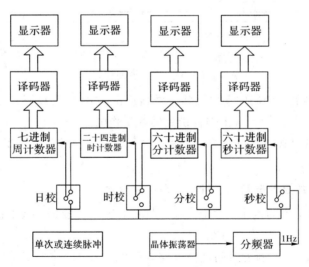

图 8.65 数字电子钟的框图

数字钟实际上是一个对标准频率（1 Hz）进行计数的计数电路。由于计数的起始时间不可能与标准时间（如北京时间）一致，故需要在电路上加一个校时电路，同时标准的 1 Hz 时间信号必须做到准确稳定。通常使用石英晶体振荡器电路构成数字钟。

四、实训步骤

图 8.65 所示为数字钟的一般构成框图，其电路可分为：

（1）晶体振荡器电路。晶体振荡器电路给数字电子钟提供一个 32 768 Hz 的频率稳定准确的方波信号，可保证数字电子钟的走时准确及稳定。不管是指针式的电子钟还是数字显示式的电子钟，都使用了晶体振荡器电路。

（2）分频器。分频器电路将 32 768 Hz 的高频方波信号经 32 768（2^{15}）次分频后得到 1 Hz 的方波信号，供秒计数器进行计数。分频器实际上也就是计数器。

（3）时间计数器电路。时间计数器电路由秒个位和秒十位计数器、分个位和分十位计数器及时个位和时十位计数器电路构成。其中秒个位和秒十位计数器、分个位和分十位计数器为六十进制计数器（见图 8.66），时个位和时十位计数器为二十四进制计数器（见图 8.67），日计数器为七进制计数器（见图 8.68）。

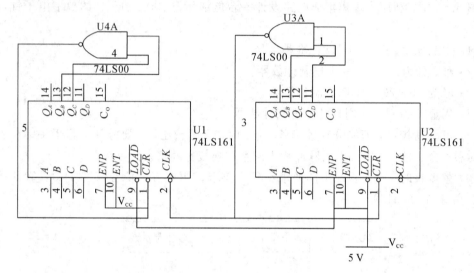

图 8.66　六十进制计数

（4）译码驱动电路。译码驱动电路将计数器输出的 8421BCD 码转换为数码管需要的逻辑状态，并且为保证数码管正常工作提供足够的工作电流。

（5）数码管。数码管通常有发光二极管（LED）数码管和液晶（LCD）数码管，本设计提供的为 LED 数码管。

1. 数字秒表计数显示电路的设计——秒、分计数

秒、分、时、日分别为六十、六十、二十四和七进制计数器。六十进制即显示 00～59，它们的个位为十进制，十位为六进制。

如图 8.66 所示，本实验的时间计数电路均采用 74LS161 集成块，这是一个具有异步清零功能的可预置数的 4 位二进制同步可逆计数器。当低位 U2 开始计数到 10（1010）时，Q_A、Q_C 输入，与非门 U3A 输出到清零端清零，同时将与非门 U3A 的输出给高位 U1，使 U1 开始计 1 位数。当脉冲再次到来时，低位再次进行计数，重复上述步骤，直到高位来了 6 个脉冲，即高位计数到 0110 时，也就是计数到 60 时，计数器清零。因为 74LS161 的清零端是异步的，所以显示器上只能显示到 59。脉冲再次到来，重新计数。

2. 数字秒表计数显示电路的设计——时计数

时为二十四进制计数器，显示为 00～23，如图 8.67 所示，当低位 U2 的脉冲输入时，

U2 开始计数，当它计数到 10(1010) 时，U3A 的与非门输入全为 1，输出为 0，给 U2 的清零端清零，同时 U3A 的输出又给高位 U1 一个脉冲，使高位进行一次计数。当脉冲再次到来时，低位再次进行计数，重复上述步骤。直到高位 U1 计数到 2、U2 计数到 4 时，就使 U1、U2 同时清零。这就是 00～23 的二十四进制计数了。

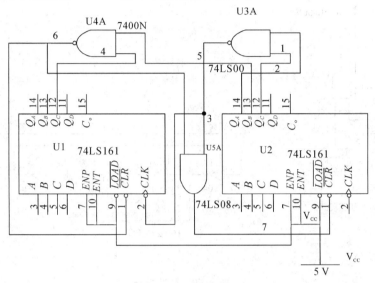

图 8.67　二十四进制计数电路

3. 数字秒表计数显示电路的设计——日计数

周为七进制计数器，按人们一般的概念一周的显示为星期"日(用 8 代)、1、2、3、4、5、6"。

如图 8.68 所示，U1A、U2A、U3A 组成了一个七进制的计数器，当 Q_0、Q_1、Q_2 均显示为 1 时，U5A 的输出为 0，给 U1A、U2A、U3A 的清零端清零，同时使 U4A 的 Q_3 端显示为 1，从而达到了七进制计数显示 8、1、2、3、4、5、6 的目的。

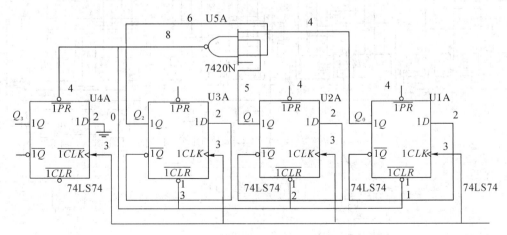

图 8.68　七进制计数电路

4. 校时电路的设计与调试

根据要求，数字电子钟应具有分校正和时校正功能，因此，应截断分个位和时个位的直接计数通路，并采用正常计时信号与校正信号可以随时切换的电路接入其中。图 8.69(a) 是单次脉冲的电路图，开关 J1 按动一次，就从 single pulse 端输出一个脉冲，对日、时、分、秒的计数电路的脉冲输入进行手动校正。图 8.69(b) 是连续脉冲输出的电路图，若校正时用连续脉冲，则不需要按动单次脉冲即可校正。

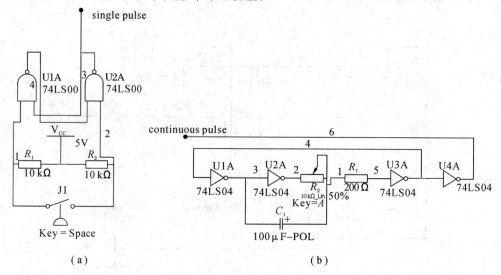

（a）　　　　　　　　　　　　（b）

图 8.69　脉冲电路

图 8.70 所示为数字电子钟整体调试电路。

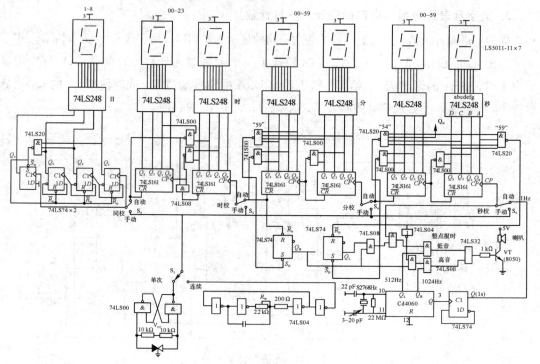

图 8.70　数字钟整体调试电路

项目二 30 秒减法计数器的设计

一、实训目的

(1) 掌握 30 秒减法计数器的设计方法。

(2) 熟悉集成电路的使用方法。

(3) 学会数字系统的设计方法。

(4) 学习元器件的选择及集成电路手册的查询方法。

(5) 掌握电子电路调试及故障排除方法。

(6) 熟悉数字实验箱和面包板的使用方法。

二、实训设备与器材

万用表、直流电源、电烙铁套装、面包板、导线、芯片包。

三、实训要求

图 8.71 所示的电路主要用于完成从 30 秒减计数(倒计时)到 0，并通过译码器和数码显示器显示相应的数字。它主要由秒脉冲发生器(在上面数字电子钟设计里面已讲)、控制电路、30 秒减法计数器和译码显示电路等部分组成。

1. 工作原理

1) 30 秒减法计数器

电路如图 8.71 所示，电路由两片加/减可逆计数器 74HC192 组成。为实现三十进制减法计数，第 2 片 10 位计数器芯片 74HC192(2) 的数据输入端输入数据 $D_3D_2D_1D_0=0011$，个位计数器芯片 74HC192(1) 的数据输入端输入数据 $D_3D_2D_1D_0=0000$。同时将计数器的异步 0 端 CR 接低电平。当按下置数开关 S_1 时，计数器的 $\overline{LD}=0$，使计数器置30；放开 S_1 时，$\overline{LD}=1$，减计数器工作。如在 $CP(CP_D)$ 端输入秒脉冲时，计数器开始减计数，在此过程中，借位输出端 $\overline{BO_1}$ 和 $\overline{BO_2}$ 都为高电平。当个位 74HC192(1) 的减计数到 0 时，$\overline{BO_1}$ 由高电平跃为低电平。如再输入一个计数脉冲时，$\overline{BO_1}$ 端输出一个上升沿的借位信号，使十位 74HC192(2) 减 1。当 30 减计数到 00 时，$\overline{BO_1}$ 和 $\overline{BO_2}$ 同时由高电平跃为低电平。

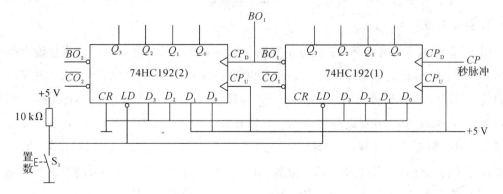

图 8.71 三十进制秒减法计数器

2）控制电路

控制电路如图 8.72 所示。由于在减计数过程中，借位输出端 $\overline{BO_1}$ 和 $\overline{BO_2}$ 都为高电平，G_6、G_7 输出为低电平，G_8 输出高电平，使 G_4 开通，发光二极管 LED 熄灭。当暂停/计数开关 S_2 打在"计数"侧时，G_2 输出高电平，这时，G_3 开通，秒脉冲通过 G_3、G_4 和 G_5 送到减计数器个位 74HC192(1) 的时钟输入端 CP_D 进行减计数。当开关 S_2 打在"暂停"侧时，G_1 输出高电平，G_2 因输入都为高电平而输出为低电平，使 G_3 关闭，秒脉冲被封锁，使减法计数器停止计数。当开关 S_2 再次打在"计数"侧时，G_3 又开通，接着进行减计数。当减计数到 00 时，$\overline{BO_1}$ 和 $\overline{BO_2}$ 同时跃为低电平，G_6 和 G_7 都输出高电平，G_8 输出为低电平，这一方面使发光二极管 LED 发光，另一方面使 G_4 关闭，计数器停止减计数，并显示 00。

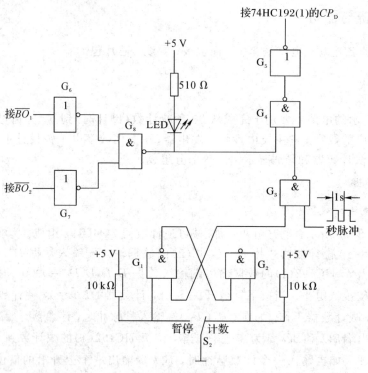

图 8.72 控制电路

2. 整机电路

图 8.73 所示为整机电路，首先按下置数开关 S_1，使计数器置 30，这时借位输出端 $\overline{BO_2}$ 输出高电平，G_7 输出为低电平，使 G_8 输出高电平。这一方面使发光二极管 LED 熄灭，另一方面使 G_4 打开。当将暂停/计数开关 S_2 打到"计数"侧时，G_2 输出高电平，G_3 开通，秒脉冲通过 G_3、G_4 和 G_5 使计数器进行减计数。如将开关 S_2 打在"暂停"侧时，G_2 输出为低电平，G_3 关闭，减计数器停止计数，并保持显示的数值不变。如再将开关 S_2 打到"计数"侧，则计数器接着进行减计数。当计数器减计数到 00 时，借位输出端 $\overline{BO_1}$ 和 $\overline{BO_2}$ 同时跃为低电平，使 G_8 输出为低电平，这时发光二极管 LED 发光，G_4 同时封锁，停止减计数。

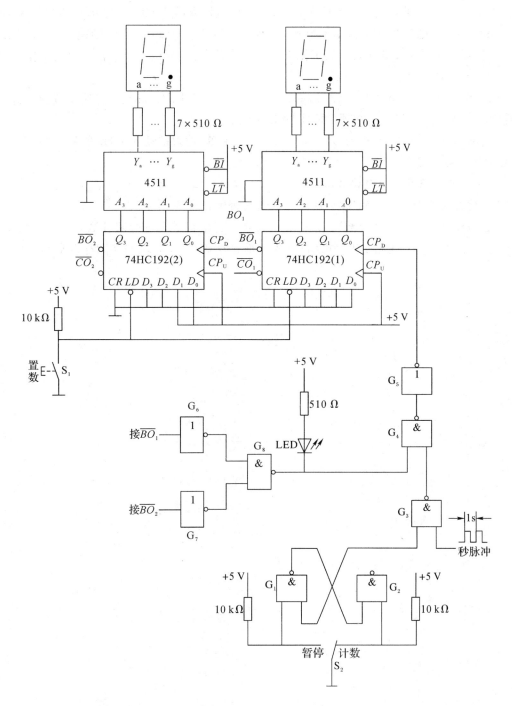

图 8.73 整机电路

四、实训步骤

（1）检查电路接线。集成芯片安插的方向要一致，通常将芯片缺口放在左侧。检查所有接线正确无误后方可对电路进行测试调整。

（2）30 秒减计数器调试。将 G_5 输出端和个位减计数器 74HC192(1)CP_D 断开，并按下开关 S_1，使减计数器置 30，显示器显示 30 秒。在 74HC192(1)的 CP_D 端输入 1 Hz 的秒脉冲，观察减计数器的工作情况。如工作正常，则说明计数、译码和显示器等电路工作正常。

（3）控制电路和整机电路调试。

① 将 G_5 输出端和 74HC192(1)的减计数时钟输入端 CP_D 相连，并按下置数开关 S_1，计数器置 30，显示器显示 30 秒。同时 LED 熄灭。

② 将暂停/计数开关 S_2 打到"计数"侧，同时在 G_3 输入端输入 1 Hz 的秒脉冲，观察减计数器的计数情况。

（4）控制电路和整机电路调试。

① 将开关 S_2 打到"暂停"侧，观察计数器是否停止计数。

② 再将开关 S_2 打到"计数"侧，观察计数器是否接着继续进行减计数。当减计数到 00时，G_8 输出低电平，发光二极管 LED 发光。如上述都正常，则电路功能都正常。